"十三五"职业教育国家规划教材

工业和信息化"十三五"高职高专人才培养规划教材

MySQL

数据库 | 任务驱动式教程 第2版 微课版

MySQL Database Task Driven Tutorial

石坤泉 汤双霞 ◎ 编著

人民邮电出版社

北京

图书在版编目（CIP）数据

MySQL数据库任务驱动式教程：微课版 / 石坤泉，
汤双霞编著. -- 2版. -- 北京：人民邮电出版社，
2019.11（2022.1重印）
工业和信息化"十三五"高职高专人才培养规划教材
ISBN 978-7-115-52691-5

Ⅰ. ①M… Ⅱ. ①石… ②汤… Ⅲ. ①SQL语言－程序
设计－高等职业教育－教材 Ⅳ. ①TP311.138

中国版本图书馆CIP数据核字(2019)第274298号

内 容 提 要

本书根据《全国计算机等级考试二级 MySQL 数据库程序设计考试大纲》编写而成，主要讲述数据库设计的基本原理和基本方法、MySQL 的语言基础及其应用。全书共 11 个项目 24 个任务，包括认识数据库，MySQL 实训环境配置，MySQL 字符集与数据类型，建库、建表与数据库管理，数据查询、数据处理与视图，创建和使用程序，数据库安全与性能优化，PHP 语言基础及应用，访问 MySQL 数据库，phpMyAdmin 操作数据库及 PHP+MySQL 数据库开发。此外，全书还配有习题和等级考试模拟题，便于学习者巩固理论知识，也可以作为学习者参加二级 MySQL 数据库程序设计考试的参考资料。

本书可以作为高职高专学生的数据库教材，也可作为二级 MySQL 数据库程序设计考试的参考教材，以及供数据库开发人员使用的实用参考书。

◆ 编　著　石坤泉　汤双霞
　　责任编辑　桑　珊
　　责任印制　彭志环

◆ 人民邮电出版社出版发行　　北京市丰台区成寿寺路 11 号
　　邮编　100164　电子邮件　315@ptpress.com.cn
　　网址　https://www.ptpress.com.cn
　　北京天宇星印刷厂印刷

◆ 开本：787×1092　1/16
　　印张：17.75　　　　　　　　　　2019 年 11 月第 2 版
　　字数：454 千字　　　　　　　　2022 年 1 月北京第 3 次印刷

定价：55.00 元

读者服务热线：(010)81055256　印装质量热线：(010)81055316
反盗版热线：(010)81055315
广告经营许可证：京东市监广登字 20170147 号

前言 FREFACE

　　本书的编写基于建构主义学习理论。建构主义学习理论认为，学习活动是一个以学习者为中心，学习者在个人原有知识经验基础上，在一定的社会文化中，主动地接受知识、积极地建构知识的过程。基于这个理论，本书采用项目（任务）驱动，项目（课内）—任务—知识—项目（课外）的编写模式，课内和课外项目"双项目并行"实施。希望通过实战项目驱动，让学习者主动建构知识和技能。

　　本书充分体现职业教育"理论够用"的原则，体现"做中学，学中做"CDIO 工程教育的思想。精心设计串起全课程的项目，项目是比较综合的技能组合，又分解成若干任务，任务具体包括"任务背景""任务要求""任务分解""分析与讨论"等，每个任务结束后安排"项目实践"。"任务背景"用真实的案例或问题引入，调动学习者学习兴趣，让学习者有跃跃欲试的感觉。"任务要求"明确要学什么、学到什么程度，让学习者明确任务目标。然后进行"任务分解"，在任务安排上，力求做到循序渐进、由浅入深、层层递进，这是本书编写和教学的精髓部分。在"分析与讨论"中对一些重点的 SQL 语句、对涉及的知识点和注意事项进行阐释说明，对所学知识进行归纳总结和提升。每个任务结束时安排一个综合性的"项目实践"，有效考察学习者对知识和技能的掌握程度和拓展应用能力。总之，本书将课程知识融入一个个项目（任务）的提出、分析、解决实施过程，使学习者掌握课程必须的知识和技能，然后将所有知识和技能应用于项目实践，真正达到学以致用的目的。

　　MySQL 是小型关系型数据库系统，相比其他的数据库，有语言简单、易学的特点。常用的 SQL 语句主要有 SELECT、INSERT、CREATE、UPDATE、DROP 和 DELETE 等。MySQL 支持多平台操作系统（Linux、Windows、Mac OS 等），MySQL 也为 Java、C++、C#和 PHP 等多种编程语言提供了 API，典型的组合如 LAMP（Linux+Apache+ MySQL+PHP）、WAMP（Windows 平台下的 Apache+MySQL+PHP）。MySQL 支持多国语言，MySQL 的字符集有服务器级、数据库级、表级和连接级等层级，要注意各级字符集的统一，不然会出现乱码或字符集混杂的问题。

　　本书采取命令行与界面工具相结合的教学方式。MySQL 客户端、WAMP 为学习者提供了友好直观的学习环境。WAMP 是一款优秀的 WAMP 集成软件，可以轻松地搭建好 Apache+MySQL+ PHP5 环境，学习和管理数据库非常方便。

　　为方便教学，本书提供配套的课件、课程源程序文件、教学示例数据库、项目实践数据库，以及 PHP+MySQL 开发的应用系统文件。有需要的读者可登录人邮教育社区（www.ryjiaoyu. com）免费下载。

　　由于编者水平有限，书中难免出现错误与不足，希望读者指正与谅解。

编者

2019 年 8 月

目录 CONTENTS

项目一
认识数据库

01

任务1 认识数据库

任务背景

学习数据库,一般都要先从数据库基本原理开始学起。对于初学者,往往会感觉原理部分特别枯燥乏味,面对很多抽象难懂的概念和理论知识,如数据模型、实体、属性、联系、E-R图、关系模式和数据建模等,显得很无奈。但是,这些内容恰恰又是数据库开发人员必须具备的基本知识。那么,该如何组织好教学内容?怎样组织教学?怎样才能使讲授变得通俗易懂?该如何培养学生对课程学习的兴趣?带着很多的问题和期盼,让我们一起努力,走进数据库的世界去探究吧!

任务要求

本任务直接从数据库的基本应用开始,让学生感受一下身边的数据库应用。在具体的学习情景中,让学生了解数据库的基本概念;认识关系模型和关系数据库;认识实体和属性;学习数据库的概念结构设计和逻辑设计方法;学习关系模式的规范化;绘制E-R图,建立数据库概念模型;将E-R图转换成关系模式进行数据模型的建立;认识C/S、B/S模式架构。

任务分解

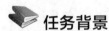

1.1 了解数据库的基本应用

数据库管理系统应用非常广泛,可以说应用在各行各业。不管是家庭、公司或大型企业,还是政府部门,都需要使用数据库来存储数据信息。对软件而言,无论是客户机/服务器(C/S)还是浏览器/服务器(B/S)架构的软件,只要涉及存储大量数据,一般都需要数据库支撑。传统数据库很大一部分用于商务领域,如证券行业、银行、销售部门、医院、公司或企业单位,以及国家政府部门、国防军工领域和科技发展领域等。随着信息时代的发展,数据库也相应地产生了一些新的应用领域,主要表现在多媒体数据库、移动数据库、空间数据库、信息检索系统、分布式信息检索和专家决策系统等几个方面。

下面介绍几种数据库管理系统在实际应用中的案例。

1. 留言板

留言板是互联网上最常见的一项功能。留言板的数据库存储的数据不大。其数据库大致分为下面几个版块。用户注册和登录功能版块：后台数据库需要存放用户的注册信息和在线状态信息；管理用户发帖版块：后台数据库需要存放帖子相关信息，如帖子内容、标题等；管理论坛版块：后台数据库需要存放各个版块信息，如版主、版块名称和帖子数等。

2. 进销存管理系统

进销存管理系统是有效辅助企业处理业务管理、分销管理、存货管理、营销计划的执行和监控、统计信息的收集等方面的业务的管理系统。要实现的一般功能包括：批发销售与零售销售、供货商往来账务管理、客户往来账务管理，提供业务员和员工管理，提供 POS 端销售管理，支持财务管理功能和支持库存盘点功能等。

3. ERP 系统

ERP 是 Enterprise Resource Planning（企业资源计划）的简称。ERP 系统是建立在信息技术基础上，以系统化的管理思想，为企业决策层及员工提供决策运行手段的管理平台。它建立企业的信息管理系统，支持大量原始数据的查询、汇总，并借助计算机的运算能力及系统对客户订单、在库物料和产品构成的管理能力，实现依据客户订单，按照产品结构清单展开并计算物料需求计划，实现减少库存、优化库存的管理目标等。

4. 图书管理系统

图书管理系统概念结构主要由 4 大部分组成，即信息源、信息处理器、信息用户和信息管理者。软件系统通常运行在 C/S 或 B/S 模式下，包括图书的采访、编目、流通、查询，期刊管理，系统管理，字典管理和 Web 检索与发布等图书借阅管理系统子系统。

1.2　了解数据库的几个概念

1. 数据（Data）

数据实际上就是描述事物的符号记录。文本、数字、时间日期、图片、音频和视频等都是数据。数据的特点：有一定的结构，有型与值之分。数据的型分为整型、字符型、文本型等，而数据的值给出了符合定型的值，如 INT(15)表示 15 位整型数据，VARCHAR（8）表示 8 个长度的字符。

2. 数据库（DataBase，DB）

数据库是长期储存在计算机内的、有组织的、可共享的数据集合。数据库中的数据按一定的数据模型组织、描述和储存，具有较小的冗余度、较高的数据独立性和易扩展性，并可为各种用户共享。

3. 数据库管理系统（DBMS）

数据库管理系统是一个负责对数据库进行数据组织、数据操纵、维护、控制以及数据保护和数据服务等管理工作的软件系统，是数据库的核心。它能够让用户定义、创建和维护数据库以及控制对数据的访问。它对数据库进行统一的管理和控制，以保证数据库的安全性和完整性。用户通过 DBMS 访问数据库中的数据，数据库管理员也通过 DBMS 进行数据库的维护工作。

数据库管理系统的主要功能如下。

（1）数据模式定义：为数据库构建其数据框架。

（2）数据存取的物理构建：为数据模式的物理存取与构建提供有效的存取方法与手段。

（3）数据操纵：为用户使用数据库的数据提供方便，如查询、插入、修改和删除以及简单的算术运算及统计。

（4）数据的完整性、安全性定义与检查。

（5）数据库的并发控制与故障恢复。

（6）数据的服务：如复制、转存、重组、性能监测和分析等。

数据库管理系统一般要提供以下的数据语言。

（1）数据定义语言：负责数据的模式定义与数据的物理存取构建。

（2）数据操纵语言：负责数据的操纵，如数据查询与增、删、改等。

（3）数据控制语言：负责数据完整性、安全性的定义与检查以及并发控制、故障恢复等。

常用的数据库管理系统有 MySQL、MS SQL Server、Oracle、DB2、Access 和 Sybase 等。MySQL 是一个小型关系数据库管理系统，最初由 MySQL AB 公司开发与发布，后来被 Sun Microsystems 公司收购，从 2009 年开始，MySQL 又成为了甲骨文（Oracle）公司旗下的另一个数据库项目。MySQL 被广泛地应用在 Internet 上的中、小型网站中。本书讲述的 MySQL 版本是 MySQL5.5。

1.3 认识关系数据库

1. 认识数据模型

数据模型由 3 部分组成，即模型结构、数据操作和完整性规则。DBMS 所支持的数据模型分为 3 种：层次模型、网状模型和关系模型。

用树形结构表示实体及其之间的联系的模型称为层次模型。该模型的实际存储数据由链接指针来体现联系。特点：有且仅有一个结点无父结点，此结点即为根结点；其它结点有且仅有一个父结点。层次模型适合用来表示一对多的联系。

用网状结构表示实体及其之间的联系的模型称为网状模型。该模型允许结点有多于一个的父结点，可以有一个以上的结点无父结点。网状模型适合用于表示多对多的联系。

层次模型和网状模型本质上都是一样的。存在的缺陷：难以实现系统扩充，插入或删除数据时，涉及大量链接指针的调整。

在关系模型中，一个关系就是一张二维表，通常将一个没有重复行、重复列的二维表看成一个关系，每个关系都有一个关系名。二维表的每一行在关系中称为元组（记录），二维表的每一列在关系中称为属性（字段），每个属性都有一个属性名，属性值则是各元组属性的取值。

2. 认识关系数据库

关系数据库是创建在关系模型基础上的数据库。关系数据库是以二维表来存储数据库的数据的。

例如，YSGL 数据库的 EMPLOYEES 表中的数据，如图 1.1 所示，有 E_ID、E_name、sex、Professional、education、Political、birth、marry、Gz_time、D_id 和 bz 等 11 个字段，分别代表员工的员工编号、员工姓名、性别、职称、学历、政治面貌、出生日期、婚姻状态、参加工作时间、部门 ID 和编制情况等信息，这反映了表的结构。

关系模式是对关系的描述，主要描述关系由哪些属性构成，即描述了表的结构。关系模式的格式为关系表名（字段 1，字段 2，字段 3，…，字段 n）。因此，EMPLOYEES 表的关系模式可以表示为

E_ID	E_name	sex	Professional	education	Political	birth	marry	Gz_time	D_id	bz
100100	李明	男	副教授	硕士	党员	1967-02-01	否	1989-09-01	B001	是
100101	李小光	男	讲师	本科	党员	1985-03-01	否	1990-10-02	B001	是
100102	张伟健	男	教授	本科	党员	1965-05-06	是	1987-07-08	B003	是
100103	石小华	女	教授	硕士	党员	1978-06-07	是	1992-01-01	A001	是
100104	黄莉	女	助讲	硕士	群众	1986-03-04	否	2001-05-06	A002	是
100105	余明平	男	教授	硕士	党员	1960-05-12	是	1983-04-05	B001	是
100106	苏小明	男	教授	硕士	群众	1956-04-13	是	1983-04-03	B003	是
100107	汤光明	男	教授	硕士	群众	1983-01-04	是	2007-12-06	A004	是
100108	谢建设	男	副教授	博士	民进	1987-02-08	否	2006-08-15	A005	是
100109	胡晓群	女	讲师	博士	党员	1990-09-28	否	2012-05-23	B005	是
100330	李正中	男	副教授	硕士	群众	1978-10-29	否	1995-10-01	B002	是
100331	王君君	女	教授	博士	党员	1956-11-18	否	1978-12-07	B003	是
100332	赵剑	男	讲师	博士	党员	1967-12-25	否	1989-04-08	B005	是
100333	欧阳	女	副教授	博士	民进	1966-03-08	否	1988-02-09	B003	是
200100	李明义	男	讲师	硕士	党员	1965-04-17	否	1987-08-10	B005	是
200101	孙美灵	男	讲师	硕士	党员	1977-05-16	否	1998-09-11	B003	是
200102	王世明	男	副教授	硕士	党员	1976-03-21	否	1996-07-21	A004	是
200103	张平娜	女	讲师	硕士	党员	1989-04-23	否	2008-06-22	A001	是
200104	李美丽	女	讲师	博士	九三学社	1982-12-01	是	0000-00-00	B001	是
200105	苏珍珍	女	副教授	本科	党员	1966-08-11	是	1985-08-01	B003	是
200220	张白燕	女	讲师	博士	群众	1987-05-01	是	2011-09-02	A001	是
200221	李青青	女	副教授	本科	群众	1964-10-06	是	1989-04-03	A001	是

图 1.1　EMPLOYEES 表数据

EMPLOYEES（E_ID，E_name，sex，Professional，education，Political，birth，marry，Gz_time，D_id，bz）

在关系表中，通常指定某个字段或字段的组合的值来唯一地表示对应的记录，我们把这个字段或字段的组合称为主键（也叫主码或关键字）。如在 EMPLOYEES 表中，一个雇员一个编号，其值是唯一的，可以用雇员编号唯一表示一位雇员，因此，把 E_ID 指定为 EMPLOYEES 表的主键。

表中的每一行是一条记录，记录一位雇员的相关信息。例如，第一位员工的信息分别是：100100，李明，男，副教授，硕士，党员，1967-02-01，否，1989-9-1，B001，是。

1.4　关系数据库设计

数据库设计一般要经过需求分析、概念结构设计、逻辑设计、物理设计、数据库实施和数据运行等几个阶段。其中，概念结构设计阶段要对需求进行综合、归纳与抽象，形成一个独立于具体 DBMS 的概念模型（用 E-R 图表示），逻辑设计阶段是将概念结构转换为某个 DBMS 所支持的数据模型（如关系模型），并对其进行优化。下面就概念结构设计阶段和逻辑设计阶段要做的事分述如下。主要是认识实体与属性，绘制 E-R 图，并将 E-R 图转换为关系模式。

1.4.1　实体、属性、联系

客观存在并相互区别的事物称为实体。实体是一个抽象名词，是指一个独立的事物个体，自然界的一切具体存在的事物都可以看作为一个实体。一个人是一个实体，一个组织也可以看作为一个实体。在学校里，学校是一个实体，院系是一个实体，学生也是一个实体。要描述一个学生，通常用他的学号、姓名和年龄等特征信息项来表示。那么，学号、姓名和年龄就是学生的属性，不同学生属性不同。例如，课程是一个实体，课程的属性通常是课程编号、课程名称和学分等；教师是一个实体，教师的属性可以是教师编号、姓名、性别和职称等；院系也是一个实体，其属性可以用单位编号、单位名称和电话等来表示。

实体与实体之间往往存在关系，这种关系也叫作"联系"。实体与实体的联系通常有 3 种：一对一（1：1）关系、一对多（1：M）关系和多对多（M：N）关系。例如，学校与校长是一对一关系，一个学校只能有一个校长，一个校长只能属于一个学校；单位与教师的关系是一对多关系，一个教师只能属于一个单位，一个单位有多个教师；教师与课程的关系是多对多关系，一个教师可以讲授多门课，一门课可以由多个教师讲授。

1.4.2 绘制 E-R 图

可以用图来更加直观地描述实体和实体的联系，这样的图叫作 E-R 图（Entity-Relationship Approach）。一般情况下，用矩形表示实体，用椭圆表示实体的属性，用菱形表示实体之间的联系，并用无向直线将其与相应的实体连接起来。

在建立 E-R 图时，特别是对于多个实体的比较复杂的 E-R 图，可以首先设计局部 E-R 模式，然后把各局部 E-R 模式综合成一个全局的 E-R 模式，最后对全局 E-R 模式进行优化，得到最终的 E-R 模式。

例如，在 XSGL 数据库中，有教师、课程、学生和院系 4 个实体。首先，绘制教师与课程的 E-R 图，如图 1.2 所示。

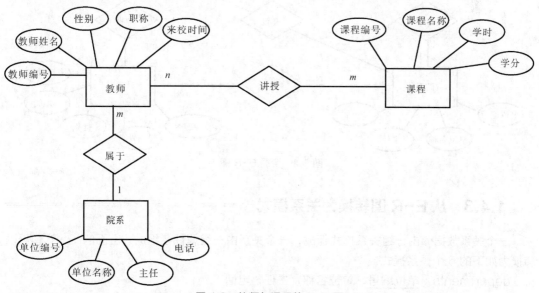

图 1.2 教师与课程的 E-R 图

然后，绘制学生与课程的 E-R 图，如图 1.3 所示。

最后，绘制全局 E-R 图，如图 1.4 所示。

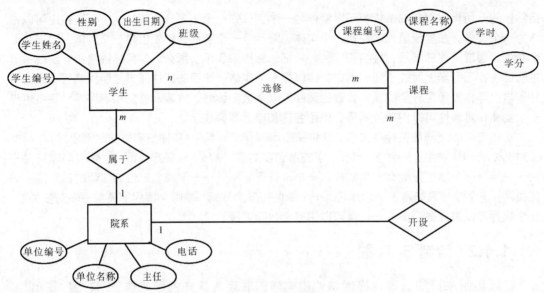

图 1.3　学生与课程的 E-R 图

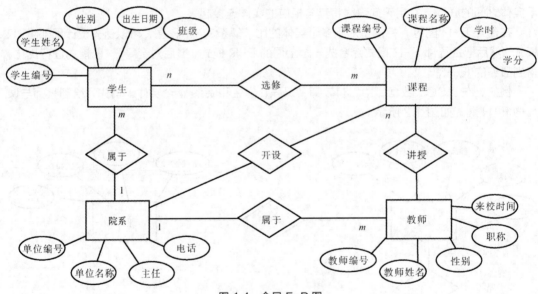

图 1.4　全局 E-R 图

1.4.3　从 E-R 图转换为关系模式

　　一个关系数据库由一组关系模式组成，一个关系由一组属性名组成。上面的 E-R 图可以转换为如下的 6 个关系模式。

　　departments（单位编号，单位名称，主任，电话）

　　teachers（教师编号，教师姓名，性别，职称，来校时间，单位编号）

　　students（学生编号，学生姓名，性别，出生日期，单位编号）

　　course（课程编号，课程名称，学时，学分，单位编号）

　　selectcourse（学生编号，课程编号，成绩）

teach（<u>教师编号</u>，<u>课程编号</u>）

在属性下面加横线表示主键。

关系模式不仅表示出了实体的数据结构关系，还反映了实体之间的逻辑关系，具体描述如下。

院系与教师是一对多的关系，把关系模式 departments 的主键（单位编号）加入 teachers 的关系模式中，作为 teachers 的一个属性，建立起院系与教师的联系。

学生与院系是一对多的关系，把关系模式 departments 的主键（单位编号）加入 students 的关系模式中，作为 students 的一个属性，建立起院系与学生的联系。

院系与课程的关系是一对多的关系，把关系模式 departments 的主键（单位编号）加入关系模式 course 中，作为 course 的一个属性，建立起院系与课程的联系。

教师与课程是多对多的关系，要单独对应一个关系模式，把关系模式 teachers 的主键和关系模式 course 的主键一起加入关系模式 teach 中，作为 teach 的主键，建立起教师与课程的联系。

学生与课程是多对多的关系，要单独对应一个关系模式，把关系模式 students 的主键和关系模式 course 的主键一起加入关系模式 selectcourse 中，作为 selectcourse 的主键，建立起学生与课程的联系。

根据设计好的关系模式，就可以创建数据表了。按照上面的关系模式，可以创建 departments、teachers、course、students、teach 和 selectcourse 等 6 张表。

1.4.4　关系模式的规范化

构造数据库必须遵循一定的规则。在关系数据库中，这种规则就是范式。关系按其规范化程度从低到高可分为 5 级范式，分别称为 1NF、2NF、3NF（BCNF）、4NF 和 5NF。规范化程度较高者必是较低者的子集。满足最低要求的范式是第一范式（1NF）。在第一范式的基础上进一步满足更多要求的称为第二范式（2NF），其余范式以此类推。一般说来，数据库只需满足第三范式。下面，举例介绍第一范式（1NF）、第二范式（2NF）和第三范式（3NF）。

1.　第一范式（1NF）

在任何一个关系数据库中，第一范式（1NF）是对关系模式的基本要求，不满足第一范式（1NF）的数据库就不是关系数据库。

所谓第一范式（1NF）是指数据库表的每一列都是不可分割的基本数据项，同一列中不能有多个值，即实体中的某个属性不能有多个值或者不能有重复的属性。简而言之，第一范式就是无重复的列。

例如，teachers（<u>教师编号</u>，教师姓名，性别，职称），每一列都是不可分割的最小数据项。表的每一行包含一位教师的信息，满足 1NF。

反之，假设有如下的关系模式：teachers（教师编号，教师姓名，性别，职称，联系方式），由于联系方式有多种，可以是手机、电话、QQ 等方式，电话还可能有多个，例如家庭电话和办公电话，可见"联系方式"并不是最小的数据项。因此，该关系模式不符合 1NF，可以把上面的关系模式改成：

teachers（教师编号，教师姓名，性别，职称，手机，家庭电话，办公电话，QQ）

事实上，并不是符合 1NF 的表就是规范合理的表。图 1.5 是一个学生信息表，虽然每一列是不能再可分割的最小数据项，但是，在所在系部、专业列存在大量重复的数据，因此，这样的表也是不规范的。那么应该怎样地再进一步规范呢？下面来学习 2NF 和 3NF。

s_no 学号	s_name 姓名	sex 性别	birthday 出生日期	department 所在系部	project 专业	address 家庭地址
122001	张群	男	1990-02-05	金融学院	国际金融	文明路8 号
122002	张平	男	1992-03-02	金融学院	国际金融	人民路9号
122003	余亮	男	1992-06-03	金融学院	国际金融	北京路188号
122004	李军	女	1993-02-01	金融学院	国际金融	东风路66号
122005	刘光明	男	1992-05-06	管理学院	人力资源	东风路110号
122006	叶明	女	1992-05-02	管理学院	人力资源	学院路89号
122007	张早	男	1992-03-04	管理学院	人力资源	人民路67号
122008	陈小春	男	1978-02-01	外语学院	应用外语	NULL
122009	李小雨	男	1990-03-08	信息工程	计算机网络	青山湖路
122010	吴天	男	1990-03-08	机电学院	电子技术	市南路1234号
123003	马志明	男	1992-06-02	信息工程	嵌入式技术	安西路10 号
123004	吴文辉	男	1992-04-05	信息工程	嵌入式技术	学院路9号
123006	张东妹	女	1992-06-07	信息工程	网络技术	澄明路223号
123007	方莉	女	1992-07-08	信息工程	通讯技术	东风路6 号
123008	刘想	女	1992-03-04	信息工程	通讯技术	中山路56号

图 1.5　学生信息表

2. 第二范式（2NF）

第二范式（2NF）是在第一范式（1NF）的基础上建立起来的，即满足第二范式（2NF）必须先满足第一范式（1NF）。第二范式（2NF）要求如下。

（1）表必须有一个主键，要求数据库表中的每个记录必须可以被唯一地区分。为实现区分通常需要为表加上一个列，以存储各个记录的唯一标识（即主键）。

（2）实体的属性完全依赖于主键，而不能只依赖于主键的一部分（有时主键是由多个列组成的复合主键）。如果存在，那么这个属性和主键的这一部分应该分离出来形成一个新的实体，新实体与原实体之间是一对多的关系。

总之，第二范式就是要有一主键，同时，非主属性非部分依赖于主关键字。

例如，teachers（教师编号，教师姓名，性别，职称）中的属性"教师编号"能唯一地标识教师。一个教师一个编号，编号是唯一的。因此，每个教师可以被唯一区分。其它非主键中的列"姓名""性别""职称"也完全依赖于主键。满足了第二范式。

反之，如果想建立一个学生选修情况表，关系模式如下。

selectcourse（学生编号，课程编号，课程名称，学时，学分，成绩）

在这个关系中，选择"学生编号"和"课程编号"作为复合主键。一个学生一门课只能有一个成绩，"成绩"是完全依赖于主键（学生编号，课程编号）。然而，课程名称、学时、学分只能依赖于课程编号（主键的一部分），这样的关系模式不符合 2NF。

在实际应用中，使用这样的关系模式会出现以下问题。

（1）插入异常。学生编号和课程编号共同组成关键字，要录入课程信息必须知道学生编号这个关键字。对于新课，由于还没有人选修，就没办法录入课程信息。也就是说，无法开出开课计划，只能等有人选修后才能把课程信息录入。

（2）数据冗余。假设同一门课有 50 个学生选修，在录入学生成绩时，课程名称、学时、学分等信息就必须重复录入 49 次，而且，学分能否计入还要视成绩而定。

（3）更新异常。如果调整了某课程的学时、学分，相应记录的学时、学分值也要更新，工作量非常大，若录入不慎，可能还会出现几个地方同一门课学时、学分不相同的错误。

（4）删除异常。由于学生成绩记录与课程信息在同一个表中，假设一批学生已经完成课程的选修，这些选修记录就应该从数据库表中删除。但是，原本要保存的课程及学时、学分信息也随之删除，以后又要重新插入，又会导致插入异常。

所以，selectcourse 表不符合 2NF，应该把它进行拆分，将课程编号、课程名称、学时、学分从原关系中分离出来形成一个新的实体 course，以解决数据冗余、更新、插入和删除的问题。新的关系模式如下：

course（课程编号，课程名称，学时，学分）

selectcourse（学生编号，课程编号，成绩）

3. 第三范式（3NF）

满足第三范式（3NF）必须先满足第二范式（2NF），并且，要消除传递函数依赖。数据表中如果不存在非主键列对任一候选主键的传递函数依赖，则符合第三范式。所谓传递函数依赖，指的是如果存在"A→B→C"的决定关系，则 C 传递函数依赖于 A。因此，满足第三范式的数据库表应该不存在如下依赖关系：主键→非主键列 x→非主键列 y。

例如，teachers（教师编号，教师姓名，性别，系别，系名，系主任，院系电话）

在这一关系中，教师编号决定各个属性，是主键。由于是单个主键，没有部分依赖的问题，肯定是 2NF。但是这样的关系模式存在一个问题，关系中存在传递依赖：

（教师编号）→（系别）→（系名，系主任，院系电话）

即非主键列（系名、系主任、院系电话）函数依赖于候选主键（系别），并传递函数依赖于主键（教师编号）。

在实际应用中，这会造成系别、系名、系主任、院系电话等信息重复存储，会有大量的数据冗余，就如图 1.5 所示的数据表。同时，也会存在更新异常、插入异常和删除异常的情况。因此，可以把原关系模式拆分为两个，如下。

teachers（教师编号，教师姓名，性别，系别）

departments（系别，系名，系主任，院系电话）

新关系包括两个关系模式，它们之间通过 teachers 中的外键（系别）进行联系，需要时再进行自然联接，恢复了原来的关系。

同理，图 1.5 所示的数据表也可以拆分为两个。

Students(s_no, s_name, sex, birthday, address, d_ID)
Departments(d_ID, d_name, project)

4. 第二范式（2NF）和第三范式（3NF）的区别

第二范式（2NF）和第三范式（3NF）的概念很容易混淆，区分它们的关键点如下。

（1）2NF：非主键列是完全依赖于主键，还是依赖于主键的一部分。

（2）3NF：非主键列是直接依赖于主键，还是直接依赖于非主键列。

1.5 数据库应用系统体系结构

目前，常用的以数据库为核心构成的应用系统多数采用了以下两种结构模式：客户机/服务器（Client/Server，C/S）模式和浏览器/服务器（Browser/Server，B/S）模式。

1.5.1 认识 C/S 模式数据库

C/S（Client/Server）结构模式，即大家熟知的客户机/服务器结构模式。Client 和 Server 常常分别处在相距很远的两台计算机上，Client 程序的任务是将用户的要求提交给 Server 程序，再将 Server 程序返回的结果以特定的形式显示给用户；Server 程序的任务是接收客户程序提出的服务请求，进行相应的处理，再将结果返回给客户程序。C/S 模式数据库应用系统的开发工具通常是 Visual Basic（VB）、Visual C#、Visual C++/NET、Delphi、Power Builder（PB）等。图 1.6 是三层 C/S 模式应用系统结构图。

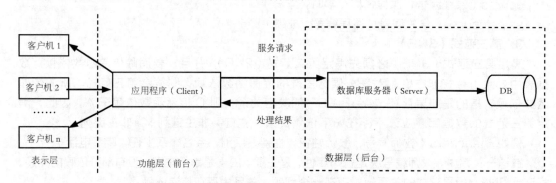

图 1.6 三层 C/S 模式应用系统

1.5.2 认识 B/S 模式数据库

随着 Internet 和 WWW 的流行，以往的主机/终端和 C/S 结构都无法满足当前的全球网络开放、互连、信息随处可见和信息共享的新要求，于是就出现了 B/S 模式。如图 1.7 所示。

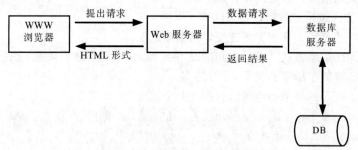

图 1.7 B/S 模式应用系统

B/S（Browser/Server）模式数据库是采用三层 C/S 模式，即浏览器和服务器结构。用户工作界面是通过 WWW 浏览器来实现，主要事务逻辑在服务器端（Server）实现，第一层是浏览器，第二层是 Web 服务器，第三层是数据库服务器。这种结构的核心是 Web 服务器，它负责接收远程（或本地）的 HTTP（超文本传送协议）数据请求，然后根据查询条件到数据库服务器获取相关的数据，并把结果翻译成 HTML（超文本置标语言）文档传送给提出请求的浏览器。在三层结构中，数据库服务器完成所有的数据操作，Web 服务器则负责接收请求，然后到数据库服务器中进行数据处理，再对客户机给予答复。

例如，采用 WAMP 进行开发的数据库系统，Web 服务器是 Apache，数据库服务器是

MySQL 。ASP.NET(C#)是当前流行的 Web 程序设计工具，它运行于 IIS（Internet Information Server，是 Windows 开发的 Web 服务器），ASP.NET(C#)+MySQL 也是一个开发 Web 数据库的好组合。此外，Java 作为跨平台的面向对象的程序设计语言，最常用的 Web 服务器有 Tomcat，其它还有 JBoss、Web Logic 等，Java+MySQL 也是一个开发 Web 数据库的好组合。

例如，广州番禺职业技术学院顶岗实习系统是为管理毕业生顶岗实习而编写的管理系统，该系统基于 B/S 模式。图 1.8 所示是系统的登录界面，用户用初始密码登录后可以完善个人信息，也可以更改登录密码。不同用户拥有不同的操作权限，例如，教务管理人员录入学生信息、教师信息，学生填写实习信息、实习企业信息、实习周记，教研室主任上传实习计划，安排实习老师，系主任可以查看实习信息汇总、实习公司采集以及统计报表。此外，系统还包括校内老师评价学生、校外老师评价学生和论文指导等功能模块。

图 1.8　顶岗实习系统登录界面

1.6　认识一个真实的关系型数据库

例如，YSGL 数据库系统采用 B/S 结构，主要针对企业员工的信息和工资进行集中的管理，为企业建立一个较为完美的员工信息数据库。它以 WAMP 作为开发平台，用 PHP 设计操作界面和编写程序，完成数据录入、修改、存储、调用和查询等功能，使用 MySQL 进行数据库操作和管理。

本数据库管理系统有 User、Employees、Departments 和 Salary 等 4 张数据表。User 是用户表，记录用户编号、用户名和密码等信息。Employees 是员工表，记录员工编号、员工姓名、性别、职称、政治面貌、学历、出生日期、婚姻状态、参加工作时间和是否编内人员等信息。Departments 表存储部门数据信息，Salary 表存储员工工资数据。

每张表设置相应的主键，以保证数据记录的唯一性。并在相关表设置外键，表与表之间通过外键关联，进行数据约束，以保证数据的一致性。例如，Employees 表通过外键 D_ID 字段与 Departments 关联，Salary 表通过外键 E_ID 字段与 Employees 表关联。YSGL 数据库的每一张表的结构见表 1.1～表 1.4。

表 1.1 User 表

字段名	类型	长度	默认值	是否空值	是否主键	备注
USER_ID	CHAR	8		NO	YES	用户编号
User_name	CHAR	8		NO		用户名
password	DATE			NO		用户密码

表 1.2 Employees 表

字段名	类型	长度	默认值	是否空值	是否主键	备注
E_ID	VARCHAR	8		NO	YES	员工编号
E_name	VARCHAR	8		YES		员工姓名
Sex	VARCHAR	2	男	YES		性别
Professional	VARCHAR	6		NO		职称
Political	VARCHAR	8		NO		政治面貌
Eduction	VARCHAR	8		NO		学历
Birth	DATE			NO		出生日期
Marry	VARCHAR	8		NO		婚姻状态
Gz_time	DATE			NO		参加工作时间
D_ID	VARCHAR	5		NO	（外键）	与 Departments 关联
BZ	VARCHAR	2	是	NO		是否编内人员

表 1.3 Departments 表

字段名	类型	长度	默认值	是否空值	是否主键	备注
D_ID	TINYIINT	5		NO	YES	（AUTO_INCREMENT）
D_name	VARCHAR	10		NO		

表 1.4 Salary 表

字段名	类型	长度	默认值	是否空值	是否主键	备注
E_ID	TINYIINT	5		NO	YES（外键）	与 Employees 关联
Month	DATE			NO		月份
JIB_IN	FLOAT	6,2		NO		基本工资
JIX_IN	FLOAT	6,2		NO		绩效工资
JINT_IN	FLOAT	6,2		NO		津贴补贴
GJ_OUT	FLOAT	6,2		NO		代扣公积金
TAX_OUT	FLOAT	6,2		NO		扣税
QT_OUT	FLOAT	6,2		NO		其它扣款

 **项目实践**

（1）某单位要编写一个人事管理系统，已知该单位有若干部门，每个部门有若干员工。试绘制出 E-R 图，并把 E-R 图转换为关系模式，指出每个实体的属性、主键（用横线标识）和外键（用波浪线标识）。

（2）学校有一车队，车队有几个分队，车队中有车辆和司机。车队与司机之间存在聘用关系，每个车队可以聘用多名司机，但每个司机只能在一个车队工作。司机对车辆有使用权，每个司机可以使用多辆车辆，每辆车可被多个司机使用。要求：

① 画出 E-R 图并在图上注明属性、联系类型；

② 将 E-R 图转换为关系模式，并说明主键（用横线标识）和外键（用波浪线标识）。

 习题

一、单项选择题

1. 数据库系统的核心是_____。

    A. 数据模型   B. 数据库管理系统

    C. 数据库   D. 数据库管理员

2. E-R 图提供了表示信息世界中实体、属性和_____的方法。

    A. 数据   B. 联系   C. 表   D. 模式

3. E-R 图是数据库设计的工具之一，它一般适用于建立数据库的_____。

    A. 概念模型   B. 结构模型   C. 物理模型   D. 逻辑模型

4. 将 E-R 图转换到关系模式时，实体与联系都可以表示成_____。

    A. 属性   B. 关系   C. 键   D. 域

5. 在关系数据库设计中，设计关系模式属于数据库设计的_____。

    A. 需求分析阶段   B. 概念设计阶段   C. 逻辑设计阶段   D. 物理设计阶段

6. 从 E-R 模型向关系模型转换，一个 M∶N 的联系转换成一个关系模式时，该关系模式的键是_____。

    A. M 端实体的键   B. N 端实体的键

    C. M 端实体键与 N 端实体键组合   D. 重新选取其它属性

7. SQL 语言具有_____的功能。

    A. 关系规范化、数据操纵、数据控制   B. 数据定义、数据操纵、数据控制

    C. 数据定义、关系规范化、数据控制   D. 数据定义、关系规范化、数据操纵

8. SQL 语言的数据操纵语句包括 SELECT、INSERT、UPDATE 和 DELETE，最重要的也是使用最频繁的语句是_____。

    A. SELECT   B. INSERT   C. UPDATE   D. DELETE

9. 在数据库中，产生数据不一致的根本原因是_____。

    A. 数据存储量太大   B. 没有严格保护数据

    C. 未对数据进行完整性控制   D. 数据冗余

10. 用二维表来表示实体与实体之间联系的数据模型称为_____。

    A. 面向对象模型   B. 关系模型   C. 层次模型   D. 网状模型

二、填空题

1. 数据库系统的三级模式结构是指数据库系统是由_____、_____和
_____三级构成的。

2. 数据库系统的运行与应用结构有客户／服务器结构（C／S结构）和_____两种。

3. 在数据库的三级模式体系结构中，外模式与模式之间的映像实现了数据库的_____
独立性。

4. 用二维表结构表示实体以及实体间联系的数据模型称为_____数据模型。

5. 数据库设计包括概念设计、_____和物理设计。

6. 在E-R图中，矩形表示_____。

三、简答题

1. 请简述什么是数据库管理系统，以及它的主要功能。

2. 请简述C／S结构与B／S结构的区别。

3. 请简述关系规范化过程。

 任务2　认识MySQL

任务背景

数据库是一个按照数据结构来组织、存储和管理数据的仓库，当前流行的5大数据库管理
系统有微软公司的Access、SQL Server，IBM公司的DB2，甲骨文公司的Oracle和MySQL。
生活中有时将××数据库管理系统简称××数据库。MySQL填补了甲骨文公司在数据库管理
系统的中、小企业市场的短板。过去，中小企业市场一直由微软的SQL Server占领，如今，
甲骨文和微软在这一市场的差距正在缩小。MySQL是一个非常优秀的开源数据库管理系统软
件，许多公司已经成为MySQL的主要用户。那么，究竟MySQL有什么性能优势和特点呢？

任务要求

本任务从认识SQL语言的特点、基本语句开始，让学生了解MySQL的发展和现状，认
识MySQL 5.5的优点和主要特性，认识MySQL自带的和其它常用的界面管理工具，初识
MySQL的数据类型和基本语句。

任务分解

2.1　认识SQL语言

SQL（Structured Query Language）是结构化查询语言，是重要的关系数据库操作语
言。1974年，IBM公司圣约瑟研究实验室研制的大型关系数据库管理系统System R使用了
Sequel语言（由Boyce和Chamberlin提出），后来在Sequel语言的基础上发展了SQL
语言。1986年10月，美国国家标准学会（ANSI）通过了SQL语言美国标准，接着，国际
标准化组织（ISO）颁布了SQL正式国际标准。1989年4月，ISO提出了具有完整性特征的

SQL 89 标准，1992 年 11 月又公布了 SQL 92 标准，在此标准中，数据库管理系统被分为 3 个级别：基本集、标准集和完全集。

SQL 语言基本上独立于数据库本身、使用的机器、网络和操作系统，基于 SQL 的 DBMS 产品可以运行在从个人机、工作站到基于局域网、小型机和大型机的各种计算机系统上，具有良好的可移植性。

现在已有 100 多种遍布在从微机到大型机上的数据库产品 SQL，其中包括 DB2、SQL/DS、Oracle、Ingres、Sybase、SQL Server、dBaseⅣ和 Microsoft Access 等管理系统。

2.1.1　SQL 语言特点

（1）一体化：SQL 集数据定义 DDL、数据操纵 DML 和数据控制 DCL 于一体，可以完成数据库中的全部工作。

（2）使用方式灵活：SQL 具有两种使用方式，一种是直接以命令方式交互使用；另一种是嵌入使用，嵌入 C、C++、Fortran、COBOL 和 Java 等主语言中使用。

（3）非过程化：SQL 只需要提供操作要求，不必描述操作步骤，也不需要导航。使用时只需要告诉计算机"做什么"，而不需要告诉它"怎么做"。

（4）语言简洁，语法简单，好学好用：在 ANSI 标准中，只包含了 94 个英文单词，核心功能只用 6 个动词，语法接近英语口语。

2.1.2　SQL 语言的基本语句

SQL 语言包含 6 个部分。

（1）数据查询语言（DQL）：也称为数据检索语句，用来从表中获得数据，确定数据怎样在应用程序给出。保留字 SELECT 是 DQL（也是所有 SQL）用得最多的动词，其它 DQL 常用的保留字有 WHERE、ORDER BY、GROUP BY 和 HAVING。这些 DQL 保留字常与其它类型的 SQL 语句一起使用。

（2）数据操作语言（DML）：包括动词 INSERT、UPDATE 和 DELETE。它们分别用于添加、修改和删除表中的行，也称为动作查询语言。

（3）事务处理语言（TPL）：它的语句能确保被 DML 语句影响的表的所有行及时得以更新。TPL 语句包括 BEGIN TRANSACTION、COMMIT 和 ROLLBACK。

（4）数据控制语言（DCL）：它的语句通过 GRANT 或 REVOKE 获得许可，确定单个用户和用户组对数据库对象的访问。某些 RDBMS 可用 GRANT 或 REVOKE 控制对表单个列的访问。

（5）数据定义语言（DDL）：其语句包括动词 CREATE 和 DROP，用于在数据库中创建新表或删除表（CREAT TABLE 或 DROP TABLE），为表加入索引等。它也是动作查询的一部分。

（6）指针控制语言（CCL）：它的语句，如 DECLARE CURSOR、FETCH INTO 和 UPDATE WHERE CURRENT 用于对一个或多个表单独行的操作。

2.2　MySQL 概述

MySQL 是一个小型关系型数据库管理系统，开发者为瑞典 MySQL AB 公司，在 2008

年1月16日被 Sun Microsystems 公司收购。2009 年，Sun Microsystems 又被 Oracle 公司收购。MySQL 成为了 Oracle 公司的另一个数据库项目。图 2.1 所示是 MySQL 的标志。

图 2.1　MySQL 的标志

　　MySQL 是开放源码的，对于一般的个人使用者和中、小型企业来说，MySQL 提供的功能已经绰绰有余，因此，被广泛地应用在 Internet 上的中、小型网站中。目前 Internet 上流行的网站架构方式是 LAMP（Linux+Apache+MySQL+PHP）和 WAMP（Windows+Apache+MySQL+PHP）。由于 LAMP 架构中的 4 个软件都是免费或开放源码软件（FLOSS），因此，可以轻松建立起一个稳定、免费的网站系统。

　　MySQL 的版本有：企业版（MySQL Enterprise Edition）、标准版（MySQL Standard Edition）、经典版（MySQL Classic Edition）、集群版（MySQL Cluster CGE）和社区版（MySQL Community Edition）。MySQL 社区版是世界上流行的免费下载的开源数据库管理系统。商业客户可灵活地选择企业版、标准版和集群版等多个版本，以满足特殊的商业和技术需求。

　　学习者可从 MySQL 官方网站下载丰富的学习资源。如图 2.2 所示。

图 2.2　MySQL 网站资源

2.3　认识 MySQL5.5

　　MySQL 性能出众、可靠性高、方便使用，是当今世界最流行、使用广泛的开源数据库之一。2009 年，MySQL 进入 Oracle 产品体系，获得了更多研发投入，Oracle 在硬件、软件和服务上的付出，使得 MySQL 5.5 成为以往版本中最好的一个发行版本。MySQL 5.5 融合了 MySQL 数据库和 InnoDB 存储引擎的优点，能够提供高性能的数据管理解决方案，如下所列。

　　（1）InnoDB 作为默认的数据库存储引擎，作为成熟、高效的事物引擎，目前已经被广泛使用，但 MySQL 5.1 之前的版本默认引擎均为 MyISAM。新的 InnoDB 存储和压缩选项有助于减少 MySQL 数据足迹（Data Footprint），并提高数据检索效率。

　　（2）提升了 Windows 系统下的系统性能和可扩展性。

　　（3）改善性能和可扩展性，全面利用各平台现代多核架构的计算能力，增强对 MySQL 多处理器支持，直至 MySQL 性能"不受处理器数量的限制"。

　　（4）提供新的 SQL 语法和分区选项，使应用程序的开发、调试和调整更加容易。

（5）提高易管理性和效率。

（6）提高可用性。

（7）改善检测与诊断性能。

未来，MySQL 将能够使用 Oracle 的管理工具，MySQL 社区版也能够被 Oracle 管理工具管理，前提是使用者必须是 Oracle 数据库的用户。

2.4 MySQL 的管理工具

MySQL 管理工具中，命令行工具 MySQL Command Line Client 用于管理 MySQL 数据库，图形管理工具 MySQL Administrator、MySQL Query Browser 和 MySQL Workbench 是常用的可视化管理工具。此外，phpMyAdmin 是非常好的界面管理工具。

1. MySQL Command line client

启动 MySQL 命令行客户端，以 root（超级管理员）身份登录 MySQL server，输入正确的用户密码，成功登录后，出现提示符 mysql>。如图 2.3 所示。

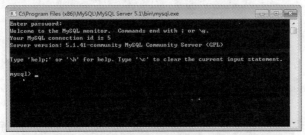

图 2.3　MySQL 客户端

2. MySQL Workbench

MySQL Workbench 即 MySQL 工作台，作为 MySQL 企业版增加的企业级功能之一，它是为开发人员、DBA 和数据库架构师而设计的统一的可视化工具。MySQL Workbench 提供了先进的数据建模，灵活的 SQL 编辑器和全面的管理工具。MySQL Workbench 可在 Windows、Linux 和 Mac OS 上使用，截至 2014 年 2 月 19 日，其版本号为 MySQL Workbench 6.0.9，开发版号为 MySQL Workbench 6.1.1 beta，界面如图 2.4 所示。

图 2.4　MySQL Workbench 界面

3. MySQL Administrator

MySQL Administrator 是用来执行数据库管理操作的程序，例如，配置、控制、开启和关闭 MySQL 服务；管理用户和连接数，执行数据备份和其它的一些管理任务等，如图 2.5 所示。

4. phpMyAdmin

phpMyAdmin 是用 PHP 编写的 MySQL 数据库系统管理程序，让管理者可用 Web 界面管理 MySQL 数据库，如图 2.6 所示。

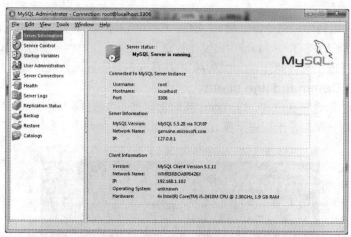

图 2.5　MySQL Administrator

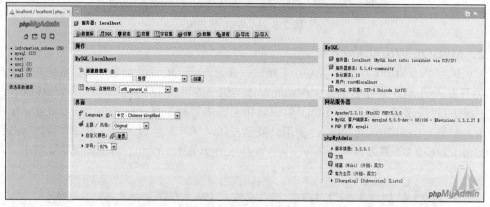

图 2.6　phpMyAdmin

phpMyAdmin 是一款免费的、用 PHP 编写的工具，用于在网络上管理 MySQL，它支持 MySQL 的大部分功能。这款含有用户界面的软件不仅能够支持一些最常用的操作（例如管理数据库、表格、字段、联系、索引、用户、许可等），还可以直接执行任何 SQL 语句。

2.5　初识 MySQL 数据类型

在创建表时，必须为各字段指定数据类型，字段的数据类型决定了数据的存储形式和取值大小。MySQL 支持的数据类型有数值型、精确数值型、浮点数值型、字符型、日期型、时间日期型、文本型、BLOB 型和位数据型等。

例如，要创建一个进货单表，各字段的数据类型和大小取值如下。

商品编号　　　CHAR（5）

商品名称　　　VARCHAR（5）

数量　　　　　INT

单价　　　　　FLOAT(4,2)

进货日期　　　DATE

备注　　　　　TEXT

其中，CHAR（5）表示 5 个长度的固定长度的字符串；VARCHAR（5）表示变长字符串；INT 表示整数型；FLOAT(4,2)表示总长度为 4 位、小数位为 2 位的浮点数；DATE 是日期型，表示诸如"2019-05-01"这样的值，如果是 TIME 时间型，则可以表示诸如"12:30:30"这样的值；MySQL 还支持日期/时间的组合，如"2019-05-01 12:30:30"这样的数据则可以选 DATETIME 类型；TEXT 是文本型，一般存储较长的备注、日志信息等。

关于 MySQL 所支持的数据类型，以及怎样选择合适的数据类型将在任务 6 中详细讲解。

2.6　初识 MySQL 的基本语句

MySQL 的主要语句有 CREATE、INSERT、UPDATE、DELETE、DROP 和 SELECT 等。

例如，创建一个数据库 TEST，在数据库中创建一个表 NUMBER，然后进行一系列的操作：向表插入数据、查询数据、删除数据、删除表和删除数据库等。可执行如下 SQL 语句。

```
mysql>CREATE DATABASE TEST;          //创建数据库 TEST
mysql>USE TEST;                       //指定到数据库 TEST 中操作
mysql>CREATE TABLE NUMBER(
NO CHAR（6）RPIMARY KEY,
N_NAME CHAR（8）); // 创建表 NUMBER
mysql>INSERT INTO TABLE NUMBER VALUES('001', '李明');//向表 NUMBER 插入数据
mysql>UPDATE NUMBER SET N_NAME='李小明'  WHERE NO='001';//更新表 NUMBER 的数据
mysql>SELECT * FROM NUMBERS;  //查询表 NUMBER 的数据
mysql>DELETE FROM NUMBER;     //删除表 NUMBER 的数据
mysql>DROP TABLE NUMBER;      //删除表 NUMBER
mysql>DROP DATABASE TFST;     //删除数据库 TEST
```

 习题

一、单项选择题

1. 可用于从表或视图中检索数据的 SQL 语句是＿＿＿＿＿＿。

　　A．SELECT 语句　　B．INSERT 语句　　C．UPDATE 语句　　D．DELETE 语句

2. SQL 语言又称＿＿＿＿＿＿。

　　A．结构化定义语言　　　　　　　　　B．结构化控制语言

　　C．结构化查询语言　　　　　　　　　D．结构化操纵语言

3. 以下关于MySQL 的说法中错误的是＿＿＿＿＿＿。

　　A．MySQL 是一种关系型数据库管理系统

　　B．MySQL 软件是一种开放源码软件

C. MySQL 服务器工作在客户端/服务器模式下，或嵌入式系统中

D. MySQL 完全支持标准的 SQL 语句

4. 有一名为"销售"的实体，含有商品名、客户名和数量等属性，该实体的主键是_____。

A. 商品名   B. 客户名

C. 商品名+客户名   D. 商品名+数量

二、填空题

MySQL 数据库所支持的 SQL 语言主要包含_____、_____、_____和 MySQL 扩展增加的语言要素几个部分。

三、简答题

1. 请列举 MySQL 的系统特性。

2. 请列举两个常用的 MySQL 客户端管理工具。

3. 请解释 SQL 是何种类型的语言。

4. MySQL5.5 有什么特性？

5. MySQL 常用的语句有哪些？

6. MySQL 的自带的管理工具有哪些？

项目二
MySQL实训环境配置

02

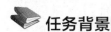 **任务 3　Windows 环境下 MySQL 的安装与配置**

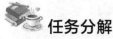 **任务背景**

在 Windows 系列的操作系统下，MySQL 数据库管理系统的安装包分为图形化界面安装和免安装（Noinstall）这两种安装包。这两种安装包的安装方式不同，而且配置方式也不同。图形化界面安装包有完整的安装向导，安装和配置很方便。免安装的安装包直接解压即可使用，但是配置起来很不方便。

任务要求

本任务将学习在图形化界面下安装与配置 MySQL 的基本方法，并掌握启动和停止 MySQL 服务器的方法，掌握从本地和远程登录 MySQL 服务器的方法。

任务分解

3.1　MySQL 服务器的安装与配置

下面介绍在 Windows 系统环境下通过安装向导来安装和配置 MySQL 的方法。

先从 MySQL 官方网站下载 MySQL5.5，版本和平台请参考图 3.1。

3.1.1　MySQL 服务器的安装

（1）下载 Windows 版的 MySQL5.5.37，解压后双击进入安装向导，如图 3.2 所示。接受安装协议，如图 3.3 所示。

（2）有 3 种安装方式可供选择：Typical（典型安装）、Custom（定制安装）和 Complete（完全安装），对于大多数用户，选择"Typical"就可以了，如图 3.4 所示。单击"Next"按钮进入下一步安装界面，如图 3.5 和图 3.6 所示。

选择图 3.7 中的"Launch the MySQL Instance Configuration Wizard"选项，这是要启动 MySQL 的配置，也是最关键的地方（也可以以后设置），单击"Finish"按钮，进入配置界面。

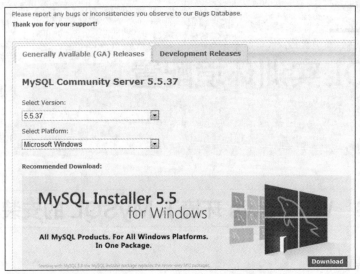

图 3.1　MySQL 5.5 下载界面

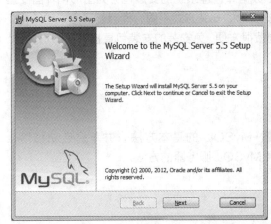

图 3.2　安装界面

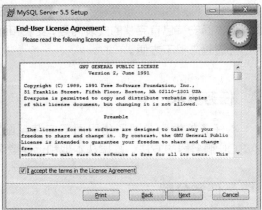

图 3.3　接受安装协议

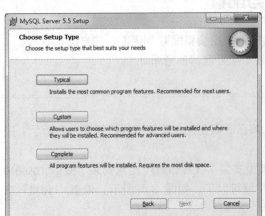

图 3.4　选择 Typical（典型安装）

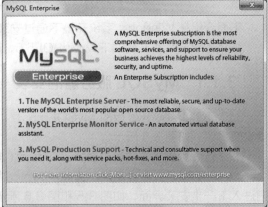

图 3.5　安装界面 1

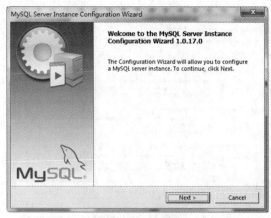

图 3.6 安装界面 2

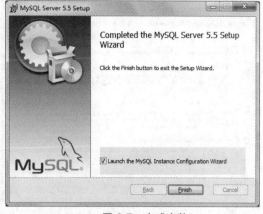

图 3.7 完成安装

3.1.2 MySQL 服务器的配置

（1）进入配置界面后（见图 3.8），可以选择的配置类型有两种：Detailed Configuration（详细配置）和 Standard Configuration（标准配置）。这里选择"Detailed Configuration"，如图 3.9 所示。

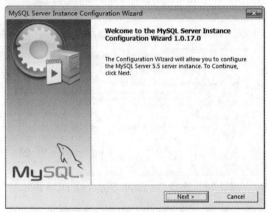

图 3.8 配置界面

图 3.9 Detailed Configuration（详细配置）

（2）单击"Next"按钮进行服务器类型选择，分为 3 种："Developer Machine（开发测试类）""Server Machine（服务器类型）"和"Dedicated MySQL Server Machine（专门的数据库服务器）"，我们仅仅是用来学习和测试，采用默认设置就可以，单击"Next"继续，如图 3.10 所示。

（3）单击"Next"按钮，在出现的配置界面中选择 MySQL 数据库的用途，有 3 个选项："Multifunctional Database（通用多功能型）""Transactional Database Only（服务器类型，专注于事务处理）"和"Non-Transactional Database Only（非事务处理型）"。这里选择第一项，进行通用安装，单击"Next"继续配置，如图 3.11 所示。

（4）进入 InnoDB 表空间对话框，为 InnoDB 数据库文件选择一个存储空间，这里可以修改 InnoDB 表空间文件的位置，如图 3.12 所示。默认位置是 MySQL 服务器数据目录，单击"Next"按钮。

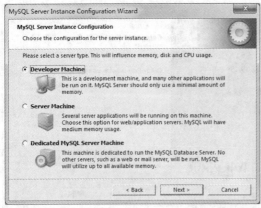

图 3.10　Developer Machine（开发测试类）

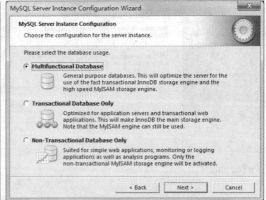

图 3.11　选择 Multifunctional Database
（通用多功能型）

（5）在打开的页面中，选择 MySQL 的访问数，同时连接的数目"Decision Support
（DSS）/OLAP（20 个左右）""Online Transaction Processing（OLTP）（500 个左右）"
和"Manual Setting（手动设置，设置为 15 个）"。这里选择"Decision Support（DSS）/ OLAP"，
如图 3.13 所示。

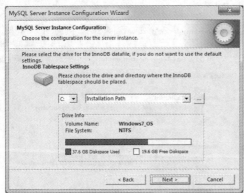

图 3.12　为数据库文件选择存储空间

图 3.13　选择 Decision Support（DSS）/OLAP

（6）单击"Next"按钮，在打开的页面中设置是否启用 TCP/IP 连接，设定端口，如果
不启用，就只能在自己的机器上访问 MySQL 数据库了，默认设置为启用 TCP/IP 网络，默认
端口为 3306，如图 3.14 所示，单击"Next"按钮。

（7）在打开的字符编码的页面中，设置 MySQL 要使用的字符编码，第一个是西文编码，
第二个是多字节的通用 UTF-8 编码，第三个是手动。我们选择第三个，并在"Character Set"
选框中将 latin1 修改为 gb2312，如图 3.15 所示。

（8）单击"Next"按钮，在打开的页面中选择是否将 MySQL 安装为 Windows 服务，指
定 Service Name（服务标识名称），默认为 MySQL，这里不做修改，还可以设置是否将 MySQL
的 bin 目录加入 Windows PATH，加入后就可以直接使用 bin 下的文件，而不用指出目录名。
如图 3.16 所示，单击"Next"按钮继续配置。

（9）此步是设置是否要修改默认 root 用户（超级管理员）的密码（默认为空），如果要修
改，就在"New root password"对应的文本框中填入新密码，例如"123456"，并启用 root
远程访问的功能。不要选中"Create An Anonymous Account（创建匿名账户）"复选框，

如图 3.17 所示。

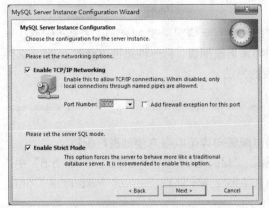

图 3.14　默认端口 3306

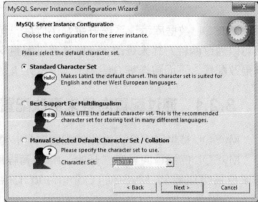

图 3.15　字符编码设置为 gb2312

图 3.16　服务名为 MySQL

图 3.17　设置 root 用户登录密码

（10）设置完毕后，单击"Next"按钮，弹出配置向导最后一个界面，如图 3.18 所示，单击"Finish"按钮即可完成配备。

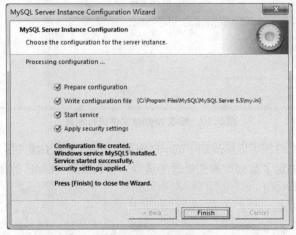

图 3.18　完成配备

3.2　更改 MySQL 的配置

MySQL 数据库管理系统安装好了以后，可以根据实际情况更改 MySQL 的某些配置。一般可以通过两种方式来更改，一种是通过配置向导来更改配置，另一种是通过修改 my.ini 文件来更改配置。下面将详细介绍更改 MySQL 配置的方法。

3.2.1　通过配置向导来更改配置

MySQL 提供了一个人性化的配置向导，通过配置向导可以很方便地进行配置。

MySQL 的配置向导在"开始"|"所有程序"|"MySQL"|"MySQL Server 5.5"中。在该位置可以看到 MySQL Command Line Client、MySQL Server Instance Config Wizard 和 SunInventory Registration。

MySQL Server Instance Config Wizard 是配置向导。通过该向导可以配置 MySQL 数据库，例如，修改 root 登录密码、字符集设置等。

3.2.2　通过修改 my.ini 文件进行配置

MySQL 的文件安装在"C:\Program Files\MySQL\MySQL Server 5.5"目录下。而 MySQL 数据库的数据文件安装在"C:\Documents and Settings\All Users\Application Data\MySQL\ MySQL Server 5.5\data"目录下。

要手动配置，可以打开位于"C:\Program Files\MySQL\MySQL Server 5.5\"目录下的 my.ini 文件。

如要修改字符集，则在[mysql]下方加入以下代码，如图 3.19 所示。

```
default-character-set = gb2312
```

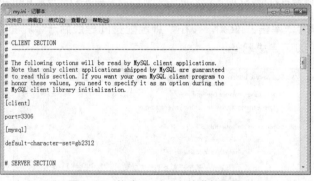

图 3.19　修改 my.ini 文件进行配置

通过修改 my.ini 文件还可以修改如下的一些设置，例如，#索引缓冲区（仅作用于 MYISAM 表和临时表）的大小决定了数据库索引处理的速度，将其改为 10MB 的代码如下。

```
key_buffer_size = 10M
#mysql 数据存储目录
datadir=f:/server/mysql/data
#启动数据库更新二进制日志记录，日志文件名前缀为 mysql-bin
log-bin=mysql-bin
```

3.3 连接 MySQL 本地服务

MySQL 数据库分为服务器端（Server）和客户端（Client）两部分。只有服务器端的服务开启以后，才可以通过客户端登录到 MySQL 数据库。

3.3.1 MySQL 服务器的启动和关闭

服务是一种在系统后台运行的程序，数据库系统在安装之后会建立一个或多个相关的服务，每个服务都有其特定的功能。在这些服务中，有的是要求必须启动的，而有的则可以根据需要有选择地启动。

通常有自动和手动两种启动类型。MySQL 服务手动启动一般有以下方式。

1. 操作系统命令启动和停止服务

一般情况下，在 Windows 下安装完 MySQL 后，它就已经自动启动 MySQL 服务了。也可用 net 命令行方法启动，方法为"开始"|"运行"，输入"cmd"，按<Enter>键后弹出命令提示符界面。然后输入"net start MySQL"就启动 MySQL 服务，输入"net stop MySQL"则停止 MySQL 服务，如图 3.20 所示。

图 3.20　运行 cmd 命令启动服务

2. 配置服务的启动类型

如果 MySQL 服务没有打开，也可以直接打开 Windows 的服务，启动 MySQL 服务即可。Windows 7 操作系统下打开"开始"|"管理工具"|"服务"，在服务列表中找到 MySQL，然后双击，弹出如图 3.21 所示的对话框，在"启动类型"中选择"自动"即可。

图 3.21　启动 MySQL 服务

3.3.2 MySQL 客户端连接 MySQL 服务器

从“开始”菜单中打开程序 MySQL Server 5.5，默认以 root（超级管理员）用户进入，输入密码后按<Enter>键，运行结果如图 3.22 所示，表示连接了 MySQL 服务。MySQL 的提示符如下所示。

```
mysql>
```

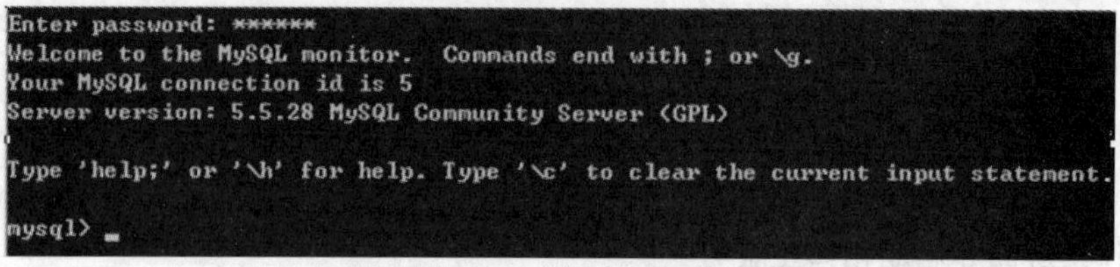

```
Enter password: ******
Welcome to the MySQL monitor.  Commands end with ; or \g.
Your MySQL connection id is 5
Server version: 5.5.28 MySQL Community Server (GPL)

Type 'help;' or '\h' for help. Type '\c' to clear the current input statement.

mysql> _
```

图 3.22 运行结果

3.3.3 DOS 命令连接到 MySQL 服务器

格式：mysql-h 主机地址-u 用户名-p 用户密码

首先打开 DOS 窗口，然后进入目录 bin，具体命令如下。

```
cd c:\Program Files\MySQL\MySQL Server 5.5\bin
```

根据系统中 MySQL 安装位置的不同，前面的例子中使用的路径也不同。

然后键入命令 mysql -uroot -p，如果从本地主机登录服务器，-h localhost 可以省略，按<Enter>键后提示输入密码，如果刚安装好 MySQL，超级管理员用户 root 是没有密码的，故直接按<Enter>键即可进入 MySQL 中了，运行结果如图 3.23 所示。

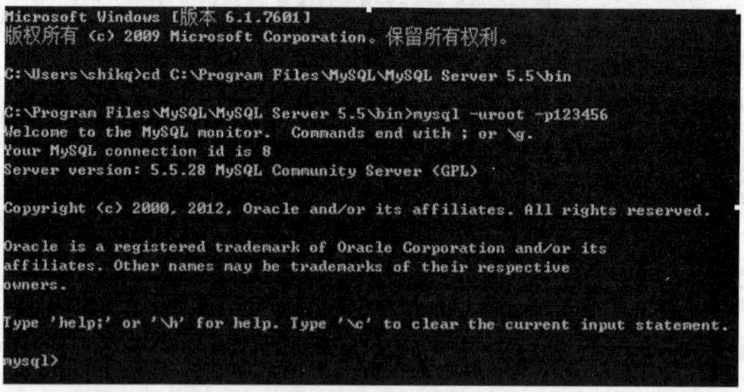

```
Microsoft Windows [版本 6.1.7601]
版权所有 (c) 2009 Microsoft Corporation。保留所有权利。

C:\Users\shikq>cd C:\Program Files\MySQL\MySQL Server 5.5\bin

C:\Program Files\MySQL\MySQL Server 5.5\bin>mysql -uroot -p123456
Welcome to the MySQL monitor.  Commands end with ; or \g.
Your MySQL connection id is 8
Server version: 5.5.28 MySQL Community Server (GPL)

Copyright (c) 2000, 2012, Oracle and/or its affiliates. All rights reserved.

Oracle is a registered trademark of Oracle Corporation and/or its
affiliates. Other names may be trademarks of their respective
owners.

Type 'help;' or '\h' for help. Type '\c' to clear the current input statement.

mysql>
```

图 3.23 运行结果

3.4 远程访问 MySQL 服务器

上述办法是以本地主机连接到本地服务器（localhost 或 IP 地址 127.0.0.1）。要想要成功连接到远程主机，需要在远程主机上打开 MySQL 远程访问权限。

1. 创建用户，从指定 IP 登录到 MySQL 服务器

创建一个新用户 root，密码为 root。

格式：grant 权限 on 数据库名.表名 to 用户@登录主机 identified by“用户密码”；

mysql>grant select,update,insert,delete on *.* to DAVID@192.168.1.12 identified by'123456';

 说 明　指定以"DAVID"为用户名，从 IP 为 192.168.10.12 的主机连接到 MySQL 服务器。

输入以下命令可以查看创建的用户情况（创建用户的方法将在任务 17 中详细介绍）。

mysql> use MySQL;

Database changed

mysql> select host,user,password from user;

可以看到在 user 表中已有刚才创建的 DAVID 用户。host 字段表示远程登录的主机，其值可以用 IP，也可用主机名。如图 3.24 所示。

```
mysql> select host,user,password from user;
+-----------------+-------+-------------------------------------------+
| host            | user  | password                                  |
+-----------------+-------+-------------------------------------------+
| %               | root  | *81F5E21E35407D884A6CD4A731AEBFB6AF209E1B |
| 127.0.0.1       | root  | *6BB4837EB74329105EE4568DDA7DC67ED2CA2AD9 |
| ::1             | root  | *6BB4837EB74329105EE4568DDA7DC67ED2CA2AD9 |
| %               | DAVID | *6BB4837EB74329105EE4568DDA7DC67ED2CA2AD9 |
| 192.168.1.12    | DAVID | *6BB4837EB74329105EE4568DDA7DC67ED2CA2AD9 |
+-----------------+-------+-------------------------------------------+
5 rows in set (0.00 sec)
```

图 3.24　运行结果

2. 设置从任何客户端机器登录到 MySQL 服务器

将 host 字段的值改为%，就表示在任何客户端机器上能以 DAVID 用户登录到 MySQL 服务器，建议在开发时设为%。运行结果如图 3.25 所示。

update user set host ='%' where user ='DAVID';

```
mysql> select host,user,password from user;
+-----------+-------+-------------------------------------------+
| host      | user  | password                                  |
+-----------+-------+-------------------------------------------+
| %         | root  | *81F5E21E35407D884A6CD4A731AEBFB6AF209E1B |
| 127.0.0.1 | root  | *6BB4837EB74329105EE4568DDA7DC67ED2CA2AD9 |
| ::1       | root  | *6BB4837EB74329105EE4568DDA7DC67ED2CA2AD9 |
| %         | DAVID | *6BB4837EB74329105EE4568DDA7DC67ED2CA2AD9 |
+-----------+-------+-------------------------------------------+
4 rows in set (0.00 sec)
```

图 3.25　运行结果

3. 授权

将权限改为 ALL PRIVILEGES（授予用户权限的方法将在任务 17 中详细介绍）。

mysql> use MySQL;

Database changed

mysql> grant all privileges on *.*to DAVID@'%'

//赋予任何主机上以 DAVID 身份访问数据的权限

Query OK, 0 rows affected (0.00 sec)

mysql>FLUSH PRIVILEGES;

这样，DAVID 用户可从任意主机远程访问 MySQL 服务器，并对数据库有完全访问权限。

4. 远程端远程访问

以 DAVID 用户身份登录 MySQL 服务器，登录步骤如下。

（1）在远程计算机中打开命令提示符界面，然后进入 MySQL 安装目录下的 bin 目录，默认安装的路径如下。

```
cd c:\Program Files\MySQL\MySQL Server 5.1\bin
```

（2）输入命令。

```
MySQL –h192.168.226.18 –u DAVID –p123456
```

其中–h 后为主机名，–u 后为用户名，–p 后为用户密码。假设 192.168.226.18 是要登录的 MySQL 服务器所在主机的 IP 地址。

实际操作中，最好两台机器在同一个机房的同一网段或防火墙内。当然，如果有可能的话，将数据库服务器放置于 Web 服务器网络内的局域网中就更好了。

项目实践

（1）在 Windows 环境下安装 MySQL 5.5。

（2）从本地登录 MySQL 服务器。

（3）远程登录 MySQL 服务器。

习题

一、填空题

1. 在 MySQL 的安装过程中，若选择"启用 TCP/IP 网络"，则 MySQL 会默认选用的端口号是_____。

2. MySQL 安装成功后，在系统中会默认建立一个_____用户。

3. MySQL 安装包含典型安装、定制安装和_____3 种安装类型。

二、简答题

请简述 MySQL 的安装与配置过程。

任务 4　安装配置 WAMP Server 2.2

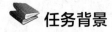

任务背景

以前要搭建一个 PHP+MySQL 的环境，要分别下载安装 Apache、PHP 和 MySQL，还要分别配置 Apache、PHP 和 MySQL，Apache、PHP 的配置也比较麻烦。如果有一个集成环境，直接安装，轻松搞定该多好。WAMP Server 解决了在 Windows 平台下 PHP+MySQL 的搭建问题，本书采用的版本是 WAMP Server 2.2。在 Linux 平台下则可以选择安装 LAMP。

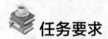

任务要求

本任务主要学习掌握 WAMP Server 2.2 的安装与配置、phpMyAdmin 的基本使用以及远程访问 phpMyAdmin 的方法。

 任务分解

4.1 认识 WAMP Server 2.2

WAMP 就是 Windows Apache、MySQL 和 PHP 集成安装环境,是在Windows 系统下同时安装好 PHP5+MySQL+Apache 环境的优秀的集成软件。PHP 扩展、Apache 模块、开启/关闭服务等,鼠标单击,WAMP 就会去做,再也不用亲自去修改配置文件了。

WAMP Server 2.2集成了 PHP 5.3.13、MySQL 5.5.24、Apache 2.2、phpMyAdmin 3.5.1 和 SQLiteManager 1.3.3,满足了大部分 PHP 使用者的需求,具有如下特点。

(1)WAMP Server 有 22 个文字选项,其中有简体字和繁体字。

(2)一键安装,省时省力,任何人都可以轻松搭建。

(3)集成 Apache/MySQL/PHP/phpMyAdmin,支持 PHP 扩展、Apache 的 mod_rewrit。

(4)支持一键启动、重启和停止所有服务,一键切换到离线状态等。

4.2 安装 WAMP Server 2.2

WAMP Server 2.2 安装方法很简单。首先登录 WAMP Server 的官方网站,下载 WAMP Server 2.2。

(1)双击安装,进入安装界面,如图 4.1 所示。单击"Next"按钮。

(2)选择"I accept the agreement",接受安装协议,如图 4.2 所示。

图 4.1 安装界面

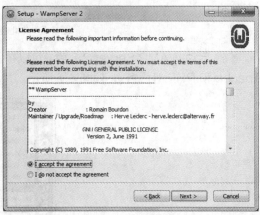

图 4.2 接受安装协议

(3)选择安装路径,默认为"c:\wamp",如图 4.3 所示。

(4)创建桌面快捷方式图标,如图 4.4 所示。

(5)默认把 MySQL 放在本地服务器,即 localhost,如图 4.5 所示,单击"Next"按钮。

(6)一直按"YES",安装完毕后单击图标运行,在桌面右下角会出现一个红色的"W"图标,右键单击图标选择"Language"|"Chinese"就变成中文界面了。

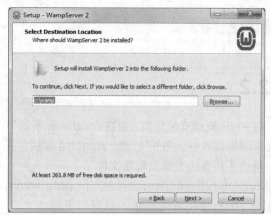
图 4.3　安装路径

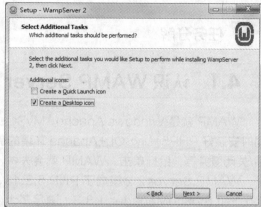
图 4.4　创建桌面快捷方式图标

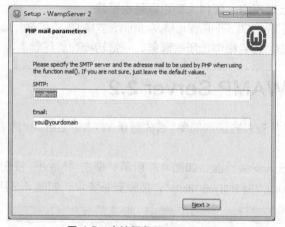
图 4.5　本地服务器 localhost

（7）启动 WAMP Server 2.2 后，可以在图形界面快速启动和停止的所有服务（MySQL、Apache 和 PHP 等服务），如图 4.6 所示。

图 4.6　WAMP 图形界面

（8）打开浏览器，输入"http://localhost/"，然后可以看到如图 4.7 所示的页面，说明安装成功。

WAMP Server 2.2 有两个工具。其中，一个工具是 phpMyAdmin，它是专门管理和操作数据库的工具；另外一个工具是 phpinfo()，通过它可以查看 PHP 的详细配置信息。

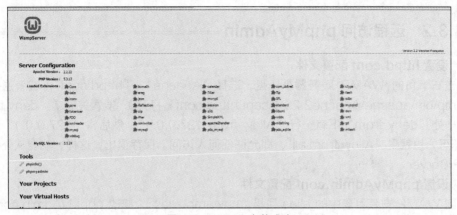

图 4.7　WAMP 安装成功

4.3　配置 WAMP Server 2.2

在 WAMP Server 安装完成后，通过"http://localhost/"可以打开 WAMP Server 自带的一个简单的页面，里面有 phpinfo、phpMyAdmin 和 sqlitemanager 3 个工具。

4.3.1　设置用户登录密码

打开 phpMyAdmin 会在下方看到提示，root 账户没有设置密码，我们先为 root 账户设置密码。单击 phpMyAdmin 页面中部的"权限"，可以看到"用户概况"，这时候应该只有一行用户信息，即 root localhost 这一行，单击这一行最右侧的编辑权限图标，在新页面找到"修改密码"，为 root 账户设置密码，并单击"执行"按钮。

然后刷新页面，会看到错误提示，这是因为账户已经设置密码，但 phpMyAdmin 还没有设置密码。到 WAMP Server 程序安装目录，在 apps 目录找到 phpMyAdmin 的目录，打开 phpMyAdmin 目录中的 config.inc.php 文件，找到下面这一行。

$cfg['Servers'][$i]['password']　=' ';

在等号右侧的单引号中输入刚才设置的密码，重新打开 phpMyAdmin 的页面并刷新，这时候 phpMyAdmin 就可以正常访问了，phpMyAdmin 主页如图 4.8 所示。

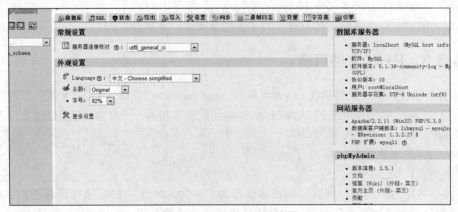

图 4.8　phpMyAdmin 主页

4.3.2 远程访问 phpMyAdmin

1. 设置 httpd.conf 配置文件

单击右下角的 WAMP 服务器小托盘，选择"Apache"|"httpd.conf"（或者通过路径"c:\wamp\bin\apache\Apache2.2.21\conf\httpd.conf"打开），搜索关键字"deny from"，会发现一处"deny from"下有一行"Allow from 127.0.0.1"，然后将"127.0.0.1"修改为"all"即可，也就是"Allow from all"，即允许任何人访问。保存退出。这样，就能从外部访问WAMP Server。

2. 设置 phpMyAdmin.conf 配置文件

找到 WAMP 安装目录中的 alias 目录（c:\wamp\alias），修改 phpMyAdmin.conf 配置文件，同 httpd.conf 一样，把"Allow from 127.0.0.1"修改为"Allow from all"，如图 4.9所示，保存退出。这样，就能从外部访问 phpMyAdmin。

```
<Directory "e:/wamp/apps/phpmyadmin3.2.0.1/">
    Options Indexes FollowSymLinks MultiViews
    AllowOverride all
        Order Deny,Allow
        Deny from all
        Allow from all
</Directory>
```

图 4.9　修改 phpMyAdmin.conf 配置文件

3. 设置 config.inc.php 配备文件

打开"c:\wamp\apps\phpMyAdmin 3.4.10.1\config.inc.php"，设置 config.inc.php 配备文件，让 phpMyAdmin 自动登录。找到其中的一行"$cfg['Servers'][$i]['auth_type'] ='config'; "，将"config"改为"cookie"。

```
$cfg['Servers'][$i][ 'auth_type']= 'cookie';
$cfg['Servers'][$i][ 'user']= 'cookie';
$cfg['Servers'][$i][ 'password']= '';
```

4. 远程端访问

完成修改后，保存退出，重新启动 WAMP，或直接在软件单击左键选择"重新启动所有服务"。假设安装 WAMP 的服务器主机 IP 地址为 192.168.226.16，则在远程端客户机地址栏中输入"http://192.168.226.16/phpMyAdmin"即可访问。

远程访问功能只在需要时才打开，为了数据库安全，不推荐打开。

4.3.3 PHP 文件目录

以后自己做的 PHP 文件放在 www 目录（c:\wamp\www）下就可以了。例如，单击"www目录"，打开目录，删除掉原来的 index.php，再用记事本新建一个文件，在里面输入以下代码。

```
<?php
echo "欢迎进入数据库主页！";
?>
```

选择"另存为"选项，将文件的名字修改为"index.php"，并且选择保存的默认格式是UTF8（默认的是 ANSI 编码格式——使用这个格式会出现乱码，因为 WAMP Server 采用的是 UTF8 编码方式)。

　　重新启动 WAMP Server，然后访问"http://localhost/"，发现页面中显示文字如下。

欢迎进入数据库主页！

　　这样，WAMP 平台搭建成功。

项目实践

　　在 Windows 平台下安装与配置 WAMP Server 2.2。

项目三
MySQL字符集与数据类型

任务5 认识和设置 MySQL 字符集

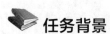
任务背景

MySQL 能够支持 39 种字符集和 127 个校对原则。MySQL 的字符集支持可以细化到 4 个层次：服务器（Server）、数据库（DataBase）、数据表（Table）和连接（Connection）。MySQL 服务器默认的字符集是 latin1，如果不进行设置，那么连接层级、客户端级和结果返回级、数据库级、表级、字段级都默认使用 latin1 字符集。在向表录入中文数据、查询包括中文字符的数据时，会出现类似"？"这样的乱码现象。在创建存储过程或存储函数时，也经常由于字符集的不统一出现错误。

那么，如何去解决这些问题呢？

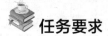
任务要求

本任务从认识字符集和校对原则着手，学习 MySQL 支持的字符集和校对原则，并着重掌握 latin1、utf8 和 gb2312 字符集；通过认识描述字符集的系统变量，学习掌握修改默认字符集的方法；学习在实际应用中如何选择合适的字符集。

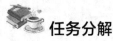
任务分解

5.1 认识字符集和校对原则

字符（Character）是指人类语言中最小的表义符号。例如'A'、'B'等。

给定一系列字符，对每个字符赋予一个数值，用数值来代表对应的字符，这一数值就是字符的编码（Encoding）。例如，给字符'A'赋予数值 0，给字符'B'赋予数值 1，则 0 就是字符'A'的编码，1 就是字符'B'的编码。MySQL 支持的字符集和校对原则如图 5.1 所示。

给定一系列字符并赋予对应的编码后，所有字符和编码对组成的集合就是字符集（Character Set）。例如，给定字符列表为{'A', 'B'}时，{'A'=>0, 'B'=>1}就是一个字符集。

字符校对原则（Collation）是指在同一字符集内字符之间的比较规则。

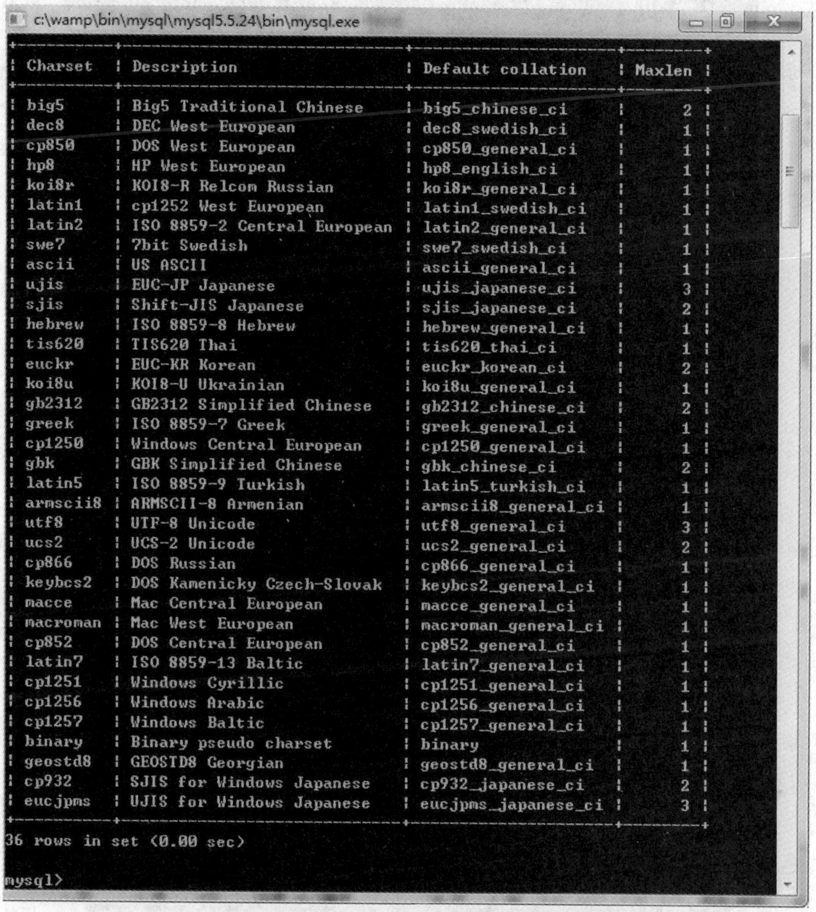

图 5.1 MySQL 支持的字符集和校对原则

确定字符序后，才能在一个字符集上定义什么是等价的字符，以及字符之间的大小关系。

每个字符序唯一对应一种字符集，但一个字符集可以对应多个字符校对原则，其中有一个是默认字符校对原则（Default Collation）。

MySQL 中的字符序名称遵从命名惯例：以字符序对应的字符集名称开头；以_ci（表示大小写不敏感）、_cs（表示大小写敏感）或_bin（表示按编码值比较）结尾。例如，在字符序"utf8_general_ci"下，字符'a'和'A'是等价的。

5.2 MySQL 5.5 支持的字符集和校对原则

MySQL 5.5 服务器能够支持 39 种字符集和 127 个校对原则。可以使用 SHOW CHARACTER SET 语句列出可用的字符集，如图 5.2 所示。

```
mysql>SHOW CHARACTER SET;
```

任何一个给定的字符集至少有一个校对原则，也可能有多个校对原则。要想列出一个字符集的校对原则，使用 SHOW COLLATION 语句。例如，要想查看"latin1"（"西欧ISO-8859-1"）字符集的校对原则，使用下面的语句查找那些名字以"latin1"开头的校对原则，如图 5.3 所示。

```
+------------+----------------------------+---------------------+--------+
| Charset    | Description                | Default collation   | Maxlen |
+------------+----------------------------+---------------------+--------+
| big5       | Big5 Traditional Chinese   | big5_chinese_ci     |      2 |
| dec8       | DEC West European          | dec8_swedish_ci     |      1 |
| cp850      | DOS West European          | cp850_general_ci    |      1 |
| hp8        | HP West European           | hp8_english_ci      |      1 |
| koi8r      | KOI8-R Relcom Russian      | koi8r_general_ci    |      1 |
| latin1     | cp1252 West European       | latin1_swedish_ci   |      1 |
| latin2     | ISO 8859-2 Central European| latin2_general_ci   |      1 |
| swe7       | 7bit Swedish               | swe7_swedish_ci     |      1 |
| ascii      | US ASCII                   | ascii_general_ci    |      1 |
| ujis       | EUC-JP Japanese            | ujis_japanese_ci    |      3 |
| sjis       | Shift-JIS Japanese         | sjis_japanese_ci    |      2 |
| hebrew     | ISO 8859-8 Hebrew          | hebrew_general_ci   |      1 |
| tis620     | TIS620 Thai                | tis620_thai_ci      |      1 |
| euckr      | EUC-KR Korean              | euckr_korean_ci     |      2 |
| koi8u      | KOI8-U Ukrainian           | koi8u_general_ci    |      1 |
| gb2312     | GB2312 Simplified Chinese  | gb2312_chinese_ci   |      2 |
| greek      | ISO 8859-7 Greek           | greek_general_ci    |      1 |
| cp1250     | Windows Central European   | cp1250_general_ci   |      1 |
| gbk        | GBK Simplified Chinese     | gbk_chinese_ci      |      2 |
| latin5     | ISO 8859-9 Turkish         | latin5_turkish_ci   |      1 |
| armscii8   | ARMSCII-8 Armenian         | armscii8_general_ci |      1 |
| utf8       | UTF-8 Unicode              | utf8_general_ci     |      3 |
| ucs2       | UCS-2 Unicode              | ucs2_general_ci     |      2 |
| cp866      | DOS Russian                | cp866_general_ci    |      1 |
| keybcs2    | DOS Kamenicky Czech-Slovak | keybcs2_general_ci  |      1 |
| macce      | Mac Central European       | macce_general_ci    |      1 |
| macroman   | Mac West European          | macroman_general_ci |      1 |
| cp852      | DOS Central European       | cp852_general_ci    |      1 |
| latin7     | ISO 8859-13 Baltic         | latin7_general_ci   |      1 |
| utf8mb4    | UTF-8 Unicode              | utf8mb4_general_ci  |      4 |
| cp1251     | Windows Cyrillic           | cp1251_general_ci   |      1 |
| utf16      | UTF-16 Unicode             | utf16_general_ci    |      4 |
| cp1256     | Windows Arabic             | cp1256_general_ci   |      1 |
| cp1257     | Windows Baltic             | cp1257_general_ci   |      1 |
| utf32      | UTF-32 Unicode             | utf32_general_ci    |      4 |
| binary     | Binary pseudo charset      | binary              |      1 |
| geostd8    | GEOSTD8 Georgian           | geostd8_general_ci  |      1 |
| cp932      | SJIS for Windows Japanese  | cp932_japanese_ci   |      2 |
| eucjpms    | UJIS for Windows Japanese  | eucjpms_japanese_ci |      3 |
+------------+----------------------------+---------------------+--------+
```

图 5.2　MySQL 5.5 支持的字符集

mysql> SHOW COLLATION LIKE 'latin1%';

```
+-------------------+---------+----+---------+----------+---------+
| Collation         | Charset | Id | Default | Compiled | Sortlen |
+-------------------+---------+----+---------+----------+---------+
| latin1_german1_ci | latin1  |  5 |         | Yes      |       1 |
| latin1_swedish_ci | latin1  |  8 | Yes     | Yes      |       1 |
| latin1_danish_ci  | latin1  | 15 |         | Yes      |       1 |
| latin1_german2_ci | latin1  | 31 |         | Yes      |       2 |
| latin1_bin        | latin1  | 47 |         | Yes      |       1 |
| latin1_general_ci | latin1  | 48 |         | Yes      |       1 |
| latin1_general_cs | latin1  | 49 |         | Yes      |       1 |
| latin1_spanish_ci | latin1  | 94 |         | Yes      |       1 |
+-------------------+---------+----+---------+----------+---------+
```

图 5.3　以"latin1"开头的校对原则

说明

（1）系统启动时默认的字符集是"latin1"（是一个 8 位字符集，字符集名称为 ISO 8859-1Latin 1，也简称为 ISO Latin-1）。它把位于 128～255 的字符用于拉丁字母表中特殊语言字符的编码，也因此而得名。

（2）UTF-8（8-bit Unicode Transformation Format）被称为通用转换格式，是针对 Unicode 字符的一种变长字符编码，又称万国码，由 Ken Thompson 于 1992 年创建。它是一种多字节编码，它对英文使用 8 位（1 个字节）、对中文使用 24 位（3 个字节）来编码。UTF-8 包含全世界所有国家需要用到的字符，是国际编码，通用性强。UTF-8 编码的文字可以在各国支持 utf8 字符集的浏览器上显示。例如，如果是 UTF-8 编码，则在外国人的英文 IE 上也能显示中文，他们无须下载 IE 的中文语言支持包。

（3）gb 2312 是简体中文字符集，GBK 是对 GB 2312 的扩展，其校对原则是分别为 gb2312_chinese_ci、gbk_chinese_ci。GBK 是在国家标准 GB2312 基础上扩容后兼容 GB2312 的标准。GBK 的文字编码是用双字节来表示的，即不论中、英文字符均使用双字节来表示，为了区分中文，将其最高位都设定成 1。GBK 包含全部中文字符，是国家编码，通用性比 UTF-8 差，不过 UTF-8 占用的数据库比 GBK 大。GBK、GB2312 等与 UTF-8 之间都必须通过 Unicode 编码才能相互转换，如 GBK、GB2312—Unicode—UTF 8 和 UTF-8—Unicode—GBK、GB2312。对于一个网站、论坛来说，如果英文字符较多，则建议使用 UTF-8 节省空间。不过现在很多论坛的插件一般只支持 GBK。

5.3 确定字符集和校对原则

5.3.1 描述字符集的系统变量

MySQL 对于字符集的支持细化到 4 个层次：服务器（Server）、数据库（DataBase）、数据表（Table）和连接（Connection）。MySQL 对于字符集的指定可以细化到一个数据库、一张表和一列，可以细化到应该用什么字符集。

MySQL 用下列系统变量描述字符集。

（1）character_set_server 和 collation_server：这两个变量描述服务器的字符集，是默认的内部操作字符集。在系统启动的时候可以通过 character_set_server 和 collation_server 来设置服务器的字符集。如果没有的话，系统会把这两个变量设置成默认值 latin1 和 latin1_swedish_ci。默认值是编译在程序中的，只能通过重新编译来改变。这两个变量只用来为 CREATE DATABASE 命令提供默认值。

（2）character_set_client：这个变量描述客户端来源数据使用的字符集，用来决定 MySQL 怎么解释客户端发到服务器的 SQL 命令文字。

（3）character_set_connection 和 collation_connection：这两个变量描述连接层字符集，用来决定 MySQL 怎么处理客户端发来的 SQL 命令。MySQL 会把 SQL 命令文字从 character_set_client 编码转到 character_set_connection，然后执行，collation_connection 在比较 SQL 中的直接量时使用。

（4）character_set_results：这个变量描述查询结果字符集，当 SQL 有结果返回的时候，这个变量用来决定发给客户端的结果中文字量的编码。

（5）character_set_database 和 collation_database：这两个变量描述当前选中数据库的默认字符集，CREATE DATABASE 命令有两个参数可以用来设置数据库的字符集和比较规则。

（6）character_set_system：系统元数据的字符集，数据库、表和列的定义都是用的这个字符集。它有一个定值，是 UTF-8。

还有以 "collation_" 开头的同上面所列变量相对应的变量，用来描述字符集的校对原则。

此外，以下字符集概念没有系统变量表示。

（1）表的字符集：CREATE TABLE 的参数里可以设置，为列的字符集提供默认值。

（2）字段（列）的字符集：字段（列）的字符集决定本列的文字数据的存储编码。列的比较规则比 collation_connection 高，也就是说，MySQL 会把 SQL 中的文字直接量转成字段（列）的字符集后再与列的文字数据比较。

字符集的依存关系如图 5.4 所示，具体如下。

（1）MySQL 默认的服务器的字符集，决定客户端、连接和结果的字符集。

（2）服务器的字符集决定数据库的字符集。

（3）数据库的字符集决定表的字符集。

（4）表的字符集决定字段的字符集。

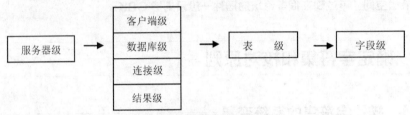

图 5.4　字符集的依存关系

5.3.2　MySQL 默认字符集

传统的程序在创建数据库和数据表时并没有使用那么复杂的配置，它们用的是默认的配置。编译 MySQL 时，指定了一个默认的字符集，这个字符集是"latin1"。安装 MySQL 时，可以在配置文件（my.ini）中指定一个默认的字符集，如果没指定，这个值继承自编译时指定的值。启动 MySQL 时，可以在命令行参数中指定一个默认的字符集，如果没指定，这个值继承自配置文件中的配置，此时 character_set_server 被设定为这个默认的字符集。

5.3.3　修改默认字符集

（1）最简单的修改方法，就是修改 MySQL 的 my.ini 文件（路径为 C:\Program Files \MySQL\MySQL Server 5.5）中的字符集，查找[mysql]键值，在下面加上一行，如图 5.5 所示。

```
default-character-set=utf8
```

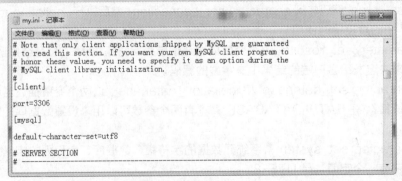

图 5.5　修改 my.ini 文件

修改完后，重启 MySQL 的服务，使用下列语句查看，发现字符集均已改成 utf8。

```
mysql> SHOW VARIABLES LIKE 'character%';
```

运行结果如图 5.6 所示。

```
+--------------------------+--------------------------------------------------
-----------+
| Variable_name            | Value
           |
+--------------------------+--------------------------------------------------
-----------+
| character_set_client     | utf8
           |
| character_set_connection | utf8
           |
| character_set_database   | utf8
           |
| character_set_filesystem | binary
           |
| character_set_results    | utf8
           |
| character_set_server     | utf8
           |
| character_set_system     | utf8
           |
| character_sets_dir       | C:\Program Files (x86)\MySQL\MySQL Server 5.5\share
\charsets\ |
+--------------------------+--------------------------------------------------
```

图 5.6　运行结果

（2）还有一种修改字符集的方法，就是使用 MySQL 的命令。

```
mysql> SET character_set_client = utf8 ;
mysql> SET character_set_connection = utf8;
mysql> SET character_set_database = utf8 ;
mysql> SET character_set_results = utf8 ;
mysql> SET character_set_server = utf8 ;
```

分析与讨论

① 用命令行的方式修改，只是临时更改，服务器重启后，又将恢复默认设置。

② 一般就算设置了表的MySQL默认字符集为utf8，并且通过UTF-8编码发送查询，仍会发现存入数据库的是乱码。问题就出在connection连接层上。

解决方法是在发送查询前执行一下下面这个命令。

```
mysql> SET NAMES 'UTF8';
```

与这3个语句等价。

```
mysql> SET character_set_client = UTF8;
mysql> SET character_set_results = UTF8;
mysql> SET character_set_connection = UTF8;
```

5.4　使用 MySQL 字符集时的建议

（1）建立数据库、表和进行数据库操作时，尽量显式指出使用的字符集，而不是依赖于 MySQL 的默认设置，否则 MySQL 升级时可能带来很大困扰。

（2）数据库和连接字符集都使用 latin1 时，虽然大部分情况下都可以解决乱码问题，但缺点是无法以字符为单位来进行 SQL 操作，一般情况下将数据库和连接字符集都置为 utf8 是较好的选择。

（3）使用 MySQL CAPI（MySQL 提供 C 语言操作的 API）时，初始化数据库句柄后马上用 MySQL_options 设定 MYSQL_SET_CHARSET_NAME 属性为 UTF8，这样就不用显式地用 SET NAMES 语句指定连接字符集，且用 MySQL_ping 重连断开的长连接时也会把连接字符集重置为 utf8。

（4）对于 MySQL PHP API，一般页面级的 PHP 程序运行时间较短，在连接到数据库以后显式地用 SET NAMES 语句设置一次连接字符集即可；但当使用长连接时，请注意保持连接通畅并在断开重连后用 SET NAMES 语句显式地重置连接字符集。

（5）注意服务器级、结果级、客户端、连接级、数据库级、表级的字符集的统一，当数据库级的字符集设置为 utf8 时，表级及表字段级的字符集也是 utf8。

项目实践

修改 MySQL 的 my.ini 文件中，将默认字符集修改为 gb2312。

习题

1. 如何解决中文乱码的问题？
2. 各级字符集之间有怎样的依存关系？

任务 6　MySQL 数据类型

任务背景

表是存放数据的地方，一个数据库需要多少张表，一个表中应包含几列（字段），各个列（字段）要选择什么样的数据类型，这是建表时必须考虑的问题。数据类型的选择是否合理对数据库性能也会产生一定的影响。在实际应用中，例如姓名、专业名、商品名和电话号码等字段可以选择 VARCHAR 类型；学分、年龄等字段是小整数，可以选择 TINYINT 类型；成绩、温度和测量数据等要求保留一定的小数位，可以选择 FLOAT 数据类型；而出生日期、工作时间等字段可以选择 DATE 或 DATETIME 类型。

任务要求

本任务将学习 MySQL 的主要的数据类型的含义、特点、取值范围和存储空间，并对相关数据类型进行比较；学习掌握如何根据字段存储的数据不同选择合适的数据类型，以及怎样附加说明数据类型的相关属性。

任务分解

数据类型是数据的一种属性，可以决定数据的存储格式、有效范围和相应的限制。MySQL 包括整数类型、浮点数类型、定点数类型、字符串类型、二进制、日期和时间类型、ENUM 类型和 SET 类型等数据类型。

6.1 整数类型

整数类型是数据库中最基本的数据类型。标准 SQL 中支持 INTEGER 和 SMALLINT 两类整数类型。MySQL 数据库除了支持这两种类型以外，还扩展支持了 TINYINT、MEDIUMINT 和 BIGINT，见表 6.1。

表 6.1 整数类型与取值范围

整数类型	字节数	无符号数的取值范围	有符号数的取值范围
TINYINT	1	0~255	−128~127
SMALLINT	2	0~65535	−32768~32767
MEDIUMINT	3	0~16777215	−8388608~8388607
INT（INTEGER）	4	0~4294967295	−2147483648~2147483647
BIGINT	8	0~18446744073709551615	−9223372036854775808~9223372036854775807

6.2 浮点数类型和定点数类型

MySQL 中使用浮点数类型和定点数类型来表示小数。浮点数类型包括单精度浮点数（FLOAT 型）和双精度浮点数（DOUBLE 型），定点数类型就是 DECIMAL 型，见表 6.2。

表 6.2 浮点数类型和定点数类型

类型	字节数	负数的取值范围	非负数的取值范围
FLOAT（M,D）	4	−3.402823466E+38~ −1.175494351E−38	0 和 1.175494351E−38~ 3.402823466E+38
DOUBLE（M,D）	8	−1.7976931348623157E+308~ −2.2250738585072014E−308	0 和 2.2250738585072014E−308~ 1.7976931348623157E+308
DECIMAL（M,D） 或者 DEC（M,D）	M+2	同 DOUBLE 型	同 DOUBLE 型

浮点数型在数据库中存放的是近似值，而定点数类型在数据库中存放的是精确值。

6.3 CHAR 类型和 VARCHAR 类型

CHAR 和 VARCHAR 两种类型比较见表 6.3。

表 6.3 CHAR 类型和 VARCHAR 类型

名称	含义	字符个数
CHAR（n）	固定长度的字符串	最多 255 个字符
VARCHAR（n）	可变长度的字符串	最多 65535 个字符

CHAR 和 VARCHAR 的区别如下。

（1）都可以通过指定 n 来限制存储的最大字符数长度，CHAR（20）和 VARCHAR（20）

将最多只能存储 20 个字符，超过的字符将会被截掉。n 必须小于该类型允许的最大字符数。

（2）CHAR 类型指定了 n 之后，如果存入的字符数小于 n，后面将会以空格补齐，查询的时候再将末尾的空格去掉，所以 CHAR 类型存储的字符串末尾不能有空格，VARCHAR 不受此限制。

（3）内部存储的机制不同。CHAR 是固定长度，CHAR（4）不管是存入 1 个字符，2 个字符还是 4 个字符（英文的），都将占用 4 个字节。VARCHAR 是存入的实际字符数+1 个字节（n<=255）或 2 个字节（n>255），所以 VARCHAR（4），存入一个字符将占用 2 个字节，2 个字符占用 3 个字节，4 个字符占用 5 个字节。

（4）CHAR 类型的字符串检索速度要比 VARCHAR 类型的快。

6.4 TEXT 类型和 BLOB 类型

BLOB 类型和 TEXT 类型是对应的，不过存储方式不同，TEXT 是以文本方式存储的，而 BLOB 是以二进制方式存储的。如果存储英文，TEXT 区分大小写，而 BLOB 不区分大小写。TEXT 可以指定字符集，BLOB 不用指定字符集，其中 TEXT 类型见表 6.4。

表 6.4 TEXT 类型

名称	字符个数
TINYTEXT	最多 255 个字符
TEXT	最多 65535 个字符
MEDIUMTEXT	最多 2^{24}-1 个字符
LONGTEXT	最多 2^{32}-1 个字符

二进制类型是在数据库中存储二进制数据的数据类型，如数码照片、视频和扫描的文档等数据。在 MySQL 是用 BLOB 数据类型存储这数据的。BLOB 有 4 种类型：TINYBLOB、BLOB、MEDIUMBLOB 和 LONGBLOB，其最大长度对应于 4 种 TEXT 数据类型，见表 6.5。

表 6.5 BLOB 类型

名称	字节长度
TINYBLOB	最多 255 个字节
BLOB	最多 65535 个字节（65KB）
MEDIUMBLOB	最多 2^{24}-1 个字节（16MB）
LONGBLOB	最多 2^{32}-1 个字节（4GB）

6.5 BINARY 和 VARBINARY

BINARY 和 VARBINARY 数据类型类似于 CHAR 和 VARCHAR。不同之处在于 BINARY 与 VARBINARY 以字节为存储单位，而 CHAR 与 VARCHAR 以字符为存储单位。例如，BINARY（5）表示存储 5 字节的二进制数据，CHAR（5）表示存储 5 个字符的数据。

BINARY（n）：固定 n 个字节二进制数据。n 的取值范围为 1～255，默认为 1。若输出的字长度小于 n，则不足部分以 0 填充。BINARY（n）数据存储的长度为 n+4 个字节。

VARBINARY（n）：n 个字节变长二进制数据。n 的取值范围为 1~65535，默认为 1。VARBINARY（n）数据存储的长度为实际长度+4 个字节。

6.6 日期和时间类型

日期与时间类型是为了方便在数据库中存储日期和时间而设计的。MySQL 中有多种表示日期和时间的数据类型，见表 6.6，其中，YEAR 类型表示年份，TIME 类型表示时间，DATE 类型表示日期，DATETIME 和 TIMESTAMP 表示日期和时间。

表 6.6　日期和时间类型

名称	含义	取值范围
YEAR	年份，如'2019'	1901~2155
TIME	时间，如'12:25:36'	
DATE	日期，如'2019-1-2'	'1000-01-01'~'9999-12-31'
DATETIME	日期时间，如'2019-1-2 22:06:44'。日期和时间用空格隔开	年份在 1000~9999，不支持时区
TIMESTAMP	日期时间，如'2019-1-2 22:06:44'	年份在 1970~2037，支持时区

TIMESTAMP 类型比较特殊，如果定义一个字段的类型为 TIMESTAMP，这个字段的时间会在其他字段修改的时候自动刷新。所以这个数据类型的字段可以存放这条记录最后被修改的时间，而不是真正的存放时间。

6.7 ENUM 类型和 SET 类型

这两种类型是比较特殊的字符串数据列类型，它们的取值范围是一个预先定义好的列表。被枚举的值必须用引号包围，不能为表达式或者一个变量估值。如果想用数值作为枚举值，那也必须得用引号引起。ENUM（枚举）类型，最多可以定义 65535 种不同的字符串，从中做出选择，只能并且必须选择其中一种，占用存储空间是一个或两个字节，由枚举值的数目决定。例如，要表示性别字段，可用 ENUM 数据类型，ENUM（'男', '女'）只有两种选择，要么是"男"要么是"女"，而且只需一个字节。

SET（集合）类型，其值同样来自于一个用逗号分隔的列表，最多可以有 64 个成员，可以选择其中的 0 个到不限定的多个，占用存储空间是 1~8 字节，由集合可能的成员数目决定。

例如，某个表示业余爱好字段，要求提供多选项选择，这时该字段可以使用 SET 数据类型，如 SET（'篮球', '足球', '音乐', '电影', '看书', '画画', '摄影'），表示可以选择"篮球""足球""音乐""电影""看书""画画"和"摄影"中的 0 项或多项。

6.8 如何选择数据类型

在 MySQL 中创建表时，需要考虑为字段选择哪种数据类型是最合适的。选择了合适的数据类型，会提高数据库的使用效率。

SMALLINT：存储相对比较小的整数，例如年龄、数量、工龄和学分等。

INT：存储中等整数，例如距离。

BIGINT：存储超大整数，例如科学数据。

FLOAT：存储小的数据，例如成绩、温度和测量。

DOUBLE：存储双精度的小数据，例如科学数据。

DECIMAL：以特别高的精度存储小数数据，例如货币数额、单价和科学数据。

CHAR：存储通常包含预定义字符串的变量，例如国家、邮编和身份证号。

VARCHAR：存储不同长度的字符串值，例如名字、商品名称和密码。

TEXT：存储大型文本数据，例如新闻事件、产品描述和备注。

BLOB：存储二进制数据，例如图片、声音、附件和二进制文档。

DATE：存储日期，例如生日和进货日期。

TIME：存储时间或时间间隔，例如开始/结束时间、两时间之间的间隔。

DATETIME：存储包含日期和时间的数据，例如事件提醒。

TIMESTAMP：存储即时时间，例如当前时间、事件提醒器。

YEAR：存储年份，例如毕业年、工作年和出生年。

ENUM：存储字符属性，只能从中选择之一，例如性别、布尔值。

SET：存储字符属性，可从中选择多个字符的联合，例如多项选择、业余爱好和兴趣。

6.9 数据类型的附加属性

在建表时，除了要根据字段存储的数据不同选择合适的数据类型外，还可以附加相关的属性。例如，在创建学生表时，学号字段要求不能为空值，是主键并且唯一的，这时可以对该字段附加NOT NULL PRIMARY KEY 属性。再如，创建产品销售表，假设有一字段是"销售编号"，要求每销售一笔自动编一个递增的编号，这时可以指定该字段类型 TINYINT，属性为AUTO_INCREMENT。可以在列类型之后指定可选的类型说明属性，以及指定更多的常见属性。属性起修饰类型的作用，并更改其处理列值的方式，属性有专用属性和通用属性两种。专用属性用于指定列，例如，UNSIGNED属性只针对整型，而BINARY属性只用于CHAR 和 VARCHAR。而 NULL、NOT NULL 或 DEFAULT 属性可用于任意列，这样的属性是通用属性。

MySQL 常见数据类型的属性和含义见表 6.7。

表 6.7　数据类型的属性

MySQL 关键字	含义
NULL/ NOT NULL	数据列可包含（不允许）NULL 值
DEFAULT xxx	默认值，如果插入记录的时候没有指定值，将取这个默认值
PRIMARY KEY	指定列为主键
AUTO_INCREMENT	递增，如果插入记录的时候没有指定值，则在上一条记录的值上加 1，仅适用于整数类型
UNSIGNED	无符号，属性只针对整型
CHARACTER SET name	指定一个字符集

项目实践

假设要创建一个学生情况表，包括学号、姓名、出生日期、家庭地址、电话、照片、学分和备注等字段，请给各字段选择合适的数据类型。

习题

一、单项选择题

1. 下列_____类型不是 MySQL 中常用的数据类型。
   A. INT   B. VAR   C. TIME   D. CHAR

2. 日期时间型数据类型（DATETIME）的长度是_____。
   A. 2   B. 4   C. 8   D. 16

3. MySQL 的字符型系统数据类型主要包括_____。
   A. INT、MONEY、CHAR   B. CHAR、VARCHAR、TEXT
   C. DATETIME、BINARY、INT   D. CHAR、VARCHAR、INT

二、简答题

1. MySQL 中什么数据类型能够存储路径？

2. MySQL 中如何使用布尔类型？

3. MySQL 中如何存储 JPG 图片和 MP3 音乐？

4. 浮点数类型和定点数类型的区别是什么？

5. DATETIME 类型和 TIMESTAMP 类型的相同点和不同点是什么？

6. 如果一篇新闻中包含文字和图片，应该选择哪种数据类型进行存储？

7. 举例说明哪种情况下使用 ENUM 类型，哪种情况下使用 SET 类型。

项目四
建库、建表与数据库管理

任务7　建立数据库和表

任务背景

　　S 学校要建立一个教学管理系统。根据需求分析，要求创建学生、课程、教师和系部等数据表来存储数据。接下来，要建立数据库，设计数据表的结构，并初始化相关表数据。

任务要求

　　本任务将学习创建和管理数据库、创建和管理表以及表数据操作的基本方法和技巧。在任务实施过程中，要特别注意表的规范化，要注意数据类型的正确选择，还要注意数据库和数据表字符集的统一问题。

任务分解

7.1　创建与管理数据库

7.1.1　创建库

使用 CREATE DATABASE 或 CREATE SCHEMA 命令可以创建数据库。
其语法结构如下。

```
CREATE {DATABASE | SCHEMA} [IF NOT EXISTS] DB_NAME
[DEFAULT] CHARACTER SET charset_name
| [DEFAULT] COLLATE collation_name
```

【任务 7.1】创建数据库 JXGL。

```
mysql>CREATE   DATABASE   [IF NOT EXISTS]   JXGL;
```

【任务 7.2】创建数据库 CPXS 库，并指定字符集为 gb2312。

```
mysql>CREATE DATABASE CPXS
      DEFAULT CHARACTER SET gb2312
```

```
COLLATE gb2312_chinese_ci;
```

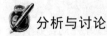**分析与讨论**

（1）DEFAULT CHARACTER SET：指定数据库的默认字符集（Charset），charset_name 为字符集名称。COLLATE：指定字符集的校对规则，collation_name 为校对规则名称。

（2）创建数据库时最好指定字符集。这样，在该数据库建立的表默认为数据库的字符集，表中各字段也默认为数据库的字符集。【任务7.2】所创建的CPXS数据库的字符集是gb2312，那么，其下所创建的表和表中的各字段的字符集默认为数据库的字符集，也是gb2312。

（3）IF NOT EXISTS：如果已存在某个数据库，再来创建一个同名的库，这时会出现错误信息。为避免错误信息，可以在建库前加上这一判断，只有该库目前尚不存在时才执行CREATE DATABASE操作。

7.1.2 查看库

用 SHOW DATABASES 命令查看，运行结果如图 7.1 所示。

图 7.1 运行结果

创建数据库并不表示选定并使用它，必须明确地操作。为了使 JXGL 成为当前的数据库，使用如下命令。

```
mysql>Use JXGL;
```

7.1.3 修改库

数据库创建后，如果需要修改数据库的参数，可以使用 ALTER DATABASE 命令。语法结构如下。

```
ALTER {DATABASE | SCHEMA} [db_name]
[DEFAULT] CHARACTER SET charset_name
| [DEFAULT] COLLATE collation_name
```

【任务 7.3】将 JXGL 库修改字符集为 gb2312，校对原则为 gb2312_chinese_ci。

```
mysql>ALTER DATABASE JXGL DEFAULT CHARACTER SET gb2312 COLLATE gb2312_
chinese_ci
```

7.1.4 删除库

已经创建的数据库，如果需要删除，可使用 DROP DATABASE 命令。语法结构如下。

```
DROP DATABASE   [IF EXISTS] db_name
```

【任务 7.4】 删除 JXGL 库。

mysql> DROP DATABASE JXGL;

特别要注意，删除了数据库，数据库里的所有表也同时被删除。因此，最好先对数据库做好备份，再执行删除操作。

7.2 创建与管理表

数据库创建之后，数据库是空的，是没有表的，可以用 SHOW TABLES 命令查看。

mysql> SHOW TABLES;
Empty set (0.00 sec)

7.2.1 创建表

表决定了数据库的结构，表是存放数据的地方，一个库需要什么表，各数据库表中有什么样的列（字段），是要合理设计的。创建表的语法如下。

CREATE [TEMPORARY] TABLE [IF NOT EXISTS] table_name
[([column_definition] , ... | [index_definition])]
[table_option] [select_statement];

> **说明** （1）**TEMPORARY**：使用该关键字表示创建临时表。
> （2）**IF NOT EXISTS**：如果数据库中已存在某张表，再来创建一个同名的表，这时会出现错误信息。为避免错误信息，可以在建表前加上这一判断，只有该表目前不存在时才执行 **CREATE TABLE** 操作。
> （3）**table_name**：要创建的表名。
> （4）**column_definition**：字段的定义。包括指定字段名、数据类型、是否允许空值，指定默认值、主键约束、唯一性约束、注释字段名、是否为外键，以及字段类型的属性等。
> col_name   type   [NOT NULL | NULL] [DEFAULT default_value]
>   [AUTO_INCREMENT] [UNIQUE [KEY] | [PRIMARY] KEY]
>   [COMMENT'string'] [reference_definition]
> 其中，
> • **col_name**：字段名。
> • **type**：声明字段的数据类型。
> • **NULL（NOT NULL）**：表示字段是否可以是空值。
> • **DEFAULT**：指定字段的默认值。
> • **AUTO_INCREMENT**：设置自增属性，只有整型类型才能设置此属性。AUTO_INCREMENT 从 1 开始。每个表只能有一个 AUTO_INCREMENT 列，并且它必须被索引。
> • **UNIQUE KEY**：对字段指定唯一性约束（将在任务 8 中详细讲述）。
> • **PRIMARY KEY**：对字段指定主键约束（将在任务 8 中详细讲述）。
> • **reference_definition**：指定字段外键约束（将在任务 9 中详细讲述）。
> （5）**index_definition**：为表的相关字段指定索引。具体定义将在任务 8 中讨论。

与本书配套的教学示例数据库为学生管理系统（JXGL），在这个库中要设计 6 张表：STUDENTS（学生信息表）、course（课程表）、score（成绩表）、departments（院系单位表）、teachers（教师表）和 teach（讲授表）。各表的结构见表 7.1～表 7.6。

表 7.1 STUDENTS

字段名	数据类型	长度	是否空值	是否主键外键	默认值	备注
s_no	定长字符型 CHAR	6	NO	主键		学号
s_name	定长字符型 CHAR	6	NO			姓名
sex	ENUM('男','女')		YES		男	性别
birthday	日期型 DATE		NO			出生日期
d_no	定长字符型 CHAR	6	NO	外键		院系编号
address	变长字符 VARCHAR	20	NO			家庭地址
phone	变长字符 VARCHAR	12	NO			联系电话
photo	二进制 BLOB		YES			照片

表 7.2 course

字段名	数据类型	长度	是否空值	是否主键外键	默认值	备注
c_no	定长字符型 CHAR	4	NO	主键		课程号
c_name	定长字符型 CHAR	10	NO			课程名
hours	小整数型 TINYINT	3	NO			学时
credit	小整数型 TINYINT	3	NO			学分
type	EMUN（'必修课', '选修课'）		YES		必修课	类型

表 7.3 score

字段名	数据类型	长度	是否空值	是否主键外键	默认值	备注
s_no	定长字符型 CHAR	6	NO	主键、外键		学号
c_no	定长字符型 CHAR	4	NO	主键、外键		课程号
rcport	浮点数 FLOAT	3，1	YES		0	成绩

表 7.4 departments

字段名	数据类型	长度	是否空值	是否主键外键	默认值	备注
d_no	定长字符型 CHAR	6	NO	主键		院系编号
d_name	定长字符型 CHAR	4	NO			院系名称

表 7.5 teachers

字段名	数据类型	长度	是否空值	是否主键外键	默认值	备注
t_no	定长字符型 CHAR	8	NO	主键		教师编号
t_name	定长字符型 CHAR	4	NO	主键		教师姓名
d_no	定长字符型 CHAR	6	NO	外键		院系编号

表 7.6　teach

字段名	数据类型	长度	是否空值	是否主键外键	默认值	备注
t_no	定长字符型 CHAR	8	NO	主键、外键		教师编号
c_no	定长字符型 CHAR	4	NO	主键、外键		课程编号

【任务 7.5】创建表 STUDENTS。

```
mysql> CREATE TABLE IF NOT EXISTS STUDENTS (
s_no char（6） NOT NULL COMMENT'学号',
s_name char（6） NOT NULL COMMENT'姓名',
sex ENUM('男', '女') DEFAULT'男'COMMENT'性别',
birthday date NOT NULL COMMENT'出生日期',
d_no char （4） NOT NULL COMMENT'院系编号',
address varchar(20) NOT NULL COMMENT'家庭地址',
phone varchar(12) NOT NULL COMMENT'联系电话',
photo blob COMMENT'照片',
PRIMARY KEY (s_no)
) ENGINE=InnoDB DEFAULT CHARSET=gb2312;
```

【任务 7.6】创建表 course。

```
mysql> CREATE TABLE IF NOT EXISTS course(
c_no char（4） NOT NULL,
c_name char （10） NOT NULL,
hours tinyint（3） NOT NULL,
credit tinyint（3） NOT NULL,
type EMUN('必修课', '选修课') DEFAULT'必修课',
PRIMARY KEY (c_no)
) ENGINE=InnoDB DEFAULT CHARSET=gb2312;
```

【任务 7.7】创建表 score。

```
mysql> CREATE TABLE IF NOT EXISTS score (
s_no char（6） NOT NULL,
c_no char（4） NOT NULL,
report float(3,1) DEFAULT 0,
PRIMARY KEY (s_no,c_no)
) ENGINE=InnoDB DEFAULT CHARSET=gb2312;
```

【任务 7.8】创建表 departments。

```
mysql> CREATE TABLE IF NOT EXISTS departments
 (
d_no char（6） NOT NULL COMMENT'院系编号',
d_name char （8） NOT NULL COMMENT'院系名称',
PRIMARY KEY (d_no)
 ) ENGINE=InnoDB DEFAULT CHARSET=gb2312;
```

【任务 7.9】创建表 teachers。

```
mysql> CREATE TABLE IF NOT EXISTS teachers (
```

```
t_no char（8） NOT NULL COMMENT'教师编号',
t _name char（4） NOT NULL COMMENT'教师姓名',
d_no char（6） NOT NULL COMMENT'院系编号',
PRIMARY KEY (t_no)
) ENGINE=InnoDB DEFAULT CHARSET=gb2312;
```

【任务 7.10】创建表 teach。

```
mysql> CREATE TABLE IF NOT EXISTS teach(
t_no char（8） NOT NULL,
c_no char（4） NOT NULL,
KEY t_no (t_no),
KEY c_no (c_no),
  ) ENGINE=InnoDB DEFAULT CHARSET=gb2312;
```

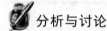 分析与讨论

（1）关于设置主键。PRIMARY KEY表示设置该字段为主键。如在STUDENTS表中，PRIMARY KEY (s_no)表示将s_no字段定义为主键。在score表中，PRIMARY KEY (s_no,c_no)表示把s_no、c_no两个字段一起作为复合主键。

（2）添加注释。COMMENT'学号'表示对"s_no"字段增加注释为"学号"。

（3）字段类型的选择。SEX ENUM('男','女')表示sex字段的字段类型是ENUM，取值范围为'男'和'女'。对于取值固定的字段可以设置数据类型为ENUM。例如，在course表的type字段表示的是课程的类型，一般是固定的几种类型。因此，可以把该字段的定义写成：type EMUN('必修课','选修课') DEFAULT'必修课'。

（4）默认值的设置。DEFAULT'男'表示默认值为"男"。

（5）设置精度。score表中的report float(3,1)表示精度为4，小数位1位。

（6）"ENGINE=InnoDB"表示采用的存储引擎是InnoDB。InnoDB是MySQL在Windows平台默认的存储引擎，所以"ENGINE=InnoDB"可以省略。

（7）DEFAULT CHARSET=gb2312表示表的字符集是gb2312。

（8）如果没有指定是NULL或是NOT NULL，则列在创建时假定为NULL。

（9）设置自动增量。一个整数列可以拥有一个附加属性AUTO_INCREMENT。AUTO_INCREMENT序列从一般1开始，也可以自定义开始值。这样的列必须被定义为一种整数类型。可以通过AUTO_INCREMENT属性为新的行产生唯一的标识。

【任务 7.11】在 CPXS 库中，创建进货单表，进货 ID 是自动增量，将进货单价列的精度设置为 8，小数位设置为 2 位，进货时间默认为当前时间。

```
mysql>USE CPXS
mysql>CREATE TABLE 进货单(
进货 ID TINYINT NOT NULL AUTO_INCREMENT,
商品 ID VARCHAR（10） NOT NULL,
进货单价 FLOAT(8,2) NOT NULL,
数量 INT NOT NULL,
进货时间 TIMESTAMP NOT NULL DEFAULT NOW(),
进货员工 ID CHAR（6） NOT NULL,
```

PRIMARY KEY (进货 ID)
  );

进货单表结构见表 7.7。

表 7.7　进货单

列名	类型	长度	A_I	是否空值	是否主键
进货 ID	TINYINT	5	YES	NO	YES
商品 ID	VARCHAR	10		NO	
进货单价	FLOAT(8,2)			NO	
数量	INT			NO	
进货时间	DATETIME			NO	
进货员工 ID	CHAR	6		NO	

7.2.2　查看表

创建了数据表后，现在再用 SHOW TABLES 查询已创建的表的情况。

mysql> SHOW TABLES;

运行结果如图 7.2 所示。

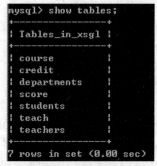

图 7.2　运行结果

7.2.3　修改表

ALTER TABLE 用于更改原有表的结构。例如，可以增加或删减列、重新命名列或表，还可以修改默认字符集。

语法结构如下。

```
ALTER [IGNORE] TABLE tbl_name
      alter_specification [, alter_specification] ...
alter_specification:
ADD [COLUMN] column_definition [FIRST | AFTER col_name ]      //添加字段
| ALTER [COLUMN] col_name {SET DEFAULT literal | DROP DEFAULT}  //修改字段默认值
| CHANGE [COLUMN] old_col_name column_definition             //重命名字段
[FIRST|AFTER col_name]
| MODIFY [COLUMN] column_definition [FIRST | AFTER col_name] //修改字段数据类型
```

```
| DROP [COLUMN] col_name                                         //删除列
| RENAME [TO] new_tbl_name                                       //对表重命名
| ORDER BY col_name                                              //按字段排序
| CONVERT TO CHARACTER SET charset_name [COLLATE collation_name]
//将字符集转换为二进制
| [DEFAULT] CHARACTER SET charset_name [COLLATE collation_name]
//修改表的默认字符集
```

【任务7.12】在 STUDENTS 表的 department 列后面增加一列 speciality。

```
mysql> ALTER TABLE STUDENTS
    ADD speciality VARCHAR（5）NOT NULL AFTER department;
```

【任务7.13】给 STUDENTS 表的 birthday 列后增加一列"入学日期",并定义其默认值为'2014-9-1'。

```
mysql>ALTER TABLE STUDENTS
    ADD 入学日期 date NOT NULL DEFAULT '2014-9-1'  AFTER birthday;
```

【任务7.14】修改表 STUDENTS 的 sex 列的默认值为"女"。

```
mysql> ALTER TABLE STUDENTS CHANGE 性别  性别  char（2）NOT NULL DEFAULT '女';
```

【任务7.15】删除 STUDENTS 表的入学日期列的默认值。

```
mysql>ALTER TABLE STUDENTS ALTER  入学日期  DROP DEFAULT;
```

【任务7.16】将表 STUDENTS 重名为"学生表"。

```
mysql> ALTER TABLE STUDENTS RENAME to 学生表;
```

【任务7.17】修改 course 表的字符集为 utf8。

```
ALTER TABLE course DEFAULT CHARACTER SET utf8 COLLATE utf8_general_ci;
```

7.2.4 复制表

可以通过 CREATE TABLE 命令复制表的结构和数据。
语法结构如下。

```
CREATE [TEMPORARY] TABLE [IF NOT EXISTS] tbl_name
[ ( ) LIKE old_tbl_name [ ] ]
| [AS (select_statement)]        ;
```

【任务 7.18】创建一个表 STUDENTS 的附表 STUDENTS1。

```
mysql> CREATE TABLE STUDENTS1 LIKE STUDENTS;
```

【任务 7.19】用命令查看 STUDENTS1 的结构。

```
mysql> DESC STUDENTS1;
```

程序运行结果如图 7.3 所示。

【任务 7.20】复制表 STUDENTS 的结构和数据,名为 STUDENTS_COPY。

```
mysql> CREATE  TABLE  STUDENTS_COPY  AS  SELECT  *  FROM  STUDENTS;
```

可用 SELECT * FROM STUDENTS_COPY,查看 STUDENTS_COPY 是否与 STUDENTS 的数据一致。

```
Field       | Type        | Null | Key | Default | Extra |
s_no        | char(6)     | NO   | PRI | NULL    |       |
s_name      | char(6)     | YES  |     | NULL    |       |
sex         | char(2)     | YES  |     | NULL    |       |
birthday    | date        | YES  |     | NULL    |       |
department  | char(6)     | YES  |     | NULL    |       |
address     | varchar(20) | YES  |     | NULL    |       |
phone       | varchar(12) | YES  |     | NULL    |       |
photo       | blob        | YES  |     | NULL    |       |
```

图 7.3　运行结果

分析与讨论

如果使用LIKE关键字，表示复制表的结构，但没复制数据；如果使用AS关键字，表示复制表的结构的同时，也复制了数据。

7.2.5　删除表

如果表不合适或不需要了，可以用 DROP TABLE 命令删除已存在的表。
语法结构如下。

`mysql> DROP [TEMPORARY] TABLE [IF EXISTS] tbl_name [, tbl_name] ...`

其中，
- tbl_name：要被删除的表名。
- IF EXISTS：避免要删除的表不存在时出现错误信息。

【任务 7.21】删除表 STUDENTS1。

`mysql> DROP　TABLE　STUDENTS1;`

7.3　表数据操作

7.3.1　插入数据

插入数据的方法很多，可以通过 INSERT　INTO、REPLACE　INTO 语句插入，也可以使用 LOAD DATA INFILE 方式将保存在文本文件中的数据插入指定的表。一次可以插入一行或插入多行数据。

1. 使用 INSERT INTO| REPLACE 语句

语法结构如下。

```
INSERT | REPLACE
     [INTO] tbl_name [(col_name,...)]
VALUES ({expr | DEFAULT},...),(...),...
| SET col_name ={expr | DEFAULT}, ...
```

【任务 7.22】同时向表 STUDENTS 中插入两行数据（'132001', '李平', '男', '1992-02-01', 'D001', '上海市南京路 1234 号', '021-345478', NULL), ('132002', '张三峰', '男', '1992-04-01', 'D001', '广州市沿江路 58 号', '020-345498', NULL)。

`mysql> INSERT INTO STUDENTS VALUES`

('132001','李平','男','1992-02-01','D001','上海市南京路 1234 号',' 021- 345478',NULL),
('132002','张三峰','男','1992-04-01','D001','广州市沿江路 58 号',' 020-345498',NULL);

【任务 7.23】再次用 INSERT INTO 语句向 STUDENTS 表中插入数据。

mysql> INSERT INTO students (s_no, s_name, sex)VALUES('132001', '李小平', '男');

由于 STUDENTS 表中已经有 132001 学生的记录，因此将出现主键冲突错误，运行结果如图 7.4 所示。

```
mysql> INSERT INTO students (s_no, s_name, sex)VALUES('132001', '李小平', '男');

ERROR 1062 (23000): Duplicate entry '132001' for key 1
```

图 7.4 运行结果

用 REPLACE INTO 语句则可以直接插入新数据，而不会出现错误信息。

mysql> REPLACE   INTO STUDENTS(s_no, s_name, sex)   VALUES('132001','李小平','男');

【任务 7.24】假设有一课程表与 COURSE 的结构相同，现将 COURSE 的数据插入课程表中。

mysql> INSERT INTO   课程表   SELECT * FROM COURSE;

查看课程表的数据。

mysql> SELECT * FROM   课程表;

运行结果如图 7.5 所示。

```
c_no | c_name       | hours | credit | type
A001 | MYSQL        |    64 |      3 | 专业课
A002 | 计算机文化基础 |    64 |      2 | 选修课
A003 | 操作系统      |    72 |      3 | 专业基础课
A004 | 数据结构      |    54 |      3 | 专业基础课
A005 | PHOTOSHOP    |    54 |      2 | 专业基础课
B001 | 思想政治课     |    60 |      2 | 必修课
B002 | IT产品营销    |    48 |      2 | 选修课
B003 | 公文写作      |    45 |      2 | 选修课
B004 | 网页设计      |    32 |      1 | 选修课
B006 | 大学英语      |   128 |      6 | 必修课
C001 | 会计电算化     |    64 |      3 | 必修课

11 rows in set (0.00 sec)
```

图 7.5 运行结果

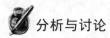 分析与讨论

（1）VALUES子句：包含各列需要插入的数据清单，数据的顺序要与列的顺序相对应。若表名后不给出列名，则在VALUES子句中要给出每一列（除IDENTITY和TIMESTAMP类型的列）的值，如果列值为空，则值必须置为NULL，否则会出错。

（2）使用INSERT语句可以向表中插入一行数据，也可以插入多行数据，最好一次插入多行数据，各行数据之间用"，"分隔。

（3）可使用SET子句插入数据，用SET子句直接赋值时可以不按列顺序插入数据，对允许空值的列可以不插入。

mysql> INSERT INTO COURSE SET C_NO='B003',C_NAME='应用文写作',TEACHER='马卫平',TYPE='选修',HOURS=60;

（4）REPLACE   INTO向表中插入数据时，首先尝试插入数据到表中，如果发现表中

已经有此行数据（根据主键或者唯一索引判断），则先删除此行数据，然后插入新的数据，否则，直接插入新数据。

（5）还可以向表中插入其他表的数据，但要求两个表具有相同的结构。

语法结构如下。

```
INSERT INTO TABLENAME1 SELECT * FROM TABLENAME2;
```

2. 用 LOAD DATA 语句将数据装入数据库表中

【任务 7.25】创建一个名为"课程表"的表，假设课程表的数据已放在"D:\course.txt"中，现将 course.txt 的数据插入到课程表中。

```
mysql> LOAD DATA LOCAL INFILE "D:\course.txt" INTO TABLE 课程表 character set
gb312;
```

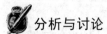 分析与讨论

（1）MySQL Server默认的字符集是utf8，在插入数据时，为避免中文字符乱码，要加上character set gb2312。

（2）course.txt各行文本之间要用制表符<Tab>键分隔。

3. 图片数据的插入

MySQL 还支持图片的存储，图片一般可以以路径的形式来存储，即插入图片采用直接插入图片的存储路径的方式。当然，也可以直接插入图片本身，只要用 LOAD_FILE( )函数即可。

【任务 7.26】向 STUDENTS 表中插入一行数据：

122110，程明，男，1991-02-01，D001，北京路 123 号，02066635425，picture.jpg

其中，照片路径为"D: \IMAGE\ picture.jpg"。

使用如下语句。

```
mysql> INSERT INTO STUDENTS
        VALUES('122110','程明','男','1991-02-01','D001','北京路 123 号',
            '02066635425','D:\IMAGE\picture.jpg');
```

下面的语句是直接插入图片本身。

```
mysql> INSERT INTO XS
VALUES('122110','程明','男','1991-02-01','D001','北京路 123',
            '02066635425',LOAD_FILE('D:\IMAGE\picture.jpg'));
```

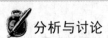 分析与讨论

（1）存放图片的字段要使用BLOB类型。BLOB是专门存储二进制文件的类型，有大小之分，例如MEDIUMBLOB、LONGBLOB等，以存储大小不同的二进制文件，一般的图形文件使用MEDIUMBLOB就足够了。

（2）插入图片文件路径的办法要比插入图片本身好。图片如果很小的话，可以存入数据库，但是如果图片很大的话，保存或读取操作会很慢，倒不如将图片存入指定的文件夹，然后把文件路径和文件名存入数据库。

7.3.2 修改数据

用 UPDATE...SET...命令对表中的数据进行修改。可以修改一个表的数据，也可以修改

多个表的数据。

修改单个表，语法结构如下。

```
UPDATE tbl_name
SET col_name 1= [,col_name 2=expr2 ...]
[WHERE 子句]
[ORDER BY 子句]
[LIMIT 子句]
```

【任务 7.27】将学号为 122001 学生的 A001 成绩修改为 80 分。

```
mysql> UPDATE SCORE SET REPORT=80 WHERE S_NO='122001';
```

【任务 7.28】将课程 A202 的类型修改为"专业基础课程"。

```
mysql> UPDATE COURSE SET   TYPE='专业基础课' WHERE C_NO='A202';
```

【任务 7.29】将 A001 课程成绩乘以 1.2 转为 120 分制计。

```
mysql> UPDATE SCORE SET REPORT=REPORT*1.2 WHERE C_NO='A001';
```

 分析与讨论

SET子句：根据WHERE子句中指定的条件，对符合条件的数据行进行修改。若语句中不设定WHERE子句，则更新所有行。expr1、expr2……可以是常量、变量或表达式。可以同时修改所在数据行的多个列值，中间用逗号隔开。

7.3.3 删除数据

从单个表中删除，语法结构如下。

```
DELETE [LOW_PRIORITY] [QUICK] [IGNORE] FROM tbl_name
 [WHERE 子句]
 [ORDER BY 子句]
 [LIMIT row_count]
```

【任务 7.30】删除女生记录。

```
mysql> DELETE FROM STUDENTS WHERE SEX='女';
```

【任务 7.31】删除 B001 课程不及格的成绩记录。

```
mysql> DELETE FROM SCORE WHERE C_NO='B001' AND REPORT <60;
```

【任务 7.32】删除 SCORE 表的所有成绩记录。

```
mysql> DELETE FROM SCORE;
```

【任务 7.33】删除 SCORE 表中分数最低的 3 行记录。

```
mysql> DELETE FROM SCORE ORDER BY REPORT   LIMIT 3;
```

 分析与讨论

（1）QUICK修饰符：可以加快部分种类的删除操作的速度。

（2）FROM子句：用于指定从何处删除数据。

（3）WHERE子句：用于指定的删除条件。如果省略WHERE子句则删除该表的所有行。

（4）ORDER BY子句：各行按照子句中指定的顺序进行删除，此子句只在与LIMIT联用时才起作用。ORDER BY子句和LIMIT子句的具体定义将在任务10中介绍。

（5）LIMIT子句：用于告知服务器在控制命令被返回到客户端前被删除的行的最大值。

（6）数据删除后将不能恢复，因此，在执行删除之前一定要对数据做好备份。

项目实践

（1）登录 JXGL 数据库。

① 查看数据库系统中已存在的数据库。

② 查看该数据库系统支持的存储引擎的类型。

（2）创建 TEST 数据库，创建一个 STUDENTS 表，有姓名、性别和兴趣爱好字段，要求性别字段单选（'男'/'女'），兴趣爱好字段用多项选择，可选（'篮球'，'足球'，'音乐'，'电影'，'看书'，'画画'，'摄影'）。

① 向 STUDENTS 表插入数据：（'李明'，'男'，'足球'，'音乐'，'电影'），（'张君'，'女'，'篮球'，'足球'，'电影'）。

② 再次查看数据库系统中已经存在的数据库，确保 TEST 数据库已经存在。

③ 复制 STUDENTS 表的结构和数据，命名为附表 STUDENTS1。

④ 删除 STUDENTS 表数据。

⑤ 删除 TEST 数据库。

⑥ 再次查看数据库系统中已经存在的数据库，确保 TEST 数据库已经删除。

（3）创建人事管理数据库 RSGL，该数据库有 3 张表。分别是 Employees、Departments 和 Salary 表，表结构见表 7.8～表 7.10。

① 请写出创建这 3 张表的 SQL 语句。

② 用 INSERT INTO 语句一次性向 Departments 插入所有数据。数据如表 7.11 所示。

③ 以文本文件的方式将数据插入数据库表 Employees，文件为"D:\MYSQL\Employees.txt"。

表 7.8　Employees

字段名	类型	长度	默认值	是否空值	是否主键	备注
E_ID	VARCHAR	8		NO	YES	员工编号
E_NAME	VARCHAR	8		YES		员工姓名
SEX	VARCHAR	2	男	YES		性别
PROFESSIONAL	VARCHAR	6				职称
POLITICAL	VARCHAR	8				政治面貌
EDUCTION	VARCHAR	8				学历
BIRTH	DATE					出生日期
MARRY	VARCHAR	8				婚姻状态
GZ_TIME	DATE					参加工作时间
D_ID	VARCHAR	5		YES	外键	与 Departments 关联
BZ	VARCHAR	2	是			是编内人员

表 7.9 Departments

字段名	类型	长度	默认值	是否空值	是否主键	备注
D_ID	TINYINT	5		NO	YES	
D_name	VARCHAR	10		NO		

表 7.10 Salary

字段名	类型	长度	默认值	是否空值	是否主键	备注
E_ID	TINYINT	5		NO	外键	与 Employees 关联
MONTH	date					月份
JIB_IN	Float	6.2				基本工资
JIX_IN	Float	6.2				绩效工资
JINT_IN	Float	6.2				津贴补贴
GJ_OUT	Float	6.2				代扣公积金
TAX_OUT	Float	6.2				扣税
QT_OUT	Float	6.2				其他扣款

表 7.11 Departments 数据

部门编号	部门名称
A001	办公室
A002	人事处
A003	宣传部
A004	教务处
A005	科技处
A006	后勤处
B001	信息学院
B002	艺术学院
B003	外语学院
B004	金融学院
B005	建筑学院

习题

一、单项选择题

1. 在 MySQL 中，通常使用_____语句来指定一个已有数据库作为当前工作数据库。
   A. USING   B. USED   C. USES   D. USE
2. 下列 SQL 语句中，创建关系表的是_____。
   A. ALTER   B. CREATE   C. UPDATE   D. INSERT
3. INSERT 命令的功能是_____。
   A. 在表头插入一条记录   B. 在表尾插入一条记录
   C. 在表中指定位置插入一条记录   D. 在表中指定位置插入若干条记录

4. 创建表时，不允许某列为空可以使用_____。

    A. NOT NULL   B. NO NULL   C. NOT BLANK   D. NO BLANK

5. 从学生（STUDENTS）表中的姓名（NAME）字段查找姓"张"的学生。可以使用如下代码：select * from students where_____。

    A. NAME='张*'   B. NAME='%张%'

    C. .NAME LIKE '张%'   D. NAME LIKE '张*'

6. 要快速完全清空一个表，可以使用如下语句_____。

    A. TRUNCATE TABLE   B. DELETE TABLE

    C. DROP TABLE   D. CLEAR TABLE

二、填空题

1. 在 MySQL 中，通常使用_____值来表示一个列没有值或缺值的情形。

2. 在 CREATE TABLE 语句中，通常使用_____关键字来指定主键。

3. 在 MySQL 中，可以使用 INSERT 或_____语句，向数据库中已有的表插入一行或多行元组数据。

4. 在 MySQL 中，可以使用_____语句或_____语句删除表中的一行或多行数据。

5. 在 MySQL 中，可以使用_____语句来修改、更新一个表或多个表中的数据。

三、编程与应用题

1. 请使用 MySQL 命令行客户端在 MySQL 中创建一个名为"db_test"的数据库。

2. 请使用 MySQL 命令行客户端在数据库 bookdb 中，创建一个网络留言板系统中用于描述网络留言内容的数据表 contentinfo，该表的结构见表 7.12。

表 7.12　contentinfo

字段名称	数据类型	长度	是否空值	默认值	是否主键	说明
id	INT	8	NO		主键	访客 ID 号
username	VARCHAR	8				访客姓名
Subject	VARCHAR	200	YES			留言标题
content	VARCHAR	1000	YES			留言内容
reply	VARCHAR	1000	YES			回复内容
face	VARCHAR	50	YES			头像图标文件
email	VARCHAR	50	YES			电子邮件
posttime	TIMESTAMP			CURRENT_TIMESTAMP		创建日期和时间

3. 请使用 INSERT 语句向数据库 bookdb 的表 contentinfo 中插入一行描述下列留言信息的数据。

访客 ID 号由系统自动生成；访客姓名为"探险者"；留言标题为"SUV 论坛专栏"；留言内容为"我喜欢的 SUV 是"；电子邮件为"Explorer@gmail.com"；留言创建日期和时间为系统当前时间。

4. 请使用 UPDATE 语句将数据库 bookdb 的表 contentinfo 中留言人姓名为"探险者"

的留言内容修改为"我最喜欢的国产 SUV"。

5. 请使用 DELETE 语句将数据库 bookdb 的表 contentinfo 中留言人姓名为"探险者"的、在 2014-5-1 的留言信息删除。

四、简答题

1. 请分别解释 AUTO_INCREMENT、默认值和 NULL 值的用途。

2. 请简述 INSERT 语句与 REPLACE 语句的区别。

3. 请简述 DELETE 语句与 TRUNCATE 语句的区别。

 任务 8　建立和管理索引

 任务背景

由于数据库在执行一条 SQL 语句的时候，默认的方式是根据搜索条件进行全表扫描，遇到匹配条件的就加入搜索结果集合。在进行涉及多个表连接、包括了许多搜索条件（例如大小比较、Like 匹配等）而且表数据量特别大的查询时，在没有索引的情况下，MySQL 需要执行的扫描行数会很大，速度也会很慢。

 任务要求

本任务将从认识索引、索引的分类以及索引的设计原则等方面着手，介绍创建和管理索引的方法。特别要注意的是，索引并不是越多越好，要正确认识索引的重要性和设计原则，创建合适的索引。

任务分解

8.1　认识索引

索引是一种特殊的数据库结构，可以用来快速查询数据库表中的特定记录。在 MySQL 中，所有的数据类型都可以被索引。

MySQL 支持的索引主要有 Hash 索引和 B-Tree 索引。目前，大部分 MySQL 索引都是以 B-树（Balance Tree）方式存储的，是 MySQL 数据库中使用最为频繁的索引类型，除了 Archive 存储引擎之外的其他所有的存储引擎都支持 B-Tree 索引。不仅在 MySQL 中如此，在其他的很多数据库管理系统中 B-Tree 索引也同样是作为最主要的索引类型的，这主要是因为 B-Tree 索引的存储结构在数据库的数据检索中有着非常优异的表现。一般来说，MySQL 中的 B-Tree 索引的物理文件大多是以 Balance Tree 的结构来存储的，也就是所有实际需要的数据都存放于 Tree 的叶子结点，而且到任何一个叶子结点的最短路径的长度都是完全相同的，所以把它称为 B-Tree 索引。

MySQL Hash 索引相对于 B-Tree 索引，检索效率要高上不少。虽然 Hash 索引效率高，但是，由于 Hash 索引本身的特殊性也带来了很多限制和弊端，主要有以下内容。

（1）MySQL Hash 索引仅仅能满足"="""IN"和"<=>"查询，不能使用范围查询。

（2）MySQL Hash 索引无法被用来避免数据的排序操作。

（3）MySQL Hash 索引不能利用部分索引键查询。

（4）MySQL Hash 索引在任何时候都不能避免表扫描。

（5）MySQL Hash 索引遇到大量 Hash 值相等的情况后，性能并不一定就会比 B-Tree 索引高。

分析与讨论

（1）MYISAM里所有键的长度仅支持1000字节，INNODB是767。

（2）BLOB和TEXT字段仅支持前缀索引。

（3）当使用"!="和"<>"的时候，MySQL不使用索引。

（4）当字段使用函数的时候，MySQL无法使用索引；当连接条件字段类型不一致的时候，MySQL无法使用索引；当组合索引里使用非第一个索引时也不使用索引。

（5）当使用LIKE的时候，以"%"开头，即使用"%***"的时候无法使用索引；当使用OR的时候，要求OR前后字段都有索引。

（6）索引是一个简单的表，MySQL将一个表的索引都保存在同一个索引文件中，所以索引也是要占用物理空间的。如果有大量的索引，索引文件可能会比数据文件更快地达到最大的文件尺寸。

（7）在更新表中索引列上的数据时，MySQL会自动地更新索引，索引树总是和表的内容保持一致。这可能需要重新组织一个索引，如果表中的索引很多，这是很浪费时间的。也就是说，添加、删除、修改和其他写入操作的效率会降低。表中的索引越多，则更新表的时间就越长。

（8）如果从表中删除了列，则索引可能会受到影响。如果所删除的列为索引的组成部分，则该列也会从索引中删除。如果组成索引的所有列都被删除，则整个索引将被删除。

8.1.1 索引分类

MySQL 的索引包括普通索引（INDEX）、唯一性索引（UNIQUE）、主键索引（PRIMARY KEY）、全文索引（FULLTEXT）和空间索引（SPATIAL）。

（1）普通索引（INDEX）。

索引的关键字是 INDEX，这是最基本的索引，它没有任何限制。

（2）唯一性索引（UNIQUE）。

关键字是 UNIQUE。与普通索引类似，但是 UNIQUE 索引列的值必须唯一，允许有空值。如果是组合索引，则列值的组合必须唯一。在一个表上可以创建多个 UNIQUE 索引。

（3）主键索引（PRIMARY KEY）。

它是一种特殊的唯一索引，不允许有空值。一般是在建表的时候同时创建主键索引。也可通过修改表的方法增加主键，但一个表只能有一个主键索引。

（4）全文索引（FULLTEXT）。

FULLTEXT 索引只能对 CHAR、VARCHAR 和 TEXT 类型的列编制索引，并且只能在 MyISAM 表中编制。在 MySQL 默认情况下，对于中文作用不大。

（5）空间索引（SPATIAL）。

SPATIAL 索引只能对空间列编制索引，并且只能在 MyISAM 表中编制。本书不讨论。

另外，按索引建立在一列还是多列上，又可以分为单列索引、多列索引（复合索引）。

8.1.2 索引的设计原则

为了使索引的使用效率更高，在创建索引的时候必须考虑在哪些字段上创建索引和创建什么类型的索引。索引的设计原则如下。

（1）在主键上创建索引，在 InnoDB 中如果通过主键来访问数据效率是非常高的。

（2）为经常需要排序、分组和联合操作的字段建立索引，即那些将用于 JOIN、WHERE 判断和 ORDER BY 排序的字段。

（3）为经常作为查询条件的字段建立索引，如用于 JOIN、WHERE 判断的字段。

（4）尽量不要对数据库中某个含有大量重复的值的字段建立索引，如"性别"字段，在这样的字段上建立索引将不会有什么帮助；相反，还有可能降低数据库的性能。

（5）限制索引的数目。

（6）尽量使用数据量少的索引。

（7）尽量使用前缀来索引。

（8）删除不再使用或者很少使用的索引。

8.2 索引的建立

创建索引有 3 种方式，分别是创建表时创建索引及在已经存在的表上使用 CREATE INDEX 语句或 ALTER TABLE 语句来创建索引。下面将详细讲解这 3 种创建索引的方法。

8.2.1 创建表时创建

创建表的时候可以直接创建索引，这种方式最简单、方便。

其语法结构如下。

```
CREATE [TEMPORARY] TABLE [IF NOT EXISTS] tbl_name
        [ ( [column_definition] , ... | [index_definition] ) ]
        [table_option] [select_statement];
```

其中，index_definition 为索引项，格式如下。

```
[CONSTRAINT [symbol]]PRIMARY KEY [index_type] (index_col_name,...)
|{INDEX | KEY} [index_name] [index_type] (index_col_name,...)

| [CONSTRAINT [symbol]] UNIQUE [INDEX] [index_name] [index_type] (index_col_name,...)
| [FULLTEXT|SPATIAL] [INDEX] [index_name] (index_col_name,...)
| [CONSTRAINT [symbol]] FOREIGN KEY   [index_name] (index_col_name,...)
[reference_definition]
```

【任务 8.1】创建 student2 表，s_no 为主键索引，s_name 为唯一性索引，并在 address 列上前 5 位字符创建索引。

```
mysql> CREATE TABLE IF NOT EXISTS student2
(
s_no char（4） NOT NULL COMMENT '学号',
s_name char（4） DEFAULT NULL COMMENT '姓名',
```

```
sex char（2） DEFAULT '男'COMMENT '性别',
birthday date DEFAULT NULL COMMENT '出生日期',
d_no char（4） DEFAULT NULL COMMENT '所在系部',
address varchar(20) DEFAULT NULL COMMENT '家庭地址',
phone varchar(12) DEFAULT NULL COMMENT '联系电话',
photo blob COMMENT '照片',
PRIMARY KEY (s_no),
UNIQUE index name_index(s_name),
INDEX ad_index(address（5）)
) ENGINE=InnoDB DEFAULT CHARSET=gb2312;
```

8.2.2　用 CREATE INDEX 语句创建

如果表已建好，可以使用 CREATE INDEX 语句建立索引。

基本形式如下。

```
CREATE [UNIQUE|FULLTEXT|SPATIAL] INDEX index_name
    [USING index_type]
    ON tbl_name (index_col_name,...)
```

其中，index_col_name 的格式如下。

```
    col_name [(length)] [ASC | DESC]
```

1. 创建普通索引

【任务 8.2】为便于按地址进行查询，为 students 表的 address 列上的前 6 个字符建立一个升序索引 address_index。

```
mysql> CREATE INDEX address_index
    ON students(address（6） ASC);
```

【任务 8.3】为经常作为查询条件的字段建立索引。

例如，STUDENTS 的 D_NO 字段经常作为查询条件，建立普通索引。

```
mysql> CREATE INDEX D_NO_index
    ON students(D_NO);
```

2. 创建唯一性索引

如学生的姓名、课程表的课程名、部门表的部门名、商品表的商品名之类的字段，一般情况下可建立一个唯一性索引。

【任务 8.4】在 course 表的 c_name 列上建立一个唯一性索引 c_name_index。

```
mysql> CREATE UNIQUE index c_name_index
    ON course(c_name);
```

【任务 8.5】在 teachers 表的 t_name 字段建立一个唯一性索引 t_name_index。

```
mysql> CREATE UNIQUE index t_name_index
    ON teachers(t_name);
```

3. 创建复合索引

可以在一个索引的定义中包含多个列，中间用逗号隔开，但是它们要属于同一个表。这样的索引叫作复合索引。

【任务 8.6】在 score 表的 s_no 和 c_no 列上建立一个复合索引 score_index。

```
mysql> CREATE INDEX   score_index
    ON   score(s_no, c_no);
```

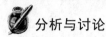 分析与讨论

（1）对于CHAR和VARCHAR列，只用一列的一部分就可创建索引。创建索引时，使用col_name(length)语法可对前缀编制索引。前缀包括每列值的前length个字符。BLOB和TEXT列也可以编制索引，但是必须给出前缀长度。

（2）因为多数名称的前10个字符通常不同，所以前缀索引不会比使用列的全名创建的索引速度慢很多。另外，使用列的一部分创建索引可以使索引文件大大减小，从而节省大量的磁盘空间，有可能提高INSERT操作的速度。

（3）CREATE INDEX语句并不能创建主键。

（4）索引名可以不写，若不写索引名，则默认与列名相同。

（5）部分储存引擎允许在创建索引时指定索引类型，在索引名后面加上USING index_type。不同的储存引擎所支持的索引类型见表8.1。如果列有多个索引类型，当没有指定index_type时，第一个类型是默认值。

表 8.1   不同存储引擎支持的索引类型

存储引擎	允许的索引类型
MyISAM	BTREE
InnoDB	BTREE
MEMORY/HEAP	HASH, BTREE

8.2.3   通过 ALTER TABLE 语句创建索引

在已经存在的表上可以用 ALTER TABLE 语句创建索引。

基本形式如下。

```
ALTER  TABLE   tbl_name
ADD [PRIMARY KEY| UNIQUE | FULLTEXT | SPATIAL ]   INDEX
index_name ( col_name [(length)]   [ASC|DESC] ) ;
```

其中的参数与前面的两种方式的参数是一样的。

【任务 8.7】在 teachers 表上建立 t_no 主键索引（假说还未建立主键），建立 t_name 和 d_no 的复合索引，以加快表的检索速度。

```
mysql> ALTER TABLE teachers
    ADD PRIMARY KEY(t_no),
    ADD INDEX mark(t_name, d_no);
```

【任务 8.8】在 departments 表中的 d_name 创建唯一性索引。

```
mysql> ALTER TABLE departments
    ADD UNIQUE INDEX d_name_index(d_name);
```

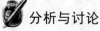 分析与讨论

（1）主键索引必定是唯一的，唯一性索引不一定是主键索引。

（2）一张表上只能一个主键，但可以有一个或者多个唯一性索引。

8.3 索引的查看

如果想要查看表中创建的索引的情况，可以使用 SHOW INDEX FROM tbl_name 语句，示例如下。

mysql> SHOW INDEX FROM COURSE;

运行结果如图 8.1 所示。

```
mysql> SHOW INDEX FROM course;
+--------+------------+----------+--------------+-------------+-----------+------+
| Table  | Non_unique | Key_name | Seq_in_index | Column_name | Collation | Card |
inality | Sub_part   | Packed   | Null         | Index_type  | Comment   | Index_comment |
+--------+------------+----------+--------------+-------------+-----------+------+
| course |          0 | PRIMARY  |            1 | c_no        | A         |      |
     11 | NULL       | NULL     |              | BTREE       |           |      |
+--------+------------+----------+--------------+-------------+-----------+------+
1 row in set (0.00 sec)
```

图 8.1　运行结果

mysql> SHOW INDEX FROM SCORE;

运行结果如图 8.2 所示。

```
+--------+------------+----------+--------------+-------------+-----------+-------+
| Table  | Non_unique | Key_name | Seq_in_index | Column_name | Collation | Cardi |
nality  | Sub_part   | Packed   | Null         | Index_type  | Comment   |       |
+--------+------------+----------+--------------+-------------+-----------+-------+
| SCORE  |          0 | PRIMARY  |            1 | s_no        | A         |       |
     51 | NULL       | NULL     |              | BTREE       |           |       |
| SCORE  |          0 | PRIMARY  |            2 | c_no        | A         |       |
     51 | NULL       | NULL     |              | BTREE       |           |       |
| SCORE  |          1 | c_no     |            1 | c_no        | A         |       |
     25 | NULL       | NULL     |              | BTREE       |           |       |
+--------+------------+----------+--------------+-------------+-----------+-------+
3 rows in set (0.00 sec)
```

图 8.2　运行结果

8.4 索引的删除

删除索引是指将表中已经存在的索引删除掉。一些不再使用的索引会降低表的更新速度，影响数据库的性能，对于这样的索引，应该将其删除。

对于已经存在的索引，可以通过 DROP INDEX 语句来删除，也可用 ALTER TABLE 语句删除。

8.4.1　用 DROP INDEX 语句删除索引

语法结构如下。

DROP INDEX index_name ON tbl_name;

index_name 为要删除的索引名，tbl_name 为索引所在的表。

【任务 8.9】删除 course 表的 mark 索引。

mysql> DROP INDEX mark ON course;

8.4.2 用 ALTER TABLE 语句删除索引

语法结构如下。

ALTER [IGNORE] TABLE tbl_name
| DROP PRIMARY KEY
| DROP INDEX index_name
| DROP FOREIGN KEY fk_symbol

【任务 8.10】上例中，也可以用 ALTER TABLE 语句删除。

mysql> ALTER   TABLE course
    Drop PRIMARY KEY,
    Drop index mark;

【任务 8.11】删除 course 表上的唯一性索引 c_name_index。

mysql> ALTER   TABLE course
    Drop   index c_name_index;

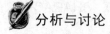 分析与讨论

（1）DROP INDEX子句可以删除各种类型的索引。

（2）删除唯一性索引，如同删除普通索引一样，用DROP INDEX语句即可，不能写成 DROP UNIQUE INDEX，但是创建唯一性索引要写成ADD UNIQUE INDEX。

（3）如要删除主键索引，则直接使用DROP PRIMARY KEY子句进行删除，不需要提供索引名称，因为一个表中只有一个主键。

 项目实践

在 YSGL 数据库中。

（1）对 Employees 表完成以下操作。

① 用 CREATE INDEX 语句在 birth 字段创建名为 index_birth 的索引。

② 用 CREATE INDEX 语句在 E_name、birth 字段创建名为 index_bir 的多列索引。

③ 用 ALTER TABLE 语句在 E_name 字段创建名为 index_id 的唯一性索引。

④ 删除 index_birth 索引。

（2）创建 USER 表，见表 8.2。在 User_name 字段上创建普通索引 index_username，在 USER_ID 列创建 index_id 唯一性索引。

表 8.2 USER

字段名	类型	长度	默认值	是否空值	是否主键	备注
USER_ID	char	8		NO	YES	
User_name	char	8		NO		
password	date			NO		

习题

一、单项选择题

1. 下列不能用于创建索引的是_____。
   A. 使用 CREATE INDEX 语句   B. 使用 CREATE TABLE 语句
   C. 使用 ALTER TABLE 语句   D. 使用 CREATE DATABASE 语句
2. 下列不适合建立索引的是_____。
   A. 经常被查询搜索的列   B. 包含太多重复选用值的列
   C. 是外键或主键的列   D. 该列的值唯一的列
3. MySQL 中唯一索引的关键字是_____。
   A. FULLTEXT INDEX   B. ONLY INDEX
   C. UNIQUE INDEX   D. INDEX
4. 下面关于索引描述中错误的一项是_____。
   A. 索引可以提高数据查询的速度   B. 索引可以降低数据的插入速度
   C. InnoDB 存储引擎支持全文索引   D. 删除索引的命令是 DROP INDEX
5. 支持外键、索引及事务的存储引擎为_____。
   A. MyISAM   B. InnoDB   C. MEMORY   D. CHARACTER

二、填空题

1. 创建普通索引时，通常使用的关键字是_____或 KEY。
2. 创建唯一性索引时，通常使用的关键字是_____。

三、编程与应用题

1. 请用 CREATE INDEX 语句在数据库 bookdb 的表 contentinfo 中，根据留言标题列的前 5 个字符采用默认的索引类型创建一个升序索引 index_subject。
2. 用 ALTER TABLE 语句对留言时间列创建普通索引 index_posttime。

四、简答题

1. 请简述索引的概念及其作用。
2. 请列举索引的几种分类。
3. 请分别简述在 MySQL 中创建、查看和删除索引的 SQL 语句。
4. 请简述使用索引的弊端。

任务 9   数据约束和参照完整性

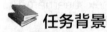 任务背景

在一个表中，通常某个字段或字段的组合唯一地表示一条记录。例如，一个学生有唯一的学号，一门课程只能有一个课程号，这就是主键约束。

在一个表中，有时要求某些列值不能重复。例如，在课程表中，通常是不允许课程名同名的，即要求课程名唯一。但由于一个表只能有一个主键，而且已设置了课程号为主键，这时可以将课程名设置为 UNIQUE 约束。

在关系数据库中，表与表之间数据是有关联的。例如，成绩表中的课程号要参照课程表的课

程号，成绩表的学号要参照学生表中的学号。该怎样进行约束，使表与表之间的数据保证一致呢？

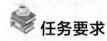

任务要求

本任务要求学习者理解主键约束（PRIMARY KEY）、唯一性约束（UNIQUE）、外键参照完整性约束（FOREIGN KEY）以及 CHECK 约束的含义，学习创建和修改约束的方法，掌握数据约束的实际应用。

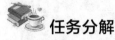

任务分解

9.1 PRIMARY KEY 约束

9.1.1 理解 PRIMARY KEY 约束

PRIMARY KEY 也叫主键。可指定一个字段作为表主键，也可以指定两个及以上的字段作为复合主键，其值能唯一地标识表中的每一行，而且 PRIMARY KEY 约束中的列不能取空值。由于 PRIMARY KEY 约束能确保数据唯一，所以经常用来定义标志列。

可以在创建表时创建主键，也可以对表中已有主键进行修改或者增加新的主键。设置主键通常有两种方式：表的完整性约束和列的完整性约束。

9.1.2 表的完整性约束

【任务 9.1】创建表 course1，用表的完整性约束设置主键。

```
mysql> CREATE TABLE IF NOT EXISTS course1
(
    c_no char（4） NOT NULL,
    c_name char（10） DEFAULT NULL,
t_no char（10） DEFAULT NULL,
hours int（11） DEFAULT NULL,
credit int（11） DEFAULT NULL,
type varchar（10） DEFAULT NULL,
PRIMARY KEY (c_no)
) ENGINE=InnoDB DEFAULT CHARSET=gb2312;
```

【任务 9.2】创建表 course2，用列的完整性约束设置主键。

```
mysql> CREATE TABLE IF NOT EXISTS course2
  (
    c_no char（4） NOT NULL, PRIMARY KEY,
    c_name char（10） DEFAULT NULL,
    d_no char（10） DEFAULT NULL,
    hours int（11） DEFAULT NULL,
    credit int（11） DEFAULT NULL,
```

```
   type varchar（10） DEFAULT NULL
) ENGINE=InnoDB DEFAULT CHARSET=gb2312;
```

9.1.3 复合主键

【任务 9.3】创建 score1，用 s_no 和 c_no 作为复合主键。
```
mysql> CREATE TABLE IF NOT EXISTS score1
(
   s_no char（8） NOT NULL,
   c_no char（4） NOT NULL,
   score float(5,1) DEFAULT NULL,
   PRIMARY KEY (s_no,c_no)
) ENGINE=InnoDB DEFAULT CHARSET=gb2312;
```

分析与讨论

（1）主键可以是单一的字段，也可以是多个字段的组合。

（2）在score1表中，一个学生一门课的成绩只能有一条记录，不能出现同一个学生同一门课多条记录，因此，必须设置s_no和c_no为表score1的复合主键，以保证数据的唯一性。另外，如果单独设置s_no或c_no为主键，将出现一位学生（或一门课）只能录入一次成绩的情况，是不符合现实需要的。

（3）当表中的主键为复合主键时，只能定义为表的完整性约束。

（4）作为表的完整性约束时，需要在语句最后加上一条PRIMARY KEY（col_name, …）语句；作为列的完整性约束时，只需在列定义的时候加上关键字PRIMARY KEY。

9.1.4 修改表的主键

【任务 9.4】修改表 students 的主键，删除原来主键，增加 s_name 为主键。
```
Mysql>ALTER TABLE students DROP PRIMARY KEY ADD PRIMARY KEY (s_name );
```

9.2 UNIQUE 约束

9.2.1 理解 UNIQUE 约束（唯一性约束）

UNIQUE 约束（唯一性约束）又称替代键。替代键是没有被选作主键的候选键。替代键像主键一样，是表的一列或一组列，它们的值在任何时候都是唯一的。可以为主键之外的其他字段设置 UNIQUE 约束。

9.2.2 创建 UNIQUE 约束

【任务 9.5】在 TEST 数据库中，创建一个表 employees，只含 employeeid、name、sex 和 education，用列的完整性约束的方式将 name 设为主键，用表的完整性约束的方式将 employeeid 设为替代键。

```
mysql> create table employees
  (
employeeid char（6）  not null,
name char（10）  not null primary key,
sex tinyint（1）,
education char（4）,
UNIQUE(employeeid)
    );
```

或者，可以作为列的完整性约束直接在字段后面设置唯一性。

```
mysql> create table employees
  (
employeeid char（6）  not null UNIQUE,
name char（10）  not null primary key,
sex tinyint（1）,
education char（4）
    );
```

9.2.3 修改 UNIQUE 约束

【任务 9.6】设置 course 表的 c_name 为 UNIQUE 约束。

```
mysql>ALTER TABLE course ADD UNIQUE (c_name);
```

分析与讨论

（1）尝试向course表中输入同名的课程，会出现什么情况？为什么？

（2）一个数据表只能创建一个主键。但一个表可以有若干个UNIQUE键，并且它们甚至是可以重合的。

（3）主键字段的值不允许为NULL，而UNIQUE字段的值可取NULL，但是必须使用NULL或NOT NULL声明。

（4）一般在创建PRIMARY KEY约束时，系统会自动产生PRIMARY KEY索引。创建UNIQUE约束时，系统自动产生 UNIQUE 索引。在 phpMyAdmin 下分别打开 scorc1 和 employees表结构，分别在界面的左下方可以很清楚地看到score1和employees的索引情况，如图9.1和图9.2所示。

图 9.1 score1 的主键索引

图 9.2 employees 表的索引

9.3 FOREIGN KEY 参照完整性约束

9.3.1 理解参照完整性

在关系型数据库中，有很多规则是和表之间的关系有关的，表与表之间往往存在一种"父子"关系。例如，字段 s_no 是一个表 A 的属性，且依赖于表 B 的主键。那么，称表 B 为父表，表 A 为子表。通常将 s_no 设为表 A 的外键，参照表 B 的主键字段，通过 s_no 字段将父表 B 和子表 A 建立关联关系。这种类型的关系就是参照完整性约束（referential integrity constraint）。参照完整性约束是一种特殊的完整性约束，实现为一个外键，外键是表的一个特殊字段。

在 JXGL 数据库中，存储在 score 表中的所有 s_no 必须存在于 students 表的学号列中，score 表中的所有 c_no 也必须出现在 course 表的课程号列中。因此，应该将 score 表中的 s_no 列定义外键参照 students 表的学号，c_no 列定义外键参照 course 表的课程号。

外键的作用是建立子表与其父表的关联关系，保证子表与父表关联的数据一致性。父表中更新或删除某条信息时，子表中与之对应的信息也必须有相应的改变。

可以在创建表或修改表时定义一个外键声明。

定义外键的语法格式已经在任务 7 中 column_definition 的定义中给出，这里列出 reference_definition 的定义。

reference_definition 语法结构如下。

```
REFERENCES tbl_name [(index_col_name,...)]
        [ON DELETE   {RESTRICT | CASCADE | SET NULL | NO ACTION}]
        [ON UPDATE   {RESTRICT | CASCADE | SET NULL | NO ACTION}]
```

说明　（1）外键被定义为表的完整性约束，**reference_definition** 中包含了外键所参照的表和列，还可以声明参照动作。

（2）**RESTRICT**：当要删除或更新父表被参照列中在外键中出现的值时，拒绝对父表的删除或更新操作。

（3）**CASCADE**：从父表删除或更新行时自动删除或更新子表中匹配的行。

（4）**SET NULL**：当从父表删除或更新行时，设置子表中与之对应的外键列为 NULL。如果外键列没有指定 NOT NULL 限定词，这就是合法的。

（5）**NO ACTION**：NO ACTION 意味着不采取动作，就是如果有一个相关的外键值在被参考的表里，删除或更新父表中主要键值的企图不被允许，和 RESTRICT 一样。

（6）**SET DEFAULT**：作用和 SET NULL 一样，只不过 SET DEFAULT 是指定子表中的外键列为默认值。

9.3.2　在创建表时创建外键

【**任务 9.7**】在 TEST 数据库，创建 salary 表，包含 employeeid、income 和 outcome 字段，其中 employeeid 作为外键，参照【任务 9.5】中的 employees 表的 employeeid 字段。

```
mysql> create table salary
    (
    employeeid char（6）  not null primary key,
    income float（8）  not null,
    outcome float（8）  not null,
    foreign key(employeeid)
```

```
references employees(employeeid)
on update cascade
on delete cascade
)character set gb2312   engine=innodb;
```

9.3.3　对已有的表添加外键

【任务 9.8】建立一个与 salary 表结构相同的表 salary1，用 ALTER TABLE 语句向 salary1 表中的 employeeid 列添加一个外键，要求当 employees 表中要删除或修改与 employeeid 值有关的行时，检查 salary1 表中有没有该 employeeid 值，如果存在则拒绝更新 employees 表。

```
mysql>alter table salary1
add foreign key(employeeid)
references employees(employeeid)
on update ristrict
on delete ristrict;
```

9.3.4　创建级联删除、级联更新

【任务 9.9】在 JXGL 库中，将 score 表的 s_no 字段参照表 students 的 s_no 字段，score 表的 c_no 字段参照 course 的 c_no 字段。当 students 表的 s_no 字段、course 的 c_no 字段更新或删除时，score 表级联更新、级联删除。

```
mysql> ALTER TABLE   score
ADD FOREIGN KEY (s_no)
REFERENCES   students (s_no)
ON UPDATE CASCADE
ON DELETE CASCADE;
mysql> ALTER TABLE   score
ADD FOREIGN KEY (c_no)
REFERENCES   course (c_no)
ON UPDATE CASCADE
ON DELETE CASCADE;
```

9.4　CHECK 约束

9.4.1　理解 CHECK 约束

主键、替代键和外键都是常见的完整性约束的例子。但是，每个数据库都还有一些专用的完整性约束。例如，score 表中 score 字段的数值要在 0～100，students 表中出生日期必须大于 1990 年 1 月 1 日。这样的规则可以使用 CHECK 完整性约束来指定。

CHECK 完整性约束在创建表的时候定义。可以定义为列完整性约束，也可以定义为表完

整性约束。

语法结构如下。

```
CHECK(expr)
```

 说 明 **expr** 是一个表达式，指定需要检查的条件，在更新表数据的时候，MySQL 会检查更新后的数据行是否满足 **CHECK** 的条件。

9.4.2 创建 CHECK 约束

【任务 9.10】在 TEST 库中，创建表 employees3，包含学号、性别和出生日期，出生日期必须大于 1980 年 1 月 1 日，性别只能是"男"和"女"。

```
mysql> create table employees3
(
学号 CHAR（5） not null primary key,
性别 CHAR（2） DEFAULT '男',
出生日期 DATE not null ,
CHECK (性别='男' OR 性别='女'),
CHECK(出生日期>'1980-1-1')
);
```

也可以作为列的完整性约束，MySQL 语句如下。

```
mysql> create table employees3
(
学号 CHAR（5） not null primary key,
性别 CHAR（2） DEFAULT '男' CHECK (性别='男' OR 性别='女'),
出生日期 DATE not null CHECK(出生日期>'1980-1-1')
);
```

然而，到目前为止，MySQL 所有的存储引擎均能够对 CHECK 子句进行分析，但是忽略 CHECK 子句，即 CHECK 约束还不起作用。

 项目实践

在 YSGL 数据库中，进行如下操作。

（1）通过修改表的方式创建外键，使 Employees 表的 E_ID 参照 Departments 表的 D_ID 级联更新、级联删除。

（2）通过修改表的方式创建外键，使 Salary 表的 E_ID 参照 Employees 表的 E_ID，级联更新、级联删除。

（3）用 ALTER 语句修改表，将 Departments 表的 D_name 字段设置为 UNIQUE 约束。

（4）修改 Employees 表，将性别的数据类型改为 ENUM，取值必须为"男"或"女"，性别默认为"男"。

（5）修改 Salary 表，使用 CHECK 完整性约束，使基本工资取值在 3000～4500。

习题

一、填空题

 MySQL 支持关系模型中_____、_____和_____ 3 种不同的完整性约束。

二、选择题

数据库的_____是为了保证由授权用户对数据库所做的修改不会影响数据一致性的损失。

A. 安全性　　　　　　B. 完整性　　　　　C. 并发控制　　　　D. 恢复

三、简答题

1. 什么是实体完整性？

2. MySQL 是如何实现实体完整性约束的？

3. 常见的约束有哪些？分别代表什么意思？如何使用？

4. 字段改名后，为什么会有部分约束条件丢失？

5. 如何设置外键？

6. 如何删除父表？

 任务 10 数据库的查询

 任务背景

查询和统计数据是数据库的基本功能。在数据库实际操作中，经常遇到类似的查询，例如，查询成绩在 80～90 的学生；查询姓李的学生；查询选了李明老师的课且成绩在 80 分以上的学生姓名；统计各系、各专业人数；查询成绩前 10 名的学生等。这些查询有些是简单的单表查询，有些是字符匹配方面的查询，有些是基于多表的查询，有些是要使用函数进行统计，对于多表查询，可以使用连接查询和嵌套子查询的办法来实现。

 任务要求

本任务将从简单的单表查询开始，学习使用查询的基本语法，学习 FROM、WHERE、GROUP BY、ORDER BY、HAVING 和 LIMIT 等子句的使用，学习聚合函数在数据统计查询中的应用，学习基于多表的全连接、JOIN 连接、嵌套查询以及联合查询的实际应用。

任务分解

10.1 了解 SELECT 语法结构

SELECT 语句可以从一个或多个表中选取特定的行和列，结果通常是生成一个临时表。其基本语法格式如下。

```
SELECT
    [ALL|DISTINCT]
[FROM 表名[,表名]……]
[WHERE 子句]
[GROUP BY 子句]
[HAVING 子句]
[ORDER  BY 子句]
[LIMIT 子句]
```

其中，用[ ]表示可选项。

SELECT 子句：指定要查询的列名称，列与列之间用逗号隔开。

FROM 子句：指定要查询的表，可以指定两个以上的表，表与表之间用逗号隔开。

WHERE 子句：指定要查询的条件。

GROUP BY 子句：用于对查询结构进行分组。

HAVING 子句：指定分组的条件，通常在 GROUP BY 子句之后。

ORDER BY 子句：用于对查询结果进行排序。

LIMIT 子句：限制查询的输出结果行。

【任务 10.1】查询学生的学号、姓名和联系电话。

```
mysql> SELECT s_no,s_name,phone
FROM STUDENTS ;
```

程序运行结果如图 10.1 所示。

图 10.1　运行结果

10.2　认识基本子句

10.2.1　认识 SELECT 子句

SELECT 子句用于指定要返回的列，SELECT 常用参数见表 10.1。

表 10.1　SELECT 子句参数

参数	说明
ALL	显示所有行，包括重复行，ALL 是系统默认
DISTINCT	消除重复行
列名	指明返回结果的列，如果是多列，用逗号隔开
*	通配符，返回所有列值

1．使用通配符"*"

【任务 10.2】查询学生的所有记录。

```
mysql> SELECT  *  FROM  STUDENTS;
```

程序运行结果如图 10.2 所示。

s_no	s_name	sex	birthday	D_NO	address	phone	photo
122001	张群	男	1990-02-01	D001	文明路8 号		NULL
122002	张平	男	1992-03-02	D001	人民路9号		NULL
122003	余亮	男	1992-06-03	D002	北京路188号	0102987654	NULL
122004	李军	女	1993-02-01	D002	东风路66号	0209887766	NULL
122005	刘光明	男	1992-05-06	D002	东风路110号		NULL
122006	叶明	女	1992-05-02	D003	学院路89号	NULL	NULL

图 10.2　运行结果

2. 使用 DISTINCT 消除重复行

【任务 10.3】查询学生所在系部，去掉重复值。

mysql> SELECT DISTINICT d_no　　FROM　STUDENTS;

程序运行结果如图 10.3 所示。

```
mysql> SELECT  DISTINCT  d_no   FROM  students;

| d_no |

| D001 |
| D002 |
| D003 |
| D005 |
| D006 |

5 rows in set (0.01 sec)
```

图 10.3　运行结果

试对比一下不加 DISTINCT 的结果，如图 10.4 所示。

3. 使用 AS 定义查询的列别名

【任务 10.4】统计男生的学生人数。

mysql> SELECT COUNT(*) AS'男生人数'
FROM　STUDENTS
WHERE SEX='男';

程序运行结果如图 10.5 所示。

```
mysql> SELECT    d_no    FROM  students;

| d_no |

| D001 |
| D001 |
| D001 |
| D001 |
| D001 |
| D001 |
| D001 |
| D002 |
| D002 |
| D002 |
| D003 |
| D003 |
| D003 |
| D005 |
| D005 |
| D006 |

17 rows in set (0.00 sec)
```

图 10.4　运行结果

```
| 男生人数 |

|    12 |

1 row in set (0.02 sec)
```

图 10.5　运行结果

10.2.2　认识 FROM 子句

SELECT 的查询对象由 FROM 子句指定。FROM 子句指定进行查询的单个表或者多个表。
FROM 子句要查询的数据源还可以来自视图,视图相当于一个临时表。其语法结构如下。

FROM {表名 | 视图} [, ...n]

当有多个表时,表与表之间用","分隔。

【任务 10.5】查询男生基本情况。

mysql> SELECT ＊ FROM STUDENTS
WHERE SEX='男';

程序运行结果如图 10.6 所示。

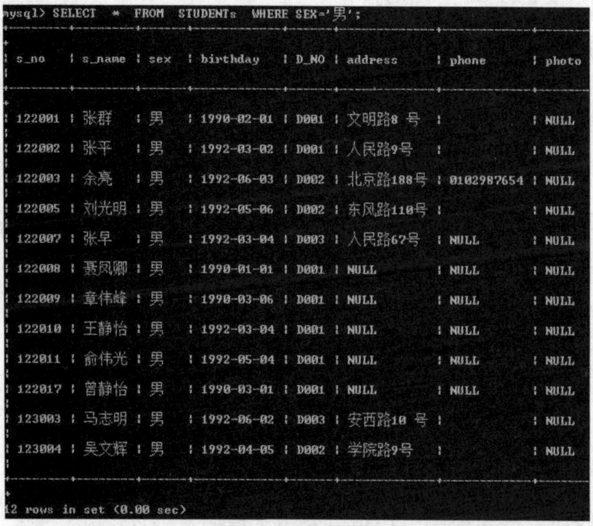

图 10.6　运行结果

【任务 10.6】查询学生的姓名、系部名称和联系地址。

mysql> SELECT S_NAME AS '姓名',D_NAME AS '系部',address AS'地址'
FROM STUDENTS,DEPARTMENTS
WHERE DEPARTMENTS.D_NO=STUDENTS.D_NO;

程序运行结果如图 10.7 所示。

图 10.7　运行结果

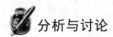**分析与讨论**

【任务10.6】要查询的信息来自于两张表，它们在FROM后面指定，并用逗号隔开，WHERE后面指明表与表之间的全连接（后面会详细讲述）。

10.2.3　认识 WHERE 子句

WHERE 子句指定查询的条件，限制返回的数据行。WHERE 子句必须紧跟 FROM 子句之后，在 WHERE 子句中，使用一个条件从 FROM 子句的中间结果中选取行。

其语法结构如下。

WHERE where_definition

其中，where_definition 为查询条件。

WHERE 子句用于指定条件，过滤不符合条件的数据记录。可以使用的条件包括比较运算、逻辑运算、范围、模糊匹配以及未知值等。表 10.2 列出了过滤条件类型和用于过滤数据的条件。

表 10.2　WHERE 查询条件

过滤类型	查询条件
比较运算	=、>、<、>=、<=、<>、!>、!<、!=
逻辑运算	AND、OR、NOT
字符串运算	LIKE、ESCAPE
范围	BETWEEN ...AND....、IN
空值	IS NULL、IS NOT NULL

> **说 明**　IN 关键字既可以指定范围，也可以表示子查询。

【任务 10.7】查询选修了 A001 课程且成绩在 80 分以上的学生。

```
mysql> SELECT *
FROM SCORE
WHERE C_NO='A001' AND REPORT>=80;
```

程序运行结果如图 10.8 所示。

【任务 10.8】查询出生日期在 1992 年 5 月出生的学生。

```
mysql> SELECT *
FROM STUDENTS
WHERE BIRTHDAY BETWEEN'1992-5-1'AND  '1992-5-31';
```

程序运行结果如图 10.9 所示。

```
+--------+------+--------+
| s_no   | c_no | report |
+--------+------+--------+
| 122001 | A001 |   87.0 |
| 122007 | A001 |   85.0 |
+--------+------+--------+
2 rows in set (0.00 sec)
```
图 10.8　运行结果

```
+--------+--------+-----+------------+------+------------+-------+-------+
| s_no   | s_name | sex | birthday   | D_NO | address    | phone | photo |
+--------+--------+-----+------------+------+------------+-------+-------+
| 122005 | 刘光明 | 男  | 1992-05-06 | D002 | 东风路110号 | NULL  | NULL  |
| 122006 | 叶明   | 女  | 1992-05-02 | D003 | 学院路89号  | NULL  | NULL  |
| 122011 | 俞伟光 | 男  | 1992-05-04 | D001 | NULL       | NULL  | NULL  |
+--------+--------+-----+------------+------+------------+-------+-------+
3 rows in set (0.00 sec)
```
图 10.9　运行结果

【任务 10.9】查询院系编号为 D001 或 D002 的学生。

```
mysql> SELECT *
FROM STUDENTS
WHERE D_NO IN('D001', 'D002');
```

程序运行结果如图 10.10 所示。

【任务 10.10】查询成绩在 60~70 的学生和课程信息。

```
mysql> SELECT *
FROM score
WHERE report BETWEEN 60 AND 70;
```

程序运行结果如图 10.11 所示。

图 10.10 运行结果

图 10.11 运行结果

【任务 10.11】查询电话不为空的学生信息。

```
mysql> SELECT *
FROM STUDENTS
WHERE phone IS NOT NULL;
```

程序运行结果如图 10.12 所示。

图 10.12 运行结果

【任务 10.12】查询姓李的学生信息。

mysql> SELECT * FROM STUDENTS WHERE S_NAME LIKE'李%';

程序运行结果如图 10.13 所示。

图 10.13 运行结果

可以与 LIKE 相匹配的符号的含义见表 10.3。

表 10.3 LIKE 相匹配的符号的含义

符号	含义
%	多个字符
_	单个字符
【 】	指定字符的取值范围，项目任务如，【x_z】表示【xyz】中的任意单个字符
【^】	指定字符要排除的取值范围，项目任务如，【^x_z】表示不在集合【xyz】中的任意单个字符

【任务 10.13】查询住址在北京路的学生信息。

mysql> SELECT * FROM STUDENTS WHERE   ADDRESS LIKE'%北京%';

程序运行结果如图 10.14 所示。

```
+--------+--------+-----+------------+------+-------------+------------+-------+
| s_no   | s_name | sex | birthday   | D_NO | address     | phone      | photo |
+--------+--------+-----+------------+------+-------------+------------+-------+
| 122003 | 余亮   | 男  | 1992-06-03 | D002 | 北京路188号 | 0102987654 | NULL  |
+--------+--------+-----+------------+------+-------------+------------+-------+
1 row in set (0.00 sec)
```

图 10.14 运行结果

【任务 10.14】查询姓名是两位字符的学生信息。

mysql> SELECT * FROM STUDENTS WHERE S_NAME LIKE'_ _';

程序运行结果如图 10.15 所示。

10.2.4 认识 GROUP BY 子句

GROUP BY 子句主要根据字段对行分组。例如，根据学生所学的专业对 STUDENTS 表中的所有行分组，结果是每个专业的学生成为一组。GROUP BY 子句的语法结构如下。

GROUP BY {字段名 | 表达式 | 正整数}【ASC | DESC】, ...【WITH ROLLUP】

s_no	s_name	sex	birthday	D_NO	address	phone	photo
122001	张群	男	1990-02-01	D001	文明路8 号		NULL
122002	张平	男	1992-03-02	D001	人民路9号		NULL
122003	余亮	男	1992-06-03	D002	北京路188号	0102987654	NULL
122004	李军	女	1993-02-01	D002	东风路66号	0209887766	NULL
122006	叶明	女	1992-05-02	D003	学院路89号	NULL	NULL
122007	张早	男	1992-03-04	D003	人民路67号	NULL	NULL
123007	方莉	女	1992-07-08	D005	东风路6 号		NULL
123008	刘想	女	1992-03-04	D006	中山路56号		NULL

8 rows in set (0.00 sec)

图 10.15　运行结果

> **说明**
> （1）GROUP BY 子句后通常包含列名或表达式。也可以用正整数表示列，如指定 3，则表示按第 3 列分组。
> （2）ASC 为升序，DESC 降序，系统默认为 ASC，将按分组的第一列升序排序输出结果。
> （3）可以指定多列分组。若指定多列分组，则先按指定的第一列分组再对指定的第二列分组，以此类推。
> （4）使用带 ROLLUP 操作符的 GROUP BY 子句：指定在结果集内不仅包含由 GROUP BY 提供的正常行，还包含汇总行。

【任务 10.15】按系统计各系的学生人数。

```
mysql> SELECT D_NO ,COUNT(*) AS 各系人数
FROM STUDENTS
GROUP BY D_NO;
```

程序运行结果如图 10.16 所示。

【任务 10.16】统计各系男女生人数。

```
mysql> SELECT D_NO AS 系别,SEX AS 性别, COUNT(*) AS 人数
FROM STUDENTS
GROUP BY D_NO,SEX;
```

程序运行结果如图 10.17 所示。

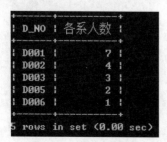

D_NO	各系人数
D001	7
D002	4
D003	3
D005	2
D006	1

5 rows in set (0.00 sec)

图 10.16　运行结果

系别	性别	人数
D001	男	7
D002	男	3
D002	女	1
D003	男	2
D003	女	1
D005	女	2
D006	女	1

7 rows in set (0.00 sec)

图 10.17　运行结果

85

【任务 10.17】求选修的各门课程的平均成绩和选修该课程的人数。

mysql> SELECT C_NO,AVG(REPORT) AS 平均成绩,COUNT(C_NO) AS 选修人数
FROM SCORE
GROUP BY C_NO;

程序运行结果如图 10.18 所示。

【任务 10.18】统计各系教师人数，包括汇总行。

mysql> SELECT D_NO,COUNT(*) AS '各系教师人数'
FROM TEACHERS
GROUP BY D_NO
WITH ROLLUP;

程序运行结果如图 10.19 所示。

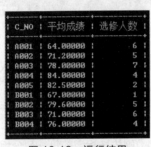

图 10.18　运行结果

图 10.19　运行结果

GROUP BY 子句通常与聚合函数（COUNT()、SUM()、AVG()、MAX()和 MIN()）一起使用，聚合函数的用法将在任务 11 中详细介绍。

10.2.5　认识 ORDER BY 子句

使用 ORDER BY 子句后，可以保证结果中的行按一定顺序排列。

语法结构如下。

ORDER BY {列 | 表达式 | 正整数} ［ASC | DESC］,...

说明　（1）ORDER BY 子句后可以是一个列、一个表达式，也可以用正整数表示列，如指定 3，则表示按第 3 列排序。

（2）关键字 ASC 表示升序排列，DESC 表示降序排列，系统默认值为 ASC。

（3）指定要排序的列可以多列。如果多列，系统先按照第一列排序，当该列出现重复值时，按第二列排序，以此类推。

【任务 10.19】按成绩降序排序列出选修 A001 课程的学生学号和成绩。

mysql> SELECT S_NO,REPORT
FROM SCORE
WHERE C_NO='A001'
ORDER BY REPORT DESC;

程序运行结果如图 10.20 所示。

【任务 10.20】按系部升序和出生日期降序排序。

```
mysql> SELECT *
FROM STUDENTS
ORDER BY 5,4 DESC;
```

程序运行结果如图 10.21 所示。

图 10.20　运行结果

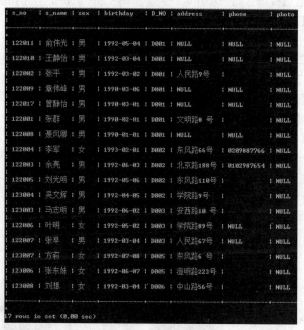

图 10.21　运行结果

> **说　明**　上面任务中 ORDER BY 5,4 中的 5 表示第 5 列（D_NO），4 表示第 4 列
> （birthday）。

【任务 10.21】按学生的平均成绩从低到高排序，显示学号和平均成绩。

```
mysql> SELECT S_NO,AVG(REPORT)
FROM SCORE
GROUP BY S_NO
ORDER BY AVG(REPORT);
```

程序运行结果如图 10.22 所示。

图 10.22　运行结果

10.2.6 认识 HAVING 子句

使用 HAVING 子句的目的与 WHERE 子句类似，不同的是 WHERE 子句用来在 FROM 子句之后选择行，而 HAVING 子句用来在 GROUP BY 子句后选择行。语法结构如同 WHERE。

【任务 10.22】 查找选修了 2 门以上课的学生学号。

```
mysql> SELECT S_NO
FROM SCORE
GROUP BY S_NO
HAVING COUNT(S_NO) >2;
```

程序运行结果如图 10.23 所示。

【任务 10.23】 查找讲授了 2 门课的老师。

```
mysql> SELECT T_NO FROM TEACH
GROUP BY T_NO
HAVING COUNT(*)>=2;
```

程序运行结果如图 10.24 所示。

图 10.23 运行结果

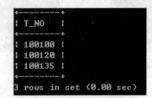

图 10.24 运行结果

10.2.7 认识 LIMIT 子句

LIMIT 子句主要用于限制被 SELECT 语句返回的行数。

语法结构如下。

```
LIMIT { [偏移量,] 行数 | 行数 OFFSET 偏移量}
```

例如，LIMIT 5 表示返回 SELECT 语句的结果集中最前面 5 行，而 LIMIT 3, 5 则表示从第 4 行开始返回 5 行。值得注意的是初始行的偏移量为 0 而不是 1。

【任务 10.24】 查询课程号为"A101"成绩前五名。

```
mysql> SELECT S_NO, REPORT
FROM SCORE
WHERE C_NO='A001' ORDER BY REPORT DESC   LIMIT 5 ;
```

程序运行结果如图 10.25 所示。

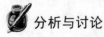 分析与讨论

如果要查询成绩倒数5名的学生，可以用下面的SQL语句。

```
SELECT S_NO, REPORT FROM SCORE ORDER BY REPORT   LIMIT 5 ;
```

【任务 10.25】查询成绩第 5 名至第 10 名的学生。

mysql> SELECT S_NO FROM SCORE   ORDER BY REPORT   LIMIT 4,10;

程序运行结果如图 10.26 所示。

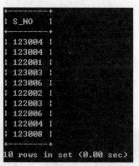

图 10.25 运行结果　　　　　　　图 10.26 运行结果

10.3　使用聚合函数进行查询统计

常用的聚合函数见表 10.4。

表 10.4 常用聚合函数

常用函数	功能
SUM（DISTINCT|ALL|*）	计算某列值的总和
COUNT（DISTINCT|ALL|列名）	计算某列值的个数
AVG（DISTINCT|ALL|列名）	计算某列值的平均值
MAX（DISTINCT|ALL|列名）	计算某列值的最大值
MIN（DISTINCT|ALL|列名）	计算某列值的最大值
VARIANCE / STDDEV（DISTINCT|ALL|列名）	计算特定的表达式中的所有值的方差/标准差

> **说明**　（1）DISTINCT 表示在计算过程中去掉列中的重复值，如果不指定 DISTINCT
> 或指定 ALL，则计算所有列值。
> （2）COUNT(*)计算所有记录的数量，也包括空值所在的行。而 CONUT(列名)
> 则只计算列的数量，不计该列中的空值。同样，AVG、MAX、MIN 和 SUM 函
> 数也不计空的列值。即不把空值所在行计算在内，只对列中的非空值进行计算。

【任务 10.26】求学号为 122001 的总分、平均分。

```
mysql> SELECT SUM(REPORT),AVG(REPORT)
FROM SCORE
GROUP BY S_NO
HAVING S_NO='122001';
```

程序运行结果如图 10.27 所示。

【任务 10.27】求课程为 A001 的最高分、最低分。

```
mysql> SELECT MAX(REPORT),MIN(REPORT)
FROM SCORE
GROUP BY C_NO
```

HAVING C_NO='A001';

程序运行结果如图 10.28 所示。

【任务 10.28】求各课程选修的学生人数。

mysql> SELECT c_no,COUNT(*) AS 选修人数　FROM SCORE GROUP BY　c_no;

程序运行结果如图 10.29 所示。

图 10.27　运行结果

图 10.28　运行结果

图 10.29　运行结果

10.4　多表连接查询

数据库的设计原则是精简，通常是每个表尽可能单一，存放不同的数据，最大限度减少数据冗余。而在实际工作，需要从多个表查询出用户需要的数据并生成一个临时结果，这就是连接查询。当查询的数据来源于两个及以上表时，可用全连接、JOIN 连接或子查询来实现。

10.4.1　全连接

多表查询实际上通过各个表之间的共同列的关联性来查询数据。连接的方式是将各个表用逗号分隔，用 WHERE 子句设定条件进行等值连接，这样就指定了全连接。语法结构如下。

```
SELECT 表名.列名 [ ,...n ]
FROM 表 1 [ ,...n ]
WHERE {连接条件 AND　│ OR 查询条件}
```

【任务 10.29】查找 JXGL 数据库中所有学生选过的课程名和课程号。

```
mysql> SELECT DISTINCT COURSE.c_no,COURSE.c_name
FROM COURSE,SCORE
WHERE COURSE.c_no=SCORE.c_no;
```

程序运行结果如图 10.30 所示。

说明　一门课由 DISTINCT 用来消除重复行。

【任务 10.30】查询信息学院学生所选修的课程和成绩。

```
mysql> SELECT　course.c_no,score.report
FROM　STUDENTS,score,course,departments
where STUDENTS.s_no=score.s_no
and course.c_no=score.c_no
and STUDENTS.d_no=departments.d_no
```

and departments.d_name='信息学院';

程序运行结果如图 10.31 所示。

图 10.30　运行结果

图 10.31　运行结果

【任务 10.31】查询选修了"陈静"老师课程的学生。

mysql> SELECT score.s_no,course.c_no,t_name
　　　　FROM teachers,teach,course, score
WHERE course.c_no=score.c_no
and teach.c_no= course.c_no
and teachers.t_no=teach.t_no
and teachers.t_name='陈静';

程序运行结果如图 10.32 所示。

【任务 10.32】查找讲授计算机文化基础的老师。

mysql> SELECT t_name,c_name
　　　　FROM teachers,teach,course
WHERE teach.c_no= course.c_no
and teachers.t_no=teach.t_no
and c_name='计算机文化基础';

程序运行结果如图 10.33 所示。

图 10.32　运行结果

图 10.33　运行结果

10.4.2　JOIN 连接

SELECT 表名.列名 [,…n]
FROM {表 1 ［连接方式］ JOIN 表 2 ON 连接条件 | USING(字段)}

WHERE 查询条件

1. 内连接（INNER JOIN）

MySQL 默认的 JOIN 连接是 INNER JOIN，INNER 可以省略。

【任务 10.33】在【任务 10.30】和【任务 10.31】中，用 JOIN 连接来实现查询。

```
mysql> SELECT course.c_no,score.score
FROM    STUDENTS inner join score on STUDENTS.s_ON=score.s_no
                    inner   join   course on course.c_ ON =score.c_no;
```

该语句根据 ON 关键字后面的连接条件，合并两个表，返回满足条件的行。

【任务 10.34】查询信息学院成绩 80 以上的学生信息。

```
mysql> SELECT STUDENTS.s_no,d_name,report
FROM SCORE JOIN STUDENTS USING(s_no)
              JOIN departments using(d_no)
              WHERE d_name='信息学院' AND report>80;
```

程序运行结果如图 10.34 所示。

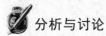 分析与讨论

（1）内连接是系统默认的，可以省略INNER关键字。使用内连接后，FROM子句中的ON条件主要用来连接表，其他并不属于连接表的条件可以使用WHERE子句来指定。

（2）在JOIN连接中，如果连接的条件由两表的相同类型的字段等值相连，则可用USING（字段）来连接。

2. 外连接（OUTER JOIN）

外连接分为左外连接（LEFT OUTER JOIN）和右外连接（RIGHT OUTER JOIN）。

LEFT OUTER JOIN 是指返回连接查询的表中匹配的行和所有来自左表不符合指定条件的行。以左表为准，左表的记录将会全部表示出来，而右表只会显示符合搜索条件的记录。

RIGHT OUTER JOIN 是指返回连接查询的表中匹配的行和所有来自右表不符合指定条件的行。以右表为准，右表的记录将会全部表示出来，而左表只会显示符合搜索条件的记录。

【任务 10.35】用 LEFT OUTER JOIN 查询已选课学生，以及未选修课的学生信息。

```
mysql> SELECT STUDENTS.S_NO ,c_no,score
FROM STUDENTS left join SCORE using(s_no);
```

程序运行结果如图 10.35 所示。

图 10.34　运行结果

S_NO	c_no	score
122001	A001	87.0
122001	A002	56.0
122001	A003	76.0
122002	A001	67.0
122002	A002	87.0
122003	A005	76.0
122003	B001	67.0
122003	B002	89.0
122003	B003	67.0
122003	B004	87.0
122004	A002	68.0
122004	A003	67.0
122004	B002	71.0
122004	B003	73.0
122004	B004	74.0
122005	NULL	NULL
122006	A001	67.0
122006	A003	87.0
122006	A004	96.0
122006	B003	56.0
122006	B004	78.0
122007	NULL	NULL

图 10.35　运行结果

说 明 122005、122007 所对应的 **c_no**、**score** 为 NULL 值，表示这些学生未选课。

【任务 10.36】上面的任务也可以用 RIGHT OUTER JOIN 查询。

```
mysql> SELECT STUDENTS. *
FROM SCORE right STUDENTS join using(s_no);
```

3. 交叉连接（CROSS JOIN）

交叉连接返回两表交叉查询的结果。交叉连接实际上是将两个表进行笛卡儿积运算，返回结果集合中的数据行数等于第一个表中符合查询条件的数据行数乘以第二个表中符合查询条件的数据行数。交叉连接不带 WHERE 子句，不需要用 ON 子句来指定两个表的连接条件。

【任务 10.37】列出可能的选课情况。

```
mysql> SELECT S_NO,C_NO FROM STUDENTS   CROSS JOIN   COURSE ;
```

10.5 嵌套查询

MySQL 从 4.1 版开始支持嵌套查询功能，在此版本前，可以用 JOIN 连接查询来进行替代。

嵌套查询通常是指在一个 SELECT 语句的 WHERE 或 HAVING 语句中，又嵌套有另外一个 SELECT 语句，使用子查询的结果作为条件的一部分。在嵌套查询中，上层的 SELECT 语句块称为父查询或外层查询，下层 SELECT 语句块称为子查询或内层查询。SQL 标准允许 SELECT 多层嵌套使用，用来表示复杂的查询。子查询可以使用在 SELECT、INSERT、UPDATE 或 DELETE 语句中。

一般情况下，子查询是通过 WHERE 子句实现的，但实际上它还能应用于 SELECT 语句及 HAVING 子句。子查询嵌套的形式一般有 3 种：嵌套在 WHERE 子句中、嵌套在 SELECT 子句中、嵌套在 FROM 子句中。

子查询通常与 IN、EXISTS 谓词及比较运算符等操作符结合使用。如果按操作符分，又可以分为 IN 子查询、比较子查询和 EXISTS 子查询。

根据子查询的结果又可以将 MySQL 子查询分为 4 种类型：返回一个表的子查询是表子查询；返回带有一个或多个值的一行的子查询是行子查询；返回一行或多行，但每行上只有一个值的是列子查询；只返回一个值的是标量子查询，从定义上讲，每个标量子查询都是一个列子查询和行子查询。

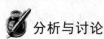

分析与讨论

（1）子查询需要用圆括号括起来。

（2）子查询不能出现ORDER BY子句，ORDER BY子句应该放在最外层的父查询中。

（3）子查询不支持LIMIT，如果要使用LIMIT，必须放在最外层的父查询中。

（4）子查询返回的结果值的数据类型必须匹配WHERE子句中数据类型，子查询中不能查询数据类型是TEXT或BOLB的字段。

（5）子查询中也可以再包含子查询，嵌套可以多至32层。

（6）表的子查询可以用在FROM子句中，但必须为子查询产生的中间表定义一个别名。

（7）SELECT关键字后面也可以定义子查询。

（8）子查询执行效率并不理想，在一般情况不推荐使用子查询。

10.5.1　嵌套在 WHERE 子句中

这是子查询的最常用形式，语法结构如下。

```
SELECT select_list
FROM tbl_name
WHERE expression =(subquery);
```

（subquery）表示子查询，该子查询语句返回的是一个值，也就是列子查询，查询语句将以子查询的结果作为 WHERE 子句的条件进行查询。

【任务 10.38】查询信息学院的学生信息。

```
SELECT * FROM STUDENTS WHERE D_NO=
          (SELECT D_NO FROM DEPARTMENTS WHERE D_NAME='信息学院') ;
```

程序运行结果如图 10.36 所示。

```
| s_no   | s_name | sex | birthday   | D_NO | address | phone | photo |

| 122001 | 张群   | 男  | 1990-02-01 | D001 | 文明路8 号 |      | NULL  |
| 122002 | 张平   | 男  | 1992-03-02 | D001 | 人民路9号 |       | NULL  |
| 122008 | 聂凤卿 | 男  | 1990-01-01 | D001 | NULL    | NULL | NULL  |
| 122009 | 章伟峰 | 男  | 1990-03-06 | D001 | NULL    | NULL | NULL  |
| 122010 | 王静怡 | 男  | 1992-03-04 | D001 | NULL    | NULL | NULL  |
| 122011 | 俞伟光 | 男  | 1992-05-04 | D001 | NULL    | NULL | NULL  |
| 122017 | 曾静怡 | 男  | 1990-03-01 | D001 | NULL    | NULL | NULL  |

7 rows in set (0.00 sec)
```

图 10.36　运行结果

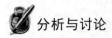
分析与讨论

（1）在执行查询时，先执行内层的子查询，返回一个结果集。即先从DEPARTMENTS表中找到信息学院的系别D_NO，创建一个中间表，再执行外层的父查询，根据查询到的D_NO从STUDENTS表中找到相应的学生姓名。

（2）嵌套在WHERE子句的查询还有另外一种形式：

```
SELECT select_list FROM tbl_name WHERE expression   in[NOT in] (subquery);
```

子查询语句返回的是一个范围，即行子查询，查询语句将以子查询的结果作为WHERE子句的条件进行查询。这种查询也叫作IN子查询，将在后面的"IN子查询"中详细介绍。

（3）如果在子查询中使用比较运算符作为WHERE子句的关键词，这样的查询也叫作比较子查询，将在后面的"比较子查询"中详细介绍。

10.5.2　嵌套在 SELECT 子句中

把子查询的结果放在 SELECT 子句后面作为查询的一个列值，其值是唯一的。语法结构如下。

```
SELECT select_list,( subquery) FROM tbl_name;
```

【任务 10.39】从 SCORE 表中查找所有学生的平均成绩，以及与 122001 号学生的平均成绩差距。

```
mysql> SELECT S_NO, AVG(REPORT), AVG(REPORT)-
                        ( SELECT AVG(REPORT)
                                FROM SCORE
                                WHERE S_NO='122001'
                                )    AS 成绩差距

        FROM SCORE
        GROUP BY S_NO ;
```

程序运行结果如图 10.37 所示。

 分析与讨论

上面的SELECT子查询把计算结果作为选择列表中的一个输出列，并作为算术表达式的一部分输出，而且只能返回一个列值，如果返回多行记录将出错。

10.5.3 嵌套在 FROM 子句中

嵌套在 FROM 子句中查询通过子查询执行的结果来构建一张新的表,用来作为主查询的对象。语法结构如下。

```
SELECT select_list
FROM (subquery) AS NAEM
WHERE expression ;
```

【任务 10.40】从 STUDENTS 表中查找成绩在 80～90 分的学生。

```
mysql> SELECT S_NO, C_NO,REPORT
      FROM   ( SELECT  S_NO,C_NO,REPORT
                    FROM SCORE
                    WHERE REPORT>80 AND   REPORT<90
                    ) AS STU ;
```

程序的运行结果如图 10.38 所示。

图 10.37 运行结果   图 10.38 运行结果

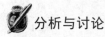 分析与讨论

FROM后面的子查询得到的是一张虚拟表,要用AS子句定义一个表名称。该句法非常强大,一般在一些复杂的查询中用到。

10.5.4 IN 子查询

通过使用 IN 关键字可以把原表中目标列的值和子查询返回的结果集进行比较，进行一个给定值是否在子查询结果集中的判断，如果列值与子查询的结果一致或存在与之匹配的数据行，则查询结果包含该数据行。语法结构如下。

```
SELECT select_list
FROM tbl_name
WHERE expression   in[NOT in] (subquery);
```

当表达式与子查询的结果表中的某个值相等时，IN 谓词返回 TRUE，否则返回 FALSE；若使用了 NOT，则返回的值刚好相反。

【任务 10.41】查找不及格的学生姓名。

```
mysql> SELECT S_NAME
FROM   STUDENTS WHERE S_NO IN
(
SELECT S_NO FROM SCORE WHERE REPORT<60
) LIMIT 2;
```

程序运行结果如图 10.39 所示。

【任务 10.42】查找不及格的学生姓名，并按 S_NAME 降序排序。

```
mysql> SELECT S_NAME
FROM   STUDENTS WHERE S_NO IN
(
SELECT S_NO FROM SCORE WHERE REPORT<60
) ORDER BY S_NAME DESC;
```

程序运行结果如图 10.40 所示。

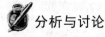 分析与讨论

子查询使用ORDER BY时，只能在外层使用，不能在内层使用。

【任务 10.43】查询必修课成绩在 90 分以上的学生姓名。

```
mysql> SELECT S_NO,S_NAME
FROM STUDENTS
WHERE S_NO IN
          (SELECT S_NO FROM SCORE
           WHERE REPORT > 90 AND C_NO IN (
                SELECT C_NO FROM COURSE WHERE TYPE='必修课'
));
```

程序运行结果如图 10.41 所示。

【任务 10.44】查找选修了 MySQL 的学生学号和姓名。

```
mysql> SELECT S_NO,S_NAME
     FROM STUDENTS
WHERE   S_NO IN
     (SELECT S_NO
```

```
        FROM SCORE
            WHERE C_NO = (
            SELECT C_NO
                FROM COURSE
                    WHERE C_NAME ='MySQL'
                    ));
```

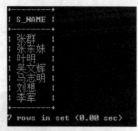

```
+--------+
| S_NAME |
+--------+
| 李军   |
| 刘想   |
| 马志明 |
| 吴文辉 |
| 叶明   |
| 张东妹 |
| 张群   |
+--------+
7 rows in set (0.00 sec)
```

图 10.39　运行结果

```
+--------+
| S_NAME |
+--------+
| 张群   |
| 张东妹 |
| 叶明   |
| 吴文辉 |
| 马志明 |
| 刘想   |
| 李军   |
+--------+
7 rows in set (0.00 sec)
```

图 10.40　运行结果

```
+--------+--------+
| S_NO   | S_NAME |
+--------+--------+
| 123006 | 张东妹 |
| 123008 | 刘想   |
+--------+--------+
```

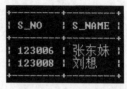

图 10.41　运行结果

程序运行结果如图 10.42 所示。

```
+--------+--------+
| S_NO   | S_NAME |
+--------+--------+
| 123007 | 方莉   |
| 122004 | 李军   |
| 122005 | 刘光明 |
| 123008 | 刘想   |
| 123003 | 马志明 |
| 122008 | 聂凤卿 |
| 123004 | 吴文辉 |
| 122006 | 叶明   |
| 123006 | 张东妹 |
| 122002 | 张平   |
| 122001 | 张群   |
| 122007 | 张早   |
+--------+--------+
12 rows in set (0.00 sec)
```

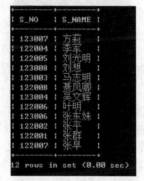

图 10.42　运行结果

10.5.5　比较子查询

比较子查询可以被认为是 IN 子查询的扩展，它使表达式的值与子查询的结果集进行比较运算。语法结构如下。

```
SELECT select_list
FROM tbl_name
WHERE expression  { < | <= | = | > | >= | != | <> } { ALL | SOME | ANY } ( subquery);
```

ALL、SOME 和 ANY 操作符说明对比较运算的限制。

ALL 指定表达式要与子查询结果集中的每个值都进行比较，当表达式与每个值都满足比较的关系时，才返回 TRUE，否则返回 FALSE。

SOME 或 ANY 是同义词，表示表达式只要与子查询结果集中的某个值满足比较的关系时，就返回 TRUE，否则返回 FALSE。

【任务 10.45】查找 STUDENTS 表中比所有信息学院的学生年龄都大的学生学号、姓名。

```
mysql> SELECT S_NO, S_NAME
```

```
        FROM STUDENTS
        WHERE    BIRTHDAY < ALL
            (
                SELECT BIRTHDAY
                FROM STUDENTS
                WHERE D_NO =(SELECT D_NO
                FROM DEPARTMENTS

                WHERE D_NAME='信息学院'
            ));
```

程序运行结果如图 10.43 所示。

图 10.43　运行结果

10.5.6　EXISTS 子查询

在子查询中可以使用 EXISTS 和 NOT EXISTS 操作符判断某个值是否在一系列的值中。

外层查询测试子查询返回的记录是否存在，基于查询所指定的条件，子查询返回 TRUE 或 FALSE，子查询不产生任何数据。

【任务 10.46】查找有不及格科目的同学信息。

```
SELECT s_no,s_name FROM students WHERE
    EXISTS(SELECT * FROM score
            WHERE students.s_no=score.s_no AND report<60);
```

程序运行结果如图 10.44 所示。

图 10.44　运行结果

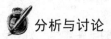分析与讨论

（1）查找外层表students的第1行，根据其s_no值处理内层查询。

（2）用外层的s_no与内层表score的s_no比较，由此决定外层条件的真、假，如果为真，则此记录为符合条件的结果，反之，则不输出。

（3）顺序处理外层表students中的其他行。

10.6 联合查询

联合查询是指将多个 SELECT 语句返回的结果通过 UNION 组合到一个结果集中。参与查询的 SELECT 语句中的列数和列的顺序必须相同，数据类型也必须兼容。其语法结构如下。

```
SELECT ...UNION 〔 ALL | DISTINCT 〕 SELECT ... 〔 UNION 〔 ALL | DISTINCT 〕
SELECT ... 〕
```

> **说明** 其中，ALL 是指查询结果包括所有的行，如果不使用 ALL，则系统自动删除重复行。查询结果的列标题是第一个查询语句中的列标题。
>
> ORDER BY 和 LIMIT 子句只能在整个语句最后指定，且使用第一个查询语句中的列名、列标题或序列号，同时还应对单个的 SELECT 语句加圆括号。排序和限制行数对最终结果起作用。

【任务 10.47】联合查询 122001 和 123001 学生的信息。

```
mysql> SELECT S_NO AS 学号,S_NAME AS 姓名,SEX   AS 性别
FROM STUDENTS
WHERE S_NO='122001'
UNION SELECT S_NO,S_NAME,SEX
FROM STUDENTS
WHERE S_NO='123003';
```

程序运行结果如图 10.45 所示。

【任务 10.48】联合查询 D001 系和 D005 成绩，查找在两系成绩中排名前 5 名的学生。

```
mysql> SELECT STUDENTS.S_NO,D_NO, REPORT
FROM STUDENTS,SCORE
WHERE STUDENTS.S_NO=SCORE.S_NO AND D_NO ='D001'
UNION
SELECT STUDENTS.S_NO,D_NO,REPORT
FROM STUDENTS,SCORE
WHERE STUDENTS.S_NO=SCORE.S_NO AND D_NO ='D005'
ORDER BY REPORT   DESC LIMIT 5;
```

程序运行结果如图 10.46 所示。

图 10.45 运行结果

S_NO	D_NO	REPORT
122002	D001	87.0
122001	D001	87.0
123006	D005	79.0
122008	D001	78.0
123006	D005	78.0

5 rows in set (0.00 sec)

图 10.46 运行结果

分析与讨论

　　ORDER BY和LIMIT在整个语句最后指定，不能放在子查询中。LIMIT 5查询到的结果是按两个系学生成绩合计排名在前5位的学生信息，并不是每个系的前5名。

 项目实践

　在 YSGL 数据库执行如下查询。

（1）查询工龄 10 年以上员工姓名、学历和职称。

（2）查询工龄最长的 10 位员工。

（3）查询信息学院教授的平均年龄。

（4）查询 20 世纪 80 年代出生的员工的基本信息。

（5）查询职称为教授的姓名、年龄和部门信息。

（6）按部门和职称分别统计老师的基本工资。

（7）统计财政编制的老师基本工资。

（8）按部门统计各类学历人数。

（9）统计各位员工的每月实发工资。

（10）统计各类职称老师的平均扣税。

（11）查询王姓的员工。

（12）查询未婚女老师的姓名、学历和年龄等基本信息。

（13）查询教授人数在 3 个以上的院系。

习题

一、单项选择题

1. 在 MySQL 中，通常使用＿＿＿＿＿＿语句来进行数据的检索、输出操作。

　　A. SELECT　　　　B. INSERT　　　　C. DELETE　　　　D. UPDATE

2. 在 SELECT 语句中，可以使用＿＿＿＿＿子句，根据选择列的值，将结果集中的数据行进行逻辑分组，以便能汇总表内容的子集，即实现对每个组的聚集计算。

　　A. LIMIT　　　　B. GROUP BY　　　　C. WHERE　　　　D. ORDER BY

3. 在用 SELECT 命令查询时，使用 WHERE 子句指出的是＿＿＿＿＿。

　　A. 查询目标　　　B. 查询结果　　　C. 查询条件　　　D. 查询视图

4. SQL 语言允许使用通配符进行字符串匹配，其中"%"可以表示＿＿＿＿＿。

　　A. 零个字符　　　B. 1 个字符　　　C. 多个字符　　　D. 以上都可以

5. 在用 SELECT 命令查询时，使用 WHERE 子句指出的是＿＿＿＿＿。

　　A. 查询目标　　　B. 查询结果　　　C. 查询条件　　　D. 查询视图

6. INSERT 命令的功能是＿＿＿＿＿。

　　A. 在表头插入一条记录　　　　　　　B. 在表尾插入一条记录

　　C. 在表中指定位置插入一条记录　　　D. 在表中指定位置插入若干条记录

7. 求每个交易所的平均单价的 SQL 语句是＿＿＿＿＿。

　　A. SELECT 交易所, avg(单价) FROM stock GROUP BY 单价

    B．SELECT 交易所，avg(单价) FROM stock ORDER BY 单价

    C．SELECT 交易所，avg(单价) FROM stock ORDER BY 交易所

    D．SELECT 交易所，avg(单价) FROM stock GROUP BY 交易所

8．用 SELECT 命令查询时 HAVING 子句通常出现在短语_____中。

    A．ORDER　BY   B．GROUP　BY

    C．SORT   D．INDEX

9．联合查询使用的关键字是_____。

    A．UNION   B．JOIN   C．ALL   D．FULL

10．子查询中可以使用运算符 ANY，它表示的意思是_____。

    A．满足所有的条件   B．满足至少一个条件

    C．一个都不用满足   D．满足至少 5 个条件

11．下列哪个关键字在 SELECT 语句中表示所有列_____。

    A．*   B．ALL   C．DESC   D．DISTINCT

二、填空题

1．SELECT 语句的执行过程是从数据库中选取匹配的特定_____和_____，并将这些数据组成一个结果集，然后以一张_____的形式返回。

2．当使用 SELECT 语句返回的结果集中行数很多时，为了便于用户对结果数据的浏览和操作，可以使用_____子句来限制被 SELECT 语句返回的行数。

三、编程与应用题

请使用 SELECT 语句将数据库 bookdb 中的表 contentinfo 中的留言人姓名为"探险者"，在 2014 年 5 月的所有留言信息检索出来。

四、简答题

1．请简述什么是子查询。

2．请简述 UNION 语句的作用。

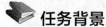 任务 11　MySQL 运算符和函数

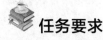 任务背景

在数据管理过程中，经常要使用运算符和函数进行数据处理。例如，进行简单的数学运算、比较运算，求总成绩、最高分、最低分、平均分，根据参加工作的时间计算工龄，查询年龄在30～40 岁的老师，根据成绩判断是否及格，格式化时间、日期等，这就要使用到相关运算符和函数。

任务要求

本任务从认识 MySQL 支持的运算符和函数着手，学习运算符和函数的实际应用。学习内容主要包括算术运算符、比较运算符、逻辑运算符、位运算符、数学函数、聚合函数、日期和时间函数、控制流判断函数、字符串函数、系统信息函数、加密函数和格式化函数。

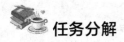 **任务分解**

11.1 认识和使用运算符

　　运算符是用来连接表达式中各个操作数的符号，其作用是指明对操作数所进行的运算。MySQL 数据库支持使用运算符。通过运算符，可以使数据库的功能更加强大。而且，可以更加灵活地使用表中的数据。MySQL 运算符包括 4 类，分别是算术运算符、比较运算符、逻辑运算符和位运算符。

　　数据库中的表定义好以后，表中的数据代表的意义就已经定下来了。通过使用运算符进行运算，可以得到包含另一层意义的数据。例如，进货单有"进货单价"和"数量"字段，没有"进货金额"字段，可以用"进货单价*数量"，计算得出进货金额。再如，students 表中存在一个"birthday"字段，这个字段表示学生的出生日期，没有字段表示年龄。可以用当前的年份减去学生的出生年份，计算得出学生的年龄。当然，这还需要使用时间函数。

11.1.1 算术运算符

　　算术运算符是 MySQL 中最常用的一类运算符。MySQL 支持的算术运算符包括加、减、乘、除、求余，见表 11.1。

表 11.1　MySQL 算术运算符

符号	表达式的形式	作用
+	x1+x2+...+xn	加法运算
−	x1−x2−...−xn	减法运算
*	x1*x2*...*xn	乘法运算
/	x1/x2	除法运算，返回 x1 除以 x2 的商
DIV	x1 DIV x2	除法运算，返回商。同"/"
%	x1%x2	求余运算，返回 x1 除以 x2 的余数
MOD	MOD(x1,x2)	求余运算，返回余数。同"%"

1．"+"运算符

"+"运算符用于获得一个或多个值的和。

MySQL>SELECT 3+2,1.5+3.8256;

运行结果如图 11.1 所示。

图 11.1　运行结果

2. "–" 运算符

"–" 运算符用于从一个值中减去另一个值，并可以更改参数符号。

MySQL>SELECT 100-200,0.24-0.12,-2,-32.5;

运行结果如图 11.2 所示。

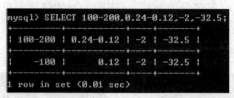

图 11.2 运行结果

3. "*" 运算符

"*" 运算符用来获得两个或多个值的乘积。

MySQL>SELECT 3*8,-22.5*3.6,8*0;

运行结果如图 11.3 所示。

4. "/" 运算符

"/" 运算符用来获得一个值除以另一个值得到的商。

MySQL>SELECT 3/5,96/12,128/0.2,1/0;

运行结果如图 11.4 所示。

除以零的除法是不允许的，MySQL 会返回 NULL。

5. "%" 运算符

"%" 运算符用来获得一个或多个除法运算的余数。

Mysql>SELECT 5%2,16%4,7%0;

运行结果如图 11.5 所示。

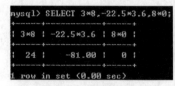
图 11.3 运行结果

图 11.4 运行结果

图 11.5 运行结果

11.1.2 比较运算符

比较运算符（又称关系运算符），用于比较两个表达式的值，其运算结果为逻辑值，可以为 3 种之一：1（真）、0（假）及 NULL（不能确定）。MySQL 比较运算符见表 11.2.

表 11.2 MySQL 比较运算符

运算符	含义	运算符	含义
=	等于	<=>	相等或都等于空
>、>=	大于、大于或等于	<>、!=	不等于
<、<=	小于、小于或等于		

1.“=”运算符

“=”相等返回 1，不等返回 0，空值不能使用等号和不等号判断。

mysql>SELECT 'A'='B',1+1=2, 'X'='x';

运行结果如图 11.6 所示。

在默认情况下，MySQL 不区分大小写，所以'X'='x'的结果为真，'A'=NULL 不能判断。

mysql>SELECT   'A'=NULL,NULL=NULL,NULL=0;

运行结果如图 11.7 所示。

图 11.6　运行结果

图 11.7　运行结果

2.“<=>”运算符

“<=>”与“=”作用相等，唯一区别是它可以用来判断空值。

mysql>SELECT 5<=>5 ,5<=>6, 'a'<=>'a',NULL<=>NULL,NULL<=>0;

运行结果如图 11.8 所示。

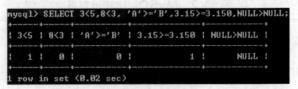

图 11.8　运行结果

NULL 可以被“<=>”判断，NULL 不等于 0。

3.“>”和“>=”、“<”和“<=”运算符

“>”用来判断左边的操作数是否大于右边的操作数。如果大于，返回 1；否则返回 0。

“>=”用来判断左边的操作数是否大于或等于右边的操作数。如果大于或等于，返回 1；否则返回 0。

“<”用来判断左边的操作数是否小于右边的操作数。如果小于，返回 1；否则返回 0。

“<=”用来判断左边的操作数是否小于或等于右边的操作数。如果小于或等于，返回 1；否则返回 0。

NULL 与 NULL 进行比较仍然返回 NULL。

mysql>SELECT 3<5,8<3, 'A'>='B',3.15>=3.150,NULL>NULL;

运行结果如图 11.9 所示。

```
mysql> SELECT 3<5,8<3, 'A'>='B',3.15>=3.150,NULL>NULL;
+-----+-----+----------+--------------+----------+
| 3<5 | 8<3 | 'A'>='B' | 3.15>=3.150  | NULL>NULL |
+-----+-----+----------+--------------+----------+
|   1 |   0 |        0 |            1 |     NULL |
+-----+-----+----------+--------------+----------+
1 row in set (0.02 sec)
```

图 11.9　运行结果

4. “<>”与“!=”运算符

“<>”与“!=”运算符用于进行数字字符串和表达式不相等的判断，当 NULL 与 NULL 用“<>”比较时仍然返回 NULL。

```
mysql>SELECT NULL<>NULL,NULL<>0,0<>0;
mysql>SELECT 1<>0, '2'<>2,5!=5,3-2!=4-3,NULL<>NULL;
```

运行结果如图 11.10 所示。

```
mysql> SELECT 1<>0,'2'<>2,5!=5,3-2!=4-3,NULL<>NULL;
+------+--------+------+----------+------------+
| 1<>0 | '2'<>2 | 5!=5 | 3-2!=4-3 | NULL<>NULL |
+------+--------+------+----------+------------+
|    1 |      0 |    0 |        0 |       NULL |
+------+--------+------+----------+------------+
1 row in set (0.00 sec)
```

图 11.10　运行结果

查找 D001 系以外的学生。

```
mysql>SELECT * FROM   students   WHERE   d_no != 'D001';
```

运行结果如图 11.11 所示。

```
+--------+--------+-----+------------+------+-------------+------------+-------
| s_no   | s_name | sex | birthday   | D_NO | address     | phone      | photo
+--------+--------+-----+------------+------+-------------+------------+-------
| 122003 | 余亮   | 男  | 1992-06-03 | D002 | 北京路188号 | 0102987654 | NULL
| 122004 | 李军   | 女  | 1993-02-01 | D002 | 东风路66号  | 0209887766 | NULL
| 122005 | 刘光明 | 男  | 1992-05-06 | D002 | 东风路110号 |            | NULL
| 122006 | 叶明   | 女  | 1992-05-02 | D003 | 学院路89号  | NULL       | NULL
| 122007 | 张早   | 男  | 1992-03-04 | D003 | 人民路67号  | NULL       | NULL
| 123003 | 马志明 | 男  | 1992-06-02 | D003 | 安西路10 号 |            | NULL
| 123004 | 吴文辉 | 男  | 1992-04-05 | D002 | 学院路9号   |            | NULL
| 123006 | 张东妹 | 女  | 1992-06-07 | D005 | 澄明路223号 |            | NULL
| 123007 | 方莉   | 女  | 1992-07-08 | D005 | 东风路6 号  |            | NULL
| 123008 | 刘想   | 女  | 1992-03-04 | D006 | 中山路56号  |            | NULL
+--------+--------+-----+------------+------+-------------+------------+-------
10 rows in set (0.00 sec)
```

图 11.11　运行结果

5. “IS NULL”“IS NOT NULL”和“ISNULL”运算符

“IS NULL”“IS NOT NULL”和“ISNULL”运算符用来判断操作数是否为空值。为空时返回 1，不为空返回 0。

```
MYSQL>SELECT NULL IS NULL,ISNULL(18),ISNULL(NULL),30 IS NOT NULL;
```

NULL 和 NULL 使用 IS 返回 1。

运行结果如图 11.12 所示。

```
mysql> SELECT NULL IS NULL,ISNULL(18),ISNULL(NULL),30 IS NOT NULL;
+--------------+------------+--------------+----------------+
| NULL IS NULL | ISNULL(18) | ISNULL(NULL) | 30 IS NOT NULL |
+--------------+------------+--------------+----------------+
|            1 |          0 |            1 |              1 |
+--------------+------------+--------------+----------------+
1 row in set (0.00 sec)
```

图 11.12　运行结果

查找地址为 NULL 为的学生。

MYSQL>SELECT * FROM STUDENTSS WHERE phone IS NULL;

运行结果如图 11.13 所示。

6. "IN"运算符

"IN"运算符可以判断操作数是否落在某个集合中。表达式"x1 in(值 1，值 2，…，值 n)"，如果 x1 等于其中任何一个值，返回 1，否则则返回 0。

MySQL>SELECT 5 IN(1,2,3,4,5,6,7,8,9);

运行结果如图 11.14 所示。

图 11.13　运行结果　　　　　　　　图 11.14　运行结果

查找编号 D001 或 D002 系院的学生。

mysql>SELECT * FROM students WHERE D_NO IN('D001', 'D002');

运行结果如图 11.15 所示。

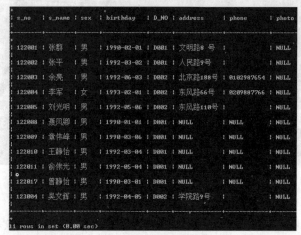

图 11.15　运行结果

可以添加 NOT 逻辑运算符对一个 IN 进行取反。

Mysql>SELECT 5 NOT IN (1,10)

查找编号 D001 或 D002 院系以外的其他的学生。

mysql>SELECT * FROM students WHERE project WHERE D_NO IN('D001', 'D002');

运行结果如图 11.16 所示。

7. "BETWEEN AND"运算符

"BETWEEN AND"运算符可以判断操作数是否落在某个取值（包含取值）范围内。

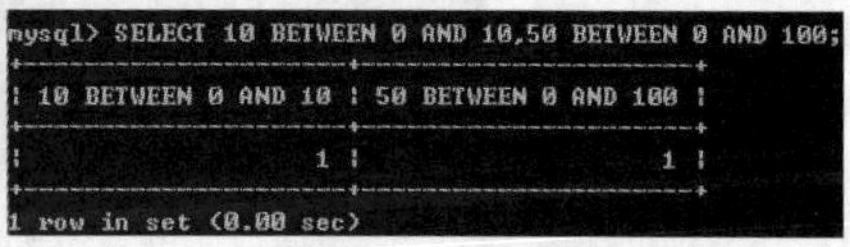

mysql>SELECT 10 BETWEEN 0 AND 10,50 BETWEEN 0 AND 100;

运行结果如图 11.17 所示。

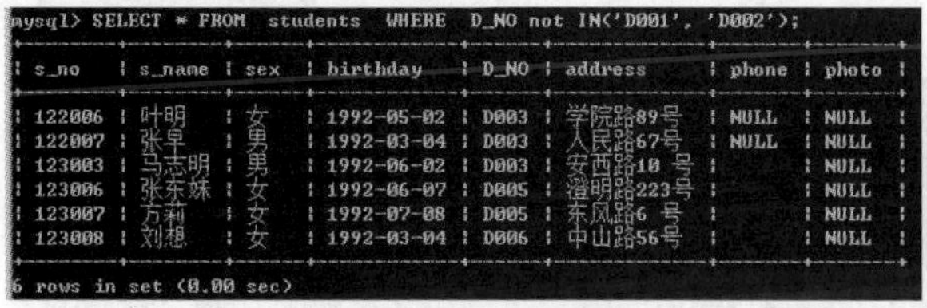

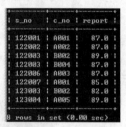

```
mysql> SELECT * FROM  students  WHERE  D_NO not IN('D001', 'D002');
+--------+--------+-----+------------+------+------------+-------+-------+
| s_no   | s_name | sex | birthday   | D_NO | address    | phone | photo |
+--------+--------+-----+------------+------+------------+-------+-------+
| 122006 | 叶明   | 女  | 1992-05-02 | D003 | 学院路89号 | NULL  | NULL  |
| 122007 | 张早   | 男  | 1992-03-04 | D003 | 人民路67号 | NULL  | NULL  |
| 123003 | 马志明 | 男  | 1992-06-02 | D003 | 安西路10 号 |      | NULL  |
| 123006 | 张东妹 | 女  | 1992-06-07 | D005 | 澄明路223号 |      | NULL  |
| 123007 | 方莉   | 女  | 1992-07-08 | D005 | 东风路6 号 |       | NULL  |
| 123008 | 刘想   | 女  | 1992-03-04 | D006 | 中山路56号 |       | NULL  |
+--------+--------+-----+------------+------+------------+-------+-------+
6 rows in set (0.00 sec)
```

图 11.16　运行结果

```
mysql> SELECT 10 BETWEEN 0 AND 10,50 BETWEEN 0 AND 100;
+---------------------+----------------------+
| 10 BETWEEN 0 AND 10 | 50 BETWEEN 0 AND 100 |
+---------------------+----------------------+
|                   1 |                    1 |
+---------------------+----------------------+
1 row in set (0.00 sec)
```

图 11.17　运行结果

查找出生日期在 1992 年 6 月份出生的学生。

MYSQL>SELECT * FROM　students　WHERE birthday　between'1992-6-1' and '1992-6-30';

运行结果如图 11.18 所示。

查找成绩在 80～90 分的学生信息。

mysql>SELECT * FROM SCORE WHERE REPORT BETWEEN 80 AND 90;

运行结果如图 11.19 所示。

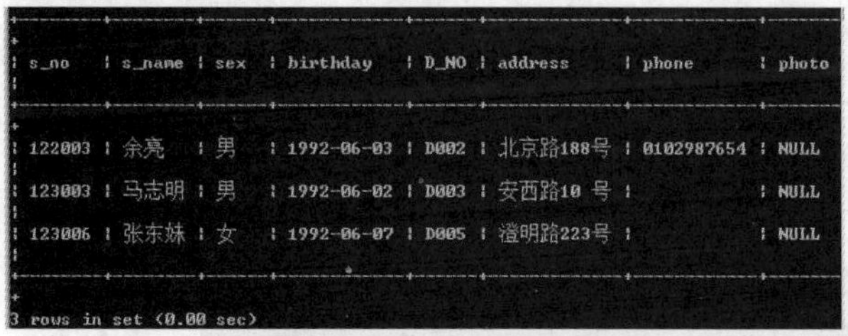

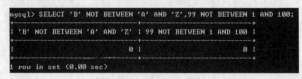

```
+--------+--------+-----+------------+------+-------------+------------+-------
+
| s_no   | s_name | sex | birthday   | D_NO | address     | phone      | photo
|
+--------+--------+-----+------------+------+-------------+------------+-------
+
| 122003 | 余亮   | 男  | 1992-06-03 | D002 | 北京路188号 | 0102987654 | NULL
|
| 123003 | 马志明 | 男  | 1992-06-02 | D003 | 安西路10 号 |            | NULL
|
| 123006 | 张东妹 | 女  | 1992-06-07 | D005 | 澄明路223号 |            | NULL
|
+--------+--------+-----+------------+------+-------------+------------+-------
+
3 rows in set (0.00 sec)
```

图 11.18　运行结果

```
+--------+------+--------+
| s_no   | c_no | report |
+--------+------+--------+
| 122001 | A001 |   87.0 |
| 122002 | A002 |   87.0 |
| 122003 | B002 |   89.0 |
| 122003 | B004 |   87.0 |
| 122006 | A003 |   87.0 |
| 122007 | A001 |   85.0 |
| 123003 | B002 |   82.0 |
| 123004 | A005 |   89.0 |
+--------+------+--------+
8 rows in set (0.00 sec)
```

图 11.19　运行结果

可以添加 NOT 逻辑运算符对一个 BETWEEN 进行取反。

mysql>SELECT'B' NOT BETWEEN 'A' AND 'Z',99 NOT BETWEEN 1 AND 100;

运行结果如图 11.20 所示。

```
mysql> SELECT 'B' NOT BETWEEN 'A' AND 'Z',99 NOT BETWEEN 1 AND 100;
+-----------------------------+------------------------+
| 'B' NOT BETWEEN 'A' AND 'Z' | 99 NOT BETWEEN 1 AND 100 |
+-----------------------------+------------------------+
|                           0 |                      0 |
+-----------------------------+------------------------+
1 row in set (0.00 sec)
```

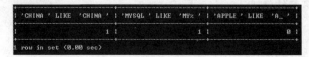

图 11.20　运行结果

8. “LIKE”运算符

“LIKE”运算符用来匹配字符串。表达式“x1 LIKE s1”，如果 x1 与字符串 s1 匹配，结果返回 1。

“%”匹配任意个字符，“_”匹配一个字符。

SELECT'CHINA'LIKE'CHINA'，'MYSQL'LIKE'MY%'，'APPLE'LIKE'A_';

运行结果如图 11.21 所示。

```
| 'CHINA' LIKE 'CHINA' | 'MYSQL' LIKE 'MY%' | 'APPLE' LIKE 'A_' |
+----------------------+--------------------+-------------------+
|                    1 |                  1 |                 0 |
+----------------------+--------------------+-------------------+
1 row in set (0.00 sec)
```

图 11.21　运行结果

查找在学院路住的学生。

mysql>SELECT * FROM students WHERE address like'%学院路%';

运行结果如图 11.22 所示。

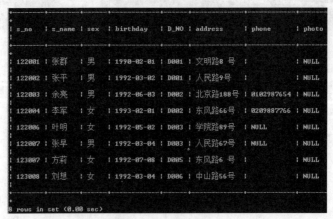

图 11.22　运行结果

查找姓张的学生。

mysql> SELEECT * FROM students WHERE s_name LIKE'张%';

运行结果如图 11.23 所示。

图 11.23　运行结果

查找单名单姓的学生。

mysql>SELECT * FROM students WHERE s_name LIKE'_ _';

运行结果如图 11.24 所示。

图 11.24　运行结果

9."REGEXP"运算符

"REGEXP"也用来匹配字符串，但它使用正则表达式匹配。

查询姓名中最后一位字符是"明"的学生信息。

mysql>SELECT * FROM students WHERE S_NAME REGEXP '明$';

说　明　"$"表示匹配结尾部分。

运行结果如图 11.25 所示。

s_no	s_name	sex	birthday	D_NO	address	phone	photo
122005	刘光明	男	1992-05-06	D002	东风路110号		NULL
122006	叶明	女	1992-05-02	D003	学院路89号	NULL	NULL
123003	马志明	男	1992-06-02	D003	安西路10 号		NULL

3 rows in set (0.06 sec)

图 11.25　运行结果

查找姓名中含有明字符的员工信息。

mysql>SELECT * FROM students WHERE S_NAME REGEXP '.明';

运行结果如图 11.26 所示。

s_no	s_name	sex	birthday	D_NO	address	phone	photo
122005	刘光明	男	1992-05-06	D002	东风路110号		NULL
122006	叶明	女	1992-05-02	D003	学院路89号	NULL	NULL
123003	马志明	男	1992-06-02	D003	安西路10 号		NULL

3 rows in set (0.00 sec)

图 11.26　运行结果

11.1.3　逻辑运算符

逻辑运算符用来判断表达式的真假。逻辑运算符的返回结果只有 TRUE（1）和 FALSE（0）。如果表达式是真，结果返回 1；如果表达式是假，结果返回 0。逻辑运算符又称为布尔运算符。MySQL 中支持 4 种逻辑运算符。这 4 种逻辑运算符分别是与、或、非和异或。

1. NOT 运算符

NOT 运算符用于逻辑非运算，它对跟在它后面的逻辑测试判断取反，把真变假，假变真。

mysql>SELECT NOT 0 ,NOT('A'='B'),NOT(3.14=3.140);

运行结果如图 11.27 所示。

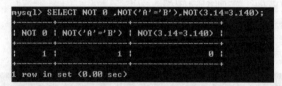

```
mysql> SELECT NOT 0 ,NOT('A'='B'),NOT(3.14=3.140);

| NOT 0 | NOT('A'='B') | NOT(3.14=3.140) |

|   1   |      1       |        0        |

1 row in set (0.00 sec)
```

图 11.27　运行结果

2. AND（&&）运算符

AND 运算符用于逻辑与运算，测试逻辑条件（两个或以上）的值全部为真，而且不为 NULL 值，则结果为真，否则为假。

mysql>SELECT (3=1) AND (12>10),('c'='C') AND ('c'<'d')AND(1=1);

运行结果如图 11.28 所示。

```
mysql> SELECT (3=1) AND (12>10),('c'='C') AND ('c'<'d')AND(1=1);

| (3=1) AND (12>10) | ('c'='C') AND ('c'<'d')AND(1=1) |

|         0         |               1               |

1 row in set (0.00 sec)
```

图 11.28　运行结果

&&也是逻辑与运算符，例如，

```
mysql>SELECT (3=1) && (12>10),('c'='C') &&   ('c'<'d') && (1=1);
mysql>SELECT 1&&1;
mysql>SELECT 1&&0;
mysql>SELECT 0 && NULL;
mysql>SELECT 1 && NULL;
```

3. OR（||）运算符

OR 运算符用于逻辑或运算，测试逻辑条件（两个或以上）的值有一个为真，而且不为 NULL 值，则结果为真，全为假则结果为假。

```
mysql>SELECT (3=1) OR (12>10)OR('c'='C') OR(1=1);
```

运行结果如图 11.29 所示。

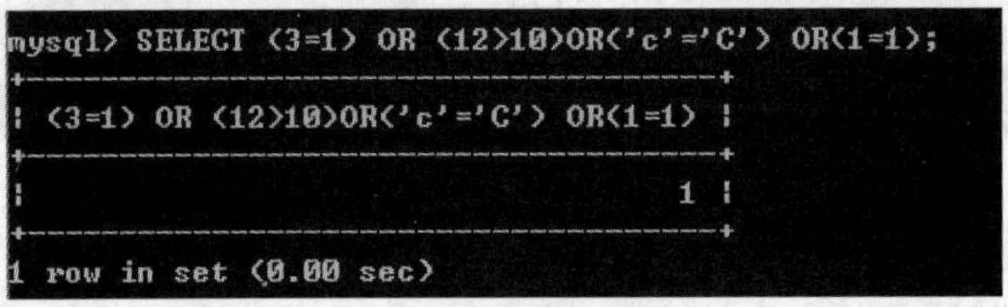

```
mysql> SELECT (3=1) OR (12>10)OR('c'='C') OR(1=1);
+-------------------------------------+
| (3=1) OR (12>10)OR('c'='C') OR(1=1) |
+-------------------------------------+
|                                   1 |
+-------------------------------------+
1 row in set (0.00 sec)
```

图 11.29　运行结果

||也是逻辑或运算符，例如，

```
mysql>SELECT 1||1;
mysql>SELECT 1||0;
mysql>SELECT 0||NULL;
mysql>SELECT 1||NULL;
```

4. XOR 运算符

XOR 运算符用于逻辑异或运算。如果包含的值或表达式一个为真，而另一个为假并且不是 NULL，那么它返回真值，否则返回假值。

```
mysql>SELECT ('A'='a')XOR(1+1=3), (3+2=5)XOR('A'>'B');
```

运行结果如图 11.30 所示。

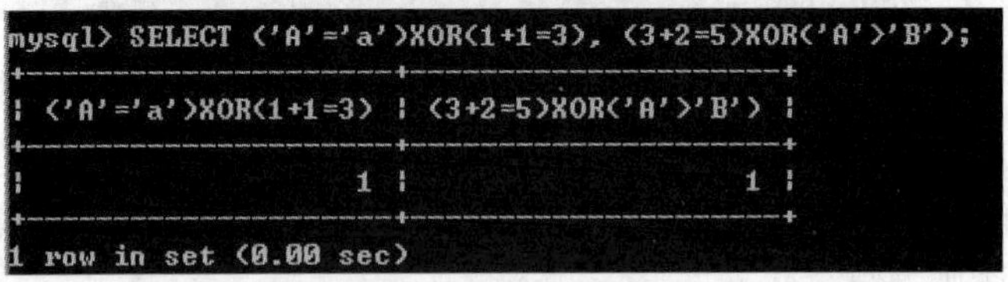

```
mysql> SELECT ('A'='a')XOR(1+1=3), (3+2=5)XOR('A'>'B');
+---------------------+---------------------+
| ('A'='a')XOR(1+1=3) | (3+2=5)XOR('A'>'B') |
+---------------------+---------------------+
|                   1 |                   1 |
+---------------------+---------------------+
1 row in set (0.00 sec)
```

图 11.30　运行结果

11.1.4　位运算符

位运算符是在二进制数上进行计算的运算符。位运算会先将操作数变成二进制数，然后进行位运算，再将计算结果从二进制数变回十进制数。MySQL 中支持 6 种位运算符，分别是按位与、按位或、按位异或、按位左移、按位右移和按位取反，见表 11.3。

表 11.3　MySQL 位运算符

运算符	运算规则	运算符	运算规则
&	位与	<<	位左移
|	位或	>>	位右移
^	位异或	~	位取反

1. 位与、位或、位异或

```
mysql> SELECT 3&2,2|3;
```

运行结果如图 11.31 所示。

从 students 表中筛选出学号为奇数的学生信息。

```
mysql> SELECT * FROM students WHERE (s_no & 0x01);
```

这样就把 s_no 为奇数的记录选出来了。运行结果如图 11.32 所示。

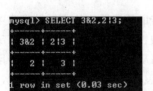

```
mysql> SELECT 3&2,2|3;
+-----+-----+
| 3&2 | 2|3 |
+-----+-----+
|   2 |   3 |
+-----+-----+
1 row in set (0.03 sec)
```

图 11.31　运行结果

```
+--------+--------+----+------------+------+-------------+------------+------+
| 122001 | 张群   | 男 | 1990-02-01 | D001 | 文明路8 号  |            | NULL |
| 122003 | 余亮   | 男 | 1992-06-03 | D002 | 北京路188号 | 0102987654 | NULL |
| 122005 | 刘光明 | 男 | 1992-05-06 | D002 | 东风路110号 |            | NULL |
| 122007 | 张早   | 男 | 1992-03-04 | D003 | 人民路67号  | NULL       | NULL |
| 122009 | 章伟峰 | 男 | 1990-03-06 | D001 | NULL        | NULL       | NULL |
| 122011 | 俞伟光 | 男 | 1992-05-04 | D001 | NULL        | NULL       | NULL |
| 122017 | 曾静怡 | 男 | 1990-03-01 | D001 | NULL        | NULL       | NULL |
| 123003 | 马志明 | 男 | 1992-06-02 | D003 | 安西路10 号 |            | NULL |
| 123007 | 方莉   | 女 | 1992-07-08 | D005 | 东风路6 号  |            | NULL |
+--------+--------+----+------------+------+-------------+------------+------+
9 rows in set (0.00 sec)
```

图 11.32　运行结果

2. 位右移、位左移

（1）位右移。

```
mysql> select 100>>5;
```

（2）位左移。

```
mysql> select 100<<5;
```

运行结果如图 11.33 和图 11.34 所示。

3. 位取反

```
mysql> select ~1,~18446744073709551614;
```

运行结果如图 11.35 所示。

```
mysql> select 100>>5;
+--------+
| 100>>5 |
+--------+
|      3 |
+--------+
1 row in set (0.00 sec)
```

图 11.33　运行结果

```
mysql>  select 100<<5;
+--------+
| 100<<5 |
+--------+
|   3200 |
+--------+
1 row in set (0.00 sec)
```

图 11.34　运行结果

```
mysql> select ~1,~18446744073709551614;
+----------------------+------------------------+
| ~1                   | ~18446744073709551614  |
+----------------------+------------------------+
| 18446744073709551614 |                      1 |
+----------------------+------------------------+
1 row in set (0.00 sec)
```

图 11.35　运行结果

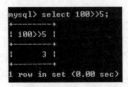

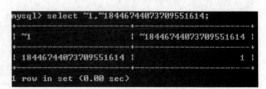

11.1.5 运算符的优先级

当一个复杂的表达式有多个运算符时，运算符优先级决定执行运算的先后次序。在一个表达式中按先高（优先级数字小）后低（优先级数字大）的顺序进行运算。MySQL 运算符优先级见表 11.4。

表 11.4 MySQL 运算符优先级

运算符	优先级	运算符	优先级
+（正）、−（负）、~（按位 NOT）	1	NOT	6
*（乘）、/（除）、%（模）	2	AND	7
+（加）、−（减）	3	ALL、ANY、BETWEEN、IN、LIKE、OR、SOME	8
=, >, <, >=, <=, <>, != , !> , !< 比较运算符	4	=（赋值）	9
^（位异或）、&（位与）、|（位或）	5		

11.2 认识和使用函数

MySQL 数据库中提供了很丰富的函数。这些内部函数可以帮助用户更加方便地处理表中的数据。MySQL 函数包括数学函数、聚合函数、日期和时间函数、控制流判断函数、字符串函数、系统信息函数、加密函数和格式化函数等。SELECT 语句及其条件表达式都可以使用这些函数，同时，INSERT、UPDATE 和 DELETE 语句及其条件表达式也可以使用这些函数。

11.2.1 数学函数

数学函数是 MySQL 中常用的一类函数。主要用于处理数字，包括整型、浮点数等。数学函数包括绝对值函数、正弦函数、余弦函数和获取随机数的函数等，见表 11.5。

表 11.5 常见数学函数

函数名	功能	函数名	功能
ABS(x)	返回某个数的绝对值	RAND()、RAND(x)	返回 0~1 的随机数
PI()	返回圆周率	ROUND(x) ROUND(x,y)	返回距离 x 最近的整数 函数返回 x 保留到小数点后 y 位的值
GREATEST() LEAST()	返回一组数的最大值和最小值	SIGN(x)	返回 x 的符号 x 是负数、0、正数分别返回−1、0、1
SQRT(x)	返回一个数的平方根	POW(x,y) EXP(x)	返回 x 的 y 次幂，即 x^y 返回 e 的 x 次幂，即 e^x

续表

函数名	功能	函数名	功能
MOD(x,y)	返回余数	SIN(x)、COS(x)和TAN(x)函数	SIN()、COS()和 TAN()函数返回一个角度（弧度）的正弦、余弦和正切值
RADIANS(x) DEGREES(x)	函数将角度转换为弧度；函数将弧度转换为角度。这两个函数互为反函数	ASIN(x)、ACOS(x)和ATAN(x)函数	ASIN()、ACOS()和 ATAN()函数返回一个角度（弧度）的反正弦、反余弦和反正切值。x 的取值必须在−1～1
POWER(x,y) EXP(x)	返回值 x 的 y 次幂 函数计算 e 的 x 次方，即 e^x	LOG(x) LOG10(x)	返回 x 的自然对数 返回 x 的以 10 为底的对数

1．求绝对值、圆周率

mysql>SELECT ABS（8），ABS(-10.2), PI();

运行结果如图 11.36 所示。

2．求平方根、余数

mysql>SELECT SQRT(32), SQRT（3），MOD(8,3);

运行结果如图 11.37 所示。

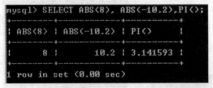 

图 11.36　运行结果　　　　　　　　图 11.37　运行结果

3．获得一组数中的最大值和最小值

mysql>SELECT GREATEST(100,12,66,0),LEAST(4,5,6), LEAST(5.34,null,9);

运行结果如图 11.38 所示。

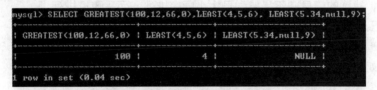

图 11.38　运行结果

当某个数为 NULL 时，则返回 NULL 值。

4．FLOOR()和 CEILING()函数

FLOOR()用于获得小于一个数的最大整数值，CEILING()函数用于获得大于一个数的最小整数值，例如，

mysql>SELECT FLOOR(-3.62), CEILING(-3.62), FLOOR(18.8), CEILING(18.8);

运行结果如图 11.39 所示。

5．获取随机数

mysql>SELECT RAND(),RAND(), RAND（3），RAND（3）;

113

图 11.39　运行结果

运行结果如图 11.40 所示。

> **说明**　RAND()返回的数是完全随机的，而 RAND(x)函数的 x 相同时，它被用作种子值，返回的值是相同的。

随机顺序查找 students 的学生信息。

`mysql>SELECT * FROM  teachers ORDER BY RAND();`

运行结果如图 11.41 所示。

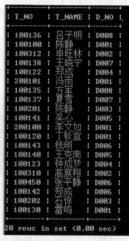

图 11.41　运行结果

图 11.40　运行结果

可以看到，找到的信息并不是按学号大小顺序排列，而是随机排列。

6. 四舍五入

`mysql>SELECT ROUND(3.8), ROUND(2.5), ROUND(-2.14,1), ROUND(3.66,0);`

运行结果如图 11.42 所示。

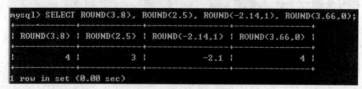

图 11.42　运行结果

ROUND(x)返回离 x 最近的整数，也就是对 x 进行四舍五入处理。

ROUND(x,y)返回 x 保留到小数点后 y 位的值，在截取时进行四舍五入处理。

求学生的成绩的平均值，并四舍五入取小数点后一位。

`mysql> SELECT s_no ,ROUND (AVG(score),1) FROM score GROUP BY s_no;`

运行结果如图 11.43 所示。

7. 符号函数

```
mysql>SELECT SIGN（8）, SIGN(-6/3),SIGN(3-3);
```

运行结果如图 11.44 所示。

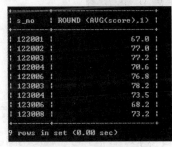

图 11.43　运行结果

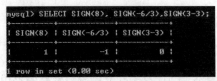

图 11.44　运行结果

8. 角度与弧度相互转换的函数

RADIANS(x)函数的作用是将角度转换为弧度；DEGREES(x)函数的作用是将弧度转换为角度。这两个函数互为反函数。

```
mysql>SELECT DEGREES（1）, RADIANS(180);
```

运行结果如图 11.45 所示。

9. 正弦、余弦、正切函数

```
mysql>SELECT SIN（2）,COS（2）,TAN(RADIANS(60));
```

运行结果如图 11.46 所示。

图 11.45　运行结果

图 11.46　运行结果

这 3 个函数使用弧度进行计算，如果使用的是角度而不是弧度，可以使用 RADIANS()函数进行转换。

10. 反正弦、反余弦、反正切函数

```
mysql>SELECT ASIN（1）,ACOS(-1),ATAN(DEGREES(45));
```

运行结果如图 11.47 所示。

11. 对数运算函数

```
mysql>SELECT LOG（2）,LOG(-2),LOG10（2）,LOG10(-2);
```

运行结果如图 11.48 所示。

图 11.47　运行结果

图 11.48　运行结果

12. 幂运算函数

```
mysql>SELECT POW(3,2),POW(3,-2),EXP（2）;
```

运行结果如图 11.49 所示。

```
mysql> select POW(3,2),POW(3,-2),EXP(2);
+----------+-------------------+-------------------+
| POW(3,2) | POW(3,-2)         | EXP(2)            |
+----------+-------------------+-------------------+
|        9 | 0.111111111111111 | 7.38905609893065  |
+----------+-------------------+-------------------+
1 row in set (0.01 sec)
```

图 11.49　运行结果

11.2.2　聚合函数

聚合函数也叫作分组计算函数。这些函数常常是与 GROUP BY 子句一起使用的函数，作用是对聚合在组内的行进行计算。

如果在不包含 GROUP BY 子句的语句中使用聚合函数，它等价于聚合所有行。

1. COUNT(expr)

COUNT（expr）函数返回由 SELECT 语句检索出来的行的非 NULL 值的数目。

COUNT(*)在返回的检索出来的行数目上有些不同，它不管内容中是否包含 NULL 值，均进行统计。如果 SELECT 从一个表检索，或没有检索出其他列并且没有 WHERE 子句，COUNT(*)被优化以便快速地返回。例如，统计学生人数。

mysql> select COUNT(*) AS'学生人数'from studentss;

运行结果如图 11.50 所示。

统计选修了 MySQL 课程的学生人数。

mysql> select COUNT(*) AS '选修 MYSQL 人数' from score
where c_no=(select c_no from course
where c_name='MYSQL');

运行结果如图 11.51 所示。

COUNT(DISTINCT expr,[expr...])

返回一个无重复值的数目。

查找有几个学生选修了课程。

mysql> select COUNT(DISTINCT s_no) from score;

运行结果如图 11.52 所示。

图 11.50　运行结果　　　　图 11.51　运行结果　　　　图 11.52　运行结果

如果忽略 DISTINCT，代码如下。

mysql> select COUNT(s_no) from score;

运行结果如图 11.53 所示。

可以看到有 42 条记录数，但存在一个学生选修了多门课的情况，即存在重复的学号记录。

2. AVG(expr)

AVG（expr）函数返回 expr 的平均值。

统计学生的平均分。

mysql> select s_no, AVG(report) from score GROUP BY s_no;

运行结果如图 11.54 所示。

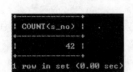

图 11.53　运行结果

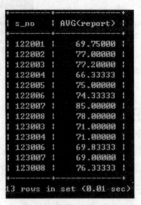

图 11.54　运行结果

查询学生科目成绩与学科平均成绩的差距。

mysql> select s_no, c_no, report , AVG(report), report –AVG(report) from score GROUP BY c_no;

运行结果如图 11.55 所示。

3. MIN(expr)、MAX(expr)

MIN(expr)、MAX(expr)函数返回 expr 的最小或最大值。MIN()和 MAX()可以有一个字符串参数，在这种情况下，返回最小或最大的字符串值。

统计各门课程的最高分和最低分。

mysql> select c_no,MIN(report),MAX(report) from   score GROUP BY   c_no;

运行结果如图 11.56 所示。

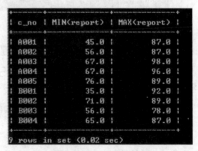

图 11.55　运行结果　　　　　　　　　　图 11.56　运行结果

4. SUM(expr)

SUM(expr)函数返回 expr 的总和。注意，如果返回的集合没有行，它返回 NULL。

统计学生的总成绩。

mysql> SELECT s_no ,SUM(report) FROM score GROUP BY s_no;

运行结果如图 11.57 所示。

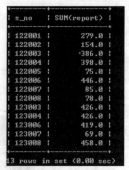

图 11.57　运行结果

11.2.3　日期和时间函数

日期和时间函数主要用于处理表中的日期和时间数据。日期和时间函数包括获取当前日期的函数、获取当前时间的函数、计算日期的函数和计算时间的函数等。

1. 获取当前日期

使用 CURDATE()和 CURRENT_DATE()函数获取当前日期。

mysql>SELECT CURDATE(),CURRENT_DATE();

运行结果如图 11.58 所示。

2. 获取当前时间

使用 CURTIME()和 CURRENT_TIME()函数获取当前时间。

mysql>SELECT CURTIME()CURRENT_TIME();

运行结果如图 11.59 所示。

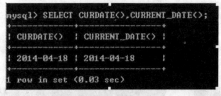

图 11.58　运行结果

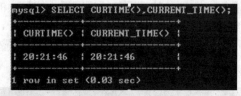

图 11.59　运行结果

3. 返回当前日期和时间的函数

NOW()、CURRENT_TIMESTAMP()、LOCALTIME()和 SYSDATE()函数都用来获取当前的日期和时间。

mysql>SELECT NOW(),CURRENT_TIMESTAMP(),LOCALTIME(),SYSDATE();

运行结果如图 11.60 所示。

图 11.60　运行结果

4. 返回年份、季度、月份和日期函数

YEAR()函数分析一个日期值并返回其中年的部分；QUARTER(d)函数返回日期 d 是本年第几季度，值的范围是 1～4；MONTH()函数分析一个日期值并返回其中关于月的部分，值的范围是 1～12；DAY（）函数分析一个日期值并返回其中关于日期的部分，值的范围是 1～31。

```
mysql>SELECT NOW(),YEAR(NOW()),QUARTER(NOW()),MONTH(NOW()),DAY(NOW());
```

运行结果如图 11.61 所示。

在 STUDENTS 表中求出 D001 学院的学生年龄。

```
mysql>SELECT s_no, YEAR(NOW())-YEAR(BIRTHDAY) AS 年龄 FROM STUDENTS WHERE D_NO='D001';
```

运行结果如图 11.62 所示。

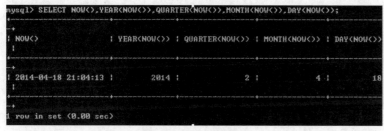
图 11.61 运行结果

图 11.62 运行结果

5. 返回指定日期在一年、一星期及一个月中的序数

DAYOFYEAR()、DAYOFWEEK()和 DAYOFMONTH()函数分别返回指定日期在一年、一星期及一个月中的序数。

```
mysql>SELECT DAYOFYEAR(20150512),DAYOFMONTH('2015-05-12'),
DAYOFWEEK(NOW());
```

运行结果如图 11.63 所示。

图 11.63 运行结果

6. 获取星期的函数

（1）DAYNAME(d)函数返回日期 d 是星期几，显示其英文名，如 Monday、Tuesday 等。

（2）DAYOFWEEK(d)函数也返回日期 d 是星期几，1 表示星期日，2 表示星期一，以此类推。

（3）WEEKDAY(d)函数也返回日期 d 是星期几，0 表示星期一，1 表示星期二，以此类推。

其中，参数 d 可以是日期和时间，也可以是日期。

```
mysql>SELECT DAYNAME(NOW()),DAYOFWEEK('2015-12-30'), WEEKDAY('2014-10-1');
```

运行结果如图 11.64 所示。

图 11.64　运行结果

7．获取星期数的函数

WEEK(d)函数和 WEEKOFYEAR(d)函数都是计算日期 d 是本年的第几个星期。返回值的范围是 1～53。

mysql>SELECT WEEK(NOW()),WEEKOFYEAR('2015-1-1');

运行结果如图 11.65 所示。

图 11.65　运行结果

8．获取天数的函数

DAYOFYEAR(d)函数日期 d 是本年的第几天；DAYOFMONTH(d)函数返回日期 d 是本月的第几天。

mysql>SELECT NOW(),DAYOFYEAR(NOW()),DAYOFMONTH(20150101);

运行结果如图 11.66 所示。

图 11.66　运行结果

距离 2014 年高考还有多少天。

mysql>SELECT　DAYOFYEAR(20140607)- DAYOFYEAR(NOW()) AS'高考倒计时(天)';

运行结果如图 11.67 所示。

图 11.67　运行结果

9．返回指定时间的小时、分钟、秒钟

mysql>SELECT CURTIME(),HOUR(CURTIME()),MINUTE(CURTIME()),SECOND

(CURTIME());

运行结果如图 11.68 所示。

```
mysql> SELECT CURTIME(),HOUR(CURTIME()),MINUTE(CURTIME()),SECOND(CURTIME());
+-----------+-----------------+-------------------+-------------------+
| CURTIME() | HOUR(CURTIME()) | MINUTE(CURTIME()) | SECOND(CURTIME()) |
+-----------+-----------------+-------------------+-------------------+
| 21:00:16  |              21 |                 0 |                16 |
+-----------+-----------------+-------------------+-------------------+
1 row in set (0.00 sec)
```

图 11.68　运行结果

10. 对日期和时间进行算术操作

DATE_ADD()和 DATE_SUB()函数可以对日期和时间进行算术操作，它们分别用来增加和减少日期值，使用的关键字见表 11.6。

表 11.6　DATE_ADD()函数和 DATE_SUB()函数使用的关键字

关键字	间隔值的格式	关键字	间隔值的格式
DAY	日期	MINUTE	分钟
DAY_HOUR	日期：小时	MINUTE_ SECOND	分钟：秒
DAY_MINUTE	日期：小时：分钟	MONTH	月
DAY_SECOND	日期：小时：分钟：秒	SECOND	秒
HOUR	小时	YEAR	年
HOUR_MINUTE	小时：分钟	YEAR_MONTH	年-月
HOUR_ SECOND	小时：分钟：秒		

DATE_ADD()和 DATE_SUB()函数的语法结构如下。

DATE_ADD | DATE_SUB(date, INTERVAL int keyword)

date 表示日期和时间，INTERVAL 关键字表示一个时间间隔。

再过 20 天是什么日期。

mysql>SELECT DATE_ADD(NOW(),INTERVAL 20 DAY);

运行结果如图 11.69 所示。

30 分钟前是什么时间。

mysql>SELECT DATE_SUB('2014-10-1 10:25:35', INTERVAL 30 MINUTE);

运行结果如图 11.70 所示。

图 11.69　运行结果　　　　　　　　　图 11.70　运行结果

11. DATEDIFF 函数

DATEDIFF(d1,d2)函数计算两个日期相隔的天数。

7 月 1 日放假，离放假还有多少天。

mysql>SELECT DATEDIFF('2014-7-1',NOW());

运行结果如图 11.71 所示。

图 11.71　运行结果

12. 日期和时间格式化的函数

DATE_FORMAT()和 TIME_FORMAT()函数可以用来格式化日期和时间值。

语法结构如下。

DATE_FORMAT/ TIME_FORMAT(date | time, fmt)

其中，date 和 time 是需要格式化的日期和时间值，fmt 是日期和时间值格式化的形式，表 11.7 列出了 MySQL 中的日期/时间格式化代码。

表 11.7　MySQL 日期/时间格式化代码

关键字	间隔值的格式	关键字	间隔值的格式
%a	缩写的星期名（Sun, Mon...）	%p	AM 或 PM
%b	缩写的月份名（Jan, Feb...）	%r	时间，12 小时的格式
%d	月份中的天数	%S	秒（00, 01）
%H	小时（01, 02...）	%T	时间，24 小时的格式
%I	分钟（00, 01...）	%w	一周中的天数（0, 1）
%j	一年中的天数（001, 002...）	%W	长型星期的名字（Sunday, Monday...）
%m	月份，2 位（00,01...）	%Y	年份，4 位
%M	长型月份的名字（January, February）		

mysql>SELECT DATE_FORMAT(NOW(),'%W,%d,%m, %Y , %r, %p');

运行结果如图 11.72 所示。

图 11.72　运行结果

11.2.4　控制流判断函数

1. IF()函数

IF()函数建立一个简单的条件测试。

语法格式如下。

IF(expr1,expr2,expr3)

这个函数有 3 个参数，第一个是要被判断的表达式，如果表达式 expr1 成立，返回结果 expr2；否则，返回结果 expr3。

返回 XS 表中名字为两个字的学生学号、课程号和成绩。成绩的值大于或等于 60，则显示为"及格"；否则，显示为"不及格"。

```
mysql>MYSQL>SELECT   s_no,c_no,IF(score>=60, '是', '否') AS '是否及格'   from score ;
```

运行结果如图 11.73 所示。

图 11.73　运行结果

2. CASE WHEN

CASE WHEN 语句的语法结构有多种形式。第一种形式如下。

```
CASE value WHEN [compare_value] THEN result
[WHEN[compare_value] THEN result ...]
[ELSE result]
END
```

第二种形式如下。

```
CASE WHEN [condition] THEN result
[WHEN [condition]THEN result ...]
[ELSE result]
END
```

在第一种形式中，如果 value=compare_value，则返回 result。在第二种形式中，如果第一个条件为真，返回 result；如果没有匹配的 result 值，那么返回 ELSE 后的 result 值；如果没有 ELSE 部分，那么 NULL 被返回。

```
mysql> SELECT CASE 1 WHEN 1 THEN "one" WHEN 2 THEN "two" ELSE "more" END;
```

运行结果如图 11.74 所示。

```
CASE 1 WHEN 1 THEN "one" WHEN 2 THEN "two" ELSE "more" END
one
1 row in set (0.00 sec)
```

图 11.74　运行结果

CASE WHEN 语句使用如下。

```
mysql> SELECT s_no,c_no
CASE WHEN score>=60 THEN '及格'
ELSE '不及格'
END as '是否及格'
FROM SCORE;
```

3. IFNULL 函数

IFNULL 函数的语法结构如下。

IFNULL(expr1,expr2)

此函数的作用是：判断参数 expr1 是否为 NULL，如果 expr1 的不为 NULL，就显示 expr1 的值；否则就显示 expr2 的值。IFNULL（ ）函数的返回值是数字或字符串。

从 students 表中查询学号（s_no）和电话（phone）。如果 phone 不为 NULL，显示地址；否则，显示"电话未知"。

mysql>SELECT s_no,IFNULL(phone, '电话未知') FROM students;

运行结果如图 11.75 所示。

图 11.75　运行结果

11.2.5　字符串函数

1. CONCAT(str1,str2,...)

返回来自于参数连接的字符串。如果任何参数是 NULL，返回 NULL。可以有超过 2 个的参数。数字参数会被转换为等价的字符串形式。

mysql> select CONCAT('I','LOVE','MyQL');

运行结果如图 11.76 所示。

```
+--------------------------+
| CONCAT('I', ' LOVE', ' MyQL') |
+--------------------------+
| I LOVE MyQL              |
+--------------------------+
1 row in set (0.00 sec)
```

图 11.76　运行结果

mysql> select CONCAT('My', NULL,'QL');

运行结果如图 11.77 所示。

```
+------------------------+
| CONCAT('My', NULL, 'QL') |
+------------------------+
| NULL                   |
+------------------------+
1 row in set (0.00 sec)
```

图 11.77　运行结果

2. LEFT(str,len)

返回字符串 str 的最左面 len 个字符。

mysql> select LEFT('MySQLChina',5);

运行结果如图 11.78 所示。

返回 students 表中所有学生的地址栏中前 3 位地址。

SELECT s_no,LEFT(ADDRESS, 3) FROM   STUDENTS;

运行结果如图 11.79 所示。

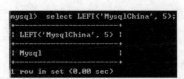

图 11.78　运行结果　　　　　　　　　　　　图 11.79　运行结果

3. RIGHT(str,len)

返回字符串 str 的最右面 len 个字符。

mysql> select RIGHT('MySQLChina', 5);

运行结果如图 11.80 所示。

4. SUBSTRING(str,pos,len)和 MID(str,pos,len)

从字符串 str 返回长度为 len 个字符的子串，从位置 pos 开始。

mysql> select SUBSTRING('ABCDEFGHIJK',2,6);

运行结果如图 11.81 所示。

分别返回 students 表中所有学生的姓氏和名字。

mysql> SELECT MID(s_name, 1,1) AS 姓, SUBSTRING(s_name, 2, LENGTH(s_name)-1)
AS 名 FROM STUDENTS;

运行结果如图 11.82 所示。

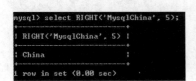

图 11.80　运行结果　　　　　　　图 11.81　运行结果　　　　　　图 11.82　运行结果

5. REPEAT(str,count)

返回由字符串 str 重复 count 次组成的一个字符串。如果 count <= 0，返回一个空字符串。如果 str 或 count 是 NULL，返回 NULL。

```
mysql> select REPEAT('MySQL', 3);
```

运行结果如图 11.83 所示。

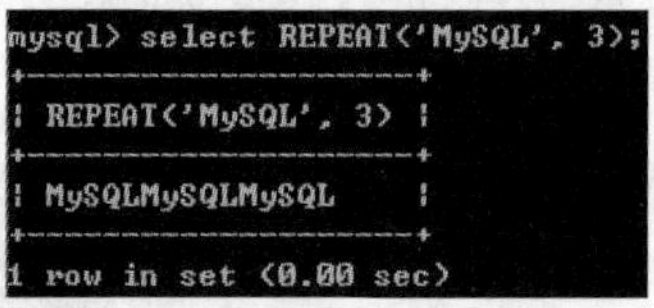

图 11.83　运行结果

11.2.6　系统信息函数

系统信息函数用来查询 MySQL 数据库的系统信息。例如，查询数据库的版本、查询数据库的当前用户等。MySQL 系统信息函数见表 11.8。

表 11.8　MySQL 系统信息函数

函数	功能
DATABASE()	返回当前数据库名
BENCHMARK(n, expr)	将表达式 expr 重复运行 n 次
CHARSET(str)	返回字符串 str 的字符集
CONNECTION_ID()	返回当前客户连接服务器的次数
FOUND_ROWS()	将最后一个 mysql>SELECT 查询（没有以 LIMIT 语句进行限制）返回的记录行数返回
GET_LOCK(str, dur)	获得一个由字符串 str 命名的并且有 dur 秒延时的锁定
IS_FREE_LOCK(str)	检查以 str 命名的锁定是否释放
LAST_INSERT_ID()	返回由系统自动产生的最后一个 AUTOINCREMENT ID 的值
MASTER_POS_WAIT(log, pos, dur)	锁定主服务器 dur 秒直到从服务器与主服务器的日志 log 指定的位置 pos 同步
RELEASE_LOCK(str)	释放由字符串 str 命名的锁定
USER()或 SYSTEM_USER()	返回当前登录用户名
VERSION()	返回 MySQL 服务器的版本

返回 MySQL 服务器的版本、当前数据库名和当前用户名信息。

```
mysql> SELECT   VERSION(),DATABASE(),USER();
```

运行结果如图 11.84 所示。

查看当前用户连接 MySQL 服务器的次数。

```
mysql>SELECT   CONNECTION_ID();
```

运行结果如图 11.85 所示。

图 11.84　运行结果　　　　　　图 11.85　运行结果

11.2.7　加密函数

PASSWORD(str)函数可以对字符串 str 进行加密。一般情况下，PASSWORD(str)函数主要是被用来加密的。

使用 PASSWORD(str)函数对字符串"queen"加密。

```
mysql>SELECT PASSWORD('queen');
```

运行结果如图 11.86 所示。

图 11.86　运行结果

例如，修改 king 的密码为 queen，并加密密码。

```
mysql>SET PASSWORD FOR 'king'@'localhost' = PASSWORD('queen');
```

11.2.8　格式化函数

FORMAT()函数语法结构如下。

```
FORMAT(x, y)
```

FORMAT()函数把数值格式化为以逗号分隔的数字序列。FORMAT()的第一个参数 x 是被格式化的数据，第二个参数 y 是结果的小数位数。

```
mysql>SELECT FORMAT(2/3,2), FORMAT(123456.78,0);
```

运行结果如图 11.87 所示。

计算选修 A002 课程的平均成绩，保留 1 位小数。

```
mysql>SELECT FORMAT(AVG(score),1) from score   WHERE c_no='A002';
```

运行结果如图 11.88 所示

　　　　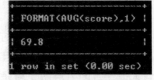

图 11.87　运行结果　　　　　　图 11.88　运行结果

项目实践

在 YSGL 数据库中进行如下操作。

（1）查询年龄大于 18，并且不是信息学院与外语学院的员工姓名和性别。

（2）统计每位员工的实际收入。

（3）查询年龄在 40 岁以上的员工信息。

（4）查询在 1978 年出生的员工信息。

（5）查询基本工资在 3000 以上的副教授的姓名、部门。

（6）查询统计信息学院最高基本工资、最低基本工资和基本工资总和。

（7）统计员工的平均扣税额，并保留一位小数。

（8）查找学校补贴在 3000～4000 的员工。

习题

编程与应用题

1. 在 MySQL 中执行下面的算术表达式：5*2-4，(2+7)/3，9 DIV 2，MOD(9,2)。

2. 在 MySQL 中执行下面的比较运算的表达式：40>=30，40<=30，NULL<=>NULL，7<=>7。

3. 在 MySQL 中执行下面的逻辑运算的表达式：-1&&2，-2||NULL，NULL XOR 0，1 XOR 0，!-1。

4. 在 MySQL 中执行下面的位运算表达式：11&15，11|15，13^15，～15。

5. 在 MySQL 中执行下面的表达式：4+3-1，3*2+7，8/3，9%2。

6. 在 MySQL 中执行下面的表达式：30>28，17>=16，30<28，17<=16，17=17，16<>17，7<=>NULL，NULL<=>NULL。

7. 判断字符串 "mybook" 是否为空，是否以字母 m 开头，是否以字母 k 结尾。

8. 将 12 左移 2 位，将 9 右移 3 位。

任务 12　创建和使用视图

任务背景

出于安全的原因，有时要隐藏一些重要的数据信息。例如，社会保险基金表包含着客户的很多重要信息，要求只显示姓名、地址等基本信息，而不显示社会保险号和工资数等重要信息。这时，可以创建一个视图，在原有的表（或者视图）的基础上重新定义一张虚拟表，选取基本的或对用户有用的信息，屏蔽掉那些对用户没有用或用户没有权限了解的信息，保证数据的安全。

再如，我们在使用查询时，很多时候要使用聚合函数，可能还要关联好几张表，查询语句会显得比较复杂，而且经常要使用这样的查询。遇到这种情况，数据库设计人员可以预先通过视图创建好查询。一方面，屏蔽了复杂的数据关系；另一方面，用户只需从建好的视图进行查询，就可以轻松得到想要的信息，用户操作简单化。

任务要求

本任务将从认识视图着手，学习视图的创建、查看、修改和删除方法，并学会使用视图进行查询和计算，使用视图更新基本表数据。

 任务分解

12.1 认识视图

从用户角度来看，视图是从一个特定的角度来查看数据库中的数据。从数据库系统内部来看，视图是由 SELECT 语句查询定义的虚拟表。从数据库系统外部来看，视图就如同一张表，对表能够进行的一般操作都可以应用于视图，例如查询、插入、修改和删除操作等。

视图是一个虚拟表，定义视图所引用的表称为基本表。视图的作用类似于筛选，定义视图的筛选可以来自当前或其他数据库的一个或多个表，也可以来自其他视图。

视图一经定义便存储在数据库中，与其相对应的数据并没有像表那样又在数据库中再存储一份，通过视图看到的数据只是存放在基本表中的数据。

当对通过视图看到的数据进行修改时，相应的基本表的数据也要发生变化。同时，若基本表的数据发生变化，则这种变化也可以自动地反映到视图中。

12.2 视图的特性

（1）简单性。看到的就是需要的。视图不仅可以简化用户对数据的理解，还可以简化他们的操作。那些经常被使用的查询可以被定义为视图，从而使得用户不必为以后的每次操作指定全部的条件。

（2）安全性。用户通过视图只能查询和修改他们所能见到的数据，而不能授权到数据库特定行和特定列上。通过视图，用户可以被限制在数据的不同子集上，使用权限可被限制在另一视图的一个子集上，或是一些视图和基表合并后的子集上。

（3）逻辑数据独立性。视图可帮助用户屏蔽真实表结构变化带来的影响。

12.3 创建视图

创建视图的语法结构如下。

```
CREATE [OR REPLACE]
    VIEW view_name [(column_list)]
    AS select_statement
```

说明 （1）view_name 为视图名。视图属于数据库。在默认情况下，将在当前数据库中创建视图。如果要在其他给定数据库中创建视图，应将名称指定为 db_name. view_name。

（2）CREATE VIEW 语句能创建新的视图，如果给定了 OR REPLACE 子句，该语句还能替换已有的视图。

（3）select_statement 用来创建视图的 SELECT 语句，它给出了视图的定义。该语句可从基本表（一个或两个以上的表）或其他视图进行选择。

（4）默认情况下，由 SELECT 语句检索的列名将用作视图列名。如果想为视图列定义另外的名称，可使用可选的 column_list 子句，列出由逗号隔开的列名称即可。但要注意，column_list 中的名称数目必须等于 SELECT 语句检索的列数。

（5）视图是虚表，只存储对表的定义，不存储数据。

注意 视图定义服从下述限制。

（1）要求具有针对视图的 CREATE VIEW 权限，以及针对由 SELECT 语句选择的每一列上的某些权限。对于在 SELECT 语句中其他位置使用的列，必须具有 SELECT 权限。如果还有 OR REPLACE 子句，必须在视图上具有 DROP 权限。

（2）在视图定义中命名的表必须已存在，视图必须具有唯一的列名，不得有重复，就像基本表那样。

（3）视图名不能与表同名。

（4）在视图的 FROM 子句中不能使用子查询。

（5）在视图的 SELECT 语句不能引用系统或用户变量。

（6）在视图的 SELECT 语句不能引用预处理语句参数。

（7）在视图定义中允许使用 ORDER BY，但是，如果从特定视图进行了选择，而该视图使用了具有自己 ORDER BY 的语句，它将被忽略。

（8）在定义中引用的表或视图必须存在。但是，创建了视图后，能够舍弃定义引用的表或视图。要想检查视图定义是否存在这类问题，可使用 CHECK TABLE 语句。

（9）在定义中不能引用 TEMPORARY 表，不能创建 TEMPORARY 视图。

（10）不能将触发程序与视图关联在一起。

12.3.1 来自于一个基本表

【任务 12.1】在 JXGL 库中创建视图 VIEW_COURSE。

```
mysql>CREATE OR REPLACE VIEW VIEW_COURSE
    AS SELECT  C_NO,C_NAME FROM COURSE;
```

【任务 12.2】在 TEST 库中创建基于数据库 JXGL 中的 STUDENTS 表的视图 VIEW_STU。

```
mysql>USE TEST;
mysql>CREATE OR REPLACE VIEW VIEW_STU
    AS SELECT  * FROM JXGL.STUDENTS;
```

12.3.2 来自于多个基本表

【任务 12.3】创建视图 VIEW_CJ，包括学号、课程名和成绩字段。

```
mysql>USE JXGL;
mysql>CREATE VIEW VIEW_CJ(学号,课程名,成绩)
    AS SELECT STUDENTS.S_NO,C_NAME,REPORT
```

```
FROM STUDENTS,COURSE,SCORE
WHERE STUDENTS.S_NO=SCORE.S_NO
AND SCORE.C_NO=COURSE.C_NO;
```

12.3.3　来自于视图

可以基于视图创建新的视图。

【任务 12.4】创建视图 VIEW_CJ_TJ，统计包括某位学生某门课的总成绩、平均成绩。

```
mysql> CREATE VIEW VIEW_CJ_TJ
AS SELECT 学号,课程名,SUM(成绩),AVG(成绩)
FROM VIEW_CJ
GROUP BY 学号;
```

可以通过用 SELECT 语句查看视图 VIEW_CJ_TJ 的数据列表。运行结果如图 12.1 所示。

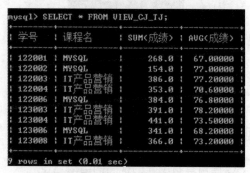

图 12.1　运行结果

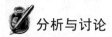 分析与讨论

（1）定义视图时基本表可以是当前数据库的表，也可以是来自于另外一数据库的基本表。例如，【任务12.2】的视图VIEW_STU是在TEST库创建的，但其基本表却来自于JXGL库，此时，基本表前面要加上数据库名JXGL.STUDENTS。

（2）定义视图时可在视图后面指明视图的列名称，名称之间用逗号分隔，但列数要与SELECT语句检索的列数相等。例如，【任务12.3】的视图VIEW_CJ有明确的字段名称（学号、课程名、成绩）；如果不指明，SELECT语句检索的列名将用作视图列名，例如，【任务12.1】的视图VIEW_COURSE的列名默认为SELECT语句检索的列名。

（3）【任务12.3】的视图VIEW_CJ来源于STUDENTS、COURSE和SCORE等3张表，如同多表查询一样，可用WHERE进行连接。

（4）【任务12.4】的视图VIEW_CJ_TJ的定义来自于已建好的视图VIEW_CJ，向最终用户隐藏复杂的表连接，简化了用户的SQL程序设计。

（5）使用视图查询时，若其关联的基本表中添加了新字段，则该视图将不包含新字段。例如，【任务12.2】的视图VIEW_STU中的列关联了STUDENTS表中所有列，若STUDENTS表新增了native place字段，那么VIEW_STU视图中将查询不到native place字段的数据。

（6）如果与视图相关联的表或视图被删除，则该视图将不能再使用。

12.4　查看视图

查看视图是指查看数据库中已存在的视图的定义。查看视图必须要有 SHOW VIEW 的权限，MySQL 数据库下的 user 表中保存着这个信息。查看视图的方法包括 SHOW TABLE 语句、DESC 语句和 SHOW CREATE VIEW 语句等。

12.4.1　查看已创建的视图

视图是一个虚表，所以视图的查询还是如同查询基本表一样，用 SHOW TABLES 语句进行查看，可看到新创建的视图，运行结果如图 12.2 所示。

```
mysql> SHOW TABLES;

| Tables_in_xsgl |

| course         |
| score          |
| student        |
| teacher        |
| view_cj        |
| view_stu       |

6 rows in set (0.06 sec)
```

图 12.2　运行结果

12.4.2　查看视图结构

【任务 12.5】使用 DESC 语句查看创建的视图的结构。

mysql>DESC VIEW_STU;

运行结果如图 12.3 所示。

```
mysql> DESC VIEW_STU;

| Field      | Type        | Null | Key | Default | Extra |

| s_no       | char(6)     | NO   |     | NULL    |       |
| s_name     | char(6)     | YES  |     | NULL    |       |
| sex        | char(2)     | YES  |     | NULL    |       |
| birthday   | datetime    | YES  |     | NULL    |       |
| department | char(6)     | YES  |     | NULL    |       |
| address    | varchar(20) | YES  |     | NULL    |       |
| phone      | varchar(10) | YES  |     | NULL    |       |
| photo      | blob        | YES  |     | NULL    |       |
| aaa        | int(11)     | NO   |     | NULL    |       |

9 rows in set (0.01 sec)
```

图 12.3　运行结果

mysql>desc view_cj;

运行结果如图 12.4 所示。

```
mysql> desc view_cj;

| Field | Type      | Null | Key | Default | Extra |

| 学号  | char(6)   | NO   |     | NULL    |       |
| 课程名 | char(10)  | YES  |     | NULL    |       |
| 成绩  | float(5,1)| YES  |     | NULL    |       |

3 rows in set (0.03 sec)
```

图 12.4　运行结果

12.4.3 查看视图的定义

MySQL 中，SHOW CREATE VIEW 语句可以查看视图的详细定义。其语法结构如下。

SHOW　CREATE　VIEW　视图名；

【任务 12.6】查看视图 VIEW_CJ 的定义。

mysql>SHOW　CREATE　VIEW　VIEW_CJ；

图 12.5 是在 WAMP 下的运行结果，从第二栏的 Create View 可以看到定义的 SQL 语句。

View	Create View	character_set_client	collation_connection
view_cj	CREATE ALGORITHM=UNDEFINED DEFINER=`root`@`localho...	utf8	utf8_general_ci

图 12.5　WAMP 下的运行结果

12.5　使用视图

12.5.1 使用视图进行查询

【任务 12.7】通过视图 VIEW_CJ，查询选修了 MySQL 课程且成绩及格的学生。

mysql> SELECT 学号,课程名,成绩
FROM VIEW_CJ
WHERE 课程名='MYSQL'
AND 成绩>=60

运行结果如图 12.6 所示。

图 12.6　运行结果

12.5.2 使用视图进行计算

【任务 12.8】创建视图 VIEW_AVG，统计各门课程平均成绩，并按课程名称降序排列。

mysql>CREATE OR REPLACE VIEW VIEW_AVG
AS SELECT 课程名, AVG(成绩) AS 平均成绩
FROM VIEW_CJ GROUP BY 课程名 DESC;

12.5.3 使用视图更新基本表数据

使用视图更新基本表数据，是指在视图中进行插入（INSERT）、更新（UPDATE）和删

除（DELETE）等操作而更新基本表的数据。因为视图是一个虚拟表，其中没有数据，通过视图更新时，都是转换到基本表来更新的。更新视图时，只能更新权限范围内的数据，超出了范围，就不能更新。

【任务12.9】通过更新视图 VIEW_STU，向基表插入数据、更新数据和删除数据。

mysql>INSERT INTO view_stu(s_no, s_name, sex, birthday, department,专业名, address, phone, photo) VALUES ('122010','吴天','男','1990-3-8','D001','市南路 1234 号','0206666444', NULL);

mysql>UPDATE view_stu SET birthday='1990-02-05' WHERE view_stu.s_no='122001';

mysql>DELETE FROM view_stu WHERE birthday<'1990-1-1';

使用下面语句，可以看到基本表 STUDENTS 中的数据也相应地进行了更新。

mysql>SELECT * FROM STUDENTS;

【任务12.10】视图 VIEW_CJ 来源于 STUDENTS、COURSE 和 SCORE 这 3 张表，包括 s_no、c_name 和 score 这 3 个字段，通过 VIEW_CJ 修改基本表 STUDENTS 中的 A001 的 MYSQL 课程的成绩为 76。

mysql>UPDATE VIEW_CJ
SET 成绩=76
WHERE 学号='A001' AND 课程名='MYSQL';

通过查看 SCORE 表，可以看到相应成绩已做了更改。

mysql>SELECT * FROM SCORE;

分析与讨论

（1）若是一个视图依赖于一个基本表，则可以直接通过更新视图来更新基本表的数据。【任务12.9】的视图VIEW_STU的定义基于一个表STUDENTS，因此，通过视图VIEW_STU可以向STUDENTS表插入、更新和删除数据。

（2）若一个视图依赖于多个基本表，则一次更新该视图只能修改一个基本表的数据，不能同时修改多个基本表的数据。

（3）如果视图满足下述任何一种情形，那么它就是不可更新的。

① 包含聚合函数（AVG、COUNT、SUM、MIN、MAX）。

② 通过表达式并使用列计算出其他列。

③ 包含DISTINCT关键字。

④ 包含GROUP BY子句、ORDER BY子句、HAVING子句。

⑤ 包含UNION运算符。

⑥ 包含位于选择列表中的子查询。

⑦ FROM子句中包含多个表。

⑧ SELECT语句中引用了不可更新视图。

⑨ WHERE子句中的子查询引用了FROM子句中的表。

12.6　修改视图

修改视图的语法结构如下。

ALTER

VIEW view_name 〔(column_list)〕
    AS select_statement

【任务 12.11】修改视图 VIEW_STU，用 AS 定义列别名，并增加"人数"字段，统计各系男、女生人数。

mysql>ALTER VIEW JXGL.VIEW_STU
AS SELECT D_no AS 系, SEX AS 性别, COUNT(*) AS 人数
FROM JXGL.STUDENTS
GROUP BY D_no,SEX;

通过使用下面的 DESC 语句，可以发现 VIEW_STU 视图结构已发生改变。

mysql>DESC VIEW_STU;

运行结果如图 12.7 所示。

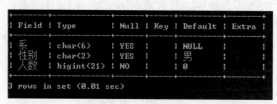

图 12.7　运行结果

12.7　删除视图

删除视图的语法结构如下。

DROP VIEW 〔IF EXISTS〕
    view_name 〔, view_name〕 ...

其中，view_name 是视图名，若声明了 IF EXISTS，视图不存在的话，也不会出现错误信息。

【任务 12.12】删除视图 VIEW_STU。

mysql>DROP VIEW VIEW_STU;
mysql>DROP VIEW   VIEW_CJ, VIEW_AVG;

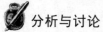
分析与讨论

（1）用 DROP VIEW 语句可以同时删除 1 个或多个视图，视图之间用逗号隔开。
（2）删除某个视图后，基于该视图的操作将不可执行。

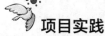
项目实践

在 JXGL 数据库中，进行如下操作。
（1）创建视图 VIEW_BK，并通过视图筛选出补考学生名单。
（2）分别创建 3 个视图 VIEW_STU、VIEW_COURSE 和 VIEW_SCORE，分别基于 STUDENTS、COURSE 和 SCORE 表，并通过视图查看、修改、插入数据，供相关部门使用。
（3）创建视图，计算每门课的平均成绩 VIEW_AVG。
（4）创建视图 VIEW_MYSQL，查询选修了 MYSQL 课程的学生的学号和专业名。

（5）删除以上创建的视图。

习题

一、单项选择题

1. 不可对视图执行的操作有_____。
   A. SELECT   B. INSERT
   C. DELETE   D. CREATE INDEX

2. 下列说法正确的是_____。
   A. 视图是观察数据的一种方法，只能基于基本表建立
   B. 视图是虚表，观察到的数据是实际基本表中的数据
   C. 索引查找法一定比表扫描法查询速度快
   D. 索引的创建只和数据的存储有关系

3. SQL 语言中，删除一个视图的命令是_____。
   A. DELETE   B. DROP   C. CLEAR   D. REMOVE

二、填空题

1. 在 MySQL 中，可以使用_____语句创建视图。

2. 在 MySQL 中，可以使用_____语句删除视图。

3. 视图是一个虚表，它是从_____中导出的表。在数据库中，只存放视图的_____，不存放视图的_____。

三、编程与应用题

在数据库 bookdb 中创建视图 contentinfo_view，要求该视图包含表 contentinfo 中留言人姓名为"探险者"的留言时间、留言内容及留言的次数。

四、简答题

1. 请解释视图与表的区别。

2. 简述视图的意义和优点。

项目六
创建和使用程序

06

任务 13　建立和使用存储过程

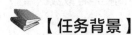【任务背景】

　　银行经常需要计算用户的利息，但不同类别的用户的利率是不一样的。这就可以将计算利率的 SQL 代码写成一个程序存放起来，用指定的用户类别作为参数。这样的程序叫作存储过程或者存储函数。使用时只要调用这个存储过程或者存储函数，根据指定的用户类别，就可以将不同类别用户的利息计算出来。

　　再如，在编制学生管理系统时，某个学生某门课程的成绩修改后，根据成绩 CJ 是否高于 60 分更新 credit 表，将符合条件的学生某门课的学分累加到该生的总学分里。这是一段重复使用的 SQL 语句。可以将这段 SQL 语句写成存储过程或存储函数存储在 MySQL 服务器中，然后调用，就可以执行多次重复的操作。

【任务要求】

　　本任务将从认识存储过程着手，学习创建、执行、修改和删除存储过程的方法。创建存储过程包括创建基本的存储过程、创建带变量的存储过程、创建带有流程控制语句的存储过程。

【任务分解】

13.1　认识存储过程

　　从 MySQL 5.1 版本开始支持存储过程和存储函数。在 MySQL 中，可以定义一段完成特定功能的 SQL 语句集，经编译后存储在数据库中，用户通过指定存储过程的名字并给出参数（如果该存储过程带有参数）来执行它，这样的语句集称为存储过程。存储过程是数据库对象之一。它提供了一种高效和安全的访问数据库的方法，经常被用来访问数据和管理要修改的数据。当希望在不同的应用程序或平台上执行相同的函数，或者封装特定功能时，存储过程也是非常有用的。数据库中存储过程可以看作是对编程中面向对象方法的模拟。它允许控制数据的访问方式。

使用存储过程的优点有如下几个方面。

（1）存储过程和存储函数是在 MySQL 服务器中存储和执行的，可以减少客户端和服务器端的数据传输，可以利用服务器的计算能力，执行速度快。

（2）存储过程执行一次后，其执行规划就驻留在高速缓冲存储器中，在以后的操作中，只需从高速缓冲存储器中调用已编译好的二进制代码即可，提高了系统性能。

（3）存储过程在被创建后，可以在程序中多次调用，而不必重新编写，避免开发人员重复的编写相同的 SQL 语句。而且，数据库专业人员可以随时对存储过程进行修改，对应用程序源代码毫无影响。

（4）存储过程可以用流控制语句编写，有很强的灵活性，可以完成复杂的判断和较复杂的运算。

（5）存储过程有助于确保数据库的安全性和完整性。系统管理员通过对某一存储过程的权限进行限制，能够实现对相应的数据的访问权限的限制，避免非授权用户对数据的访问。没有权限的普通用户不能直接访问数据库表，但可以通过存储过程在控制之下间接地存取数据库，从而屏蔽数据库中表的细节，保证表中数据的安全性。

13.2 创建基本的存储过程

13.2.1 关于 DELIMITER 命令

在 MySQL 命令行的客户端中，服务器处理语句默认是以分号";"为结束标志的，如果有一行命令以分号";"结束，那么按<Enter>键后，MySQL 将会执行该命令。但是在存储过程中，可能要输入较多的语句，且语句中包含有分号。如果还以分号作为结束标志，那么执行完第一个分号语句后，就会认为程序结束，不能再往下执行其他语句。因此，必须将 MySQL 语句的结束标志修改为其他符号。这时，可以使用 MySQL DELIMITER 来改变默认结束标志。

DELIMITER 语法格式为

```
DELIMITER $$
```

 说明 $$是用户定义的结束符，通常这个符号可以是一些特殊的符号，如两个"#"或两个"￥"等。当使用 DELIMITER 命令时，应该避免使用反斜杠"\"字符，因为那是 MySQL 的转义字符。

输入如下命令，就是告诉 MySQL 解释器，当碰到"//"时，才执行命令。

```
mysql>delimiter //
```

例如，要查看 student 表的信息。

```
mysql>select * from student//
```

要想将命令结束符重新设定为分号，运行下面命令即可。

```
DELIMITER ;
```

13.2.2 创建基本存储过程

创建存储过程可以使用 CREATE PROCEDURE 语句。要在 MySQL 5.5 中创建存储过程，必须具有 CREATE　ROUTINE 权限。

CREATE PROCEDURE 的语法结构如下。

```
CREATE PROCEDURE sp_name ([proc_parameter[,...]])
[characteristic ...] routine_body
```

说明

（1）sp_name 是存储过程的名称。需要在特定数据库中创建存储过程时，则要在名称前面加上数据库的名称，格式为 db_name.sp_name。

（2）proc_parameter 是存储过程的参数，在使用参数时要标明参数名和参数的类型，当有多个参数的时候中间用逗号隔开。MySQL 存储过程支持 3 种类型的参数：输入参数、输出参数和输入/输出参数，关键字分别是 IN、OUT 和 INOUT。存储过程也可以不加参数，但是名称后面的括号是不可省略的。

（3）routine_body 是存储过程体。里面包含了在过程调用的时候必须执行的语句，这个部分总是以 BEGIN 开始，以 END 结束。当然，当存储过程体中只有一个 SQL 语句时可以省略 BEGIN、END 标志。

（4）characteristic 是存储过程的某些特征设定。

【任务 13.1】创建存储过程，用指定的学号作为参数删除某一学生的记录。

```
mysql>DELIMITER $$
CREATE PROCEDURE　DELETE_STUDENTS(IN XH CHAR（6）)
BEGIN
DELETE FROM STUDENT WHERE S_NO=XH;
END $$
DELIMITER ;
```

【任务 13.2】创建存储过程，用指定的课程号参数统计该课程的平均成绩。

```
mysql>DELIMITER $$
CREATE　PROCEDURE　AVG_SCORE(IN　KCH　CHAR（6）)
BEGIN
SELECT　c_no, AVG(REPORT)　FROM　SCORE　WHERE　c_no= KCH ;
END $$
DELIMITER ;
```

【任务 13.3】创建带多个输入参数的存储过程。

创建一个存储过程，用指定的学号和课程号作为参数查询学生成绩。

```
mysql>DELIMITER $$
CREATE　PROCEDURE　select_SCORE(IN XH CHAR（6）,KCH　CHAR（6）)
BEGIN
    SELECT *　FROM　score
      WHERE s_no=XH and　c_no=KCH ;
END $$
DELIMITER ;
```

【任务 13.4】创建带输出参数的存储过程，求学生人数。

```
mysql>DELIMITER $$
CREATE PROCEDURE simpleproc(OUT XS INT)
```

```
BEGIN
    SELECT COUNT(*) INTO XS FROM students;
END$$
DELIMITER ;
```

【任务 13.5】创建不带参数的存储过程，统计已开设的专业基础课总学分。

```
mysql>DELIMITER $$
CREATE PROCEDURE   SUM_CREDIT()
BEGIN
   SELECT   SUM(credit)   AS'专业基础课总学分'
        FROM   COURSE
        WHERE   type='专业基础课';
END $$
DELIMITER ;
```

【任务 13.6】以指定的系别号为参数，查找某学院的教师姓名、所在院系名称。

```
mysql>DELIMITER $$
CREATE PROCEDURE IS_TEACHER(IN XB CHAR（8）)
BEGIN
SELECT T_NAME,D_NAME   FROM DEPARTMENTS,TEACHERS
WHERE TEACHERS.D_NO=DEPARTMENTS.D_NO
AND DEPARTMENTS.D_NO=XB;
END$$
DELIMITER ;
```

 分析与讨论

（1）存储过程是已保存的SQL语句集合，CREATE PROCEDURE是创建存储过程的关键字。

（2）在创建存储过程和存储函数前，要注意字符集的统一，否则在调用存储过程时会出现字符集混杂的错误信息。例如，图13.1是调用SUM_CREDIT（）存储过程时出现的错误信息。

```
mysql> CALL SUM_CREDIT();
ERROR 1267 (HY000): Illegal mix of collations (gb2312_chinese_ci,IMPLICIT) and (
latin1_swedish_ci,COERCIBLE) for operation '='
```

图 13.1   错误信息

解决办法是：先删除已创建的存储过程 SUM_CREDIT（），输入如下命令先统一字符集，再重新创建存储过程。

```
set names'gb2312';
```

它相当于下面的 3 句指令。

```
SET character_set_client = GB2312;
SET character_set_results = GB2312;
SET character_set_connection = GB2312;
```

（1）存储过程体中的 SQL 语句，一般的 SELECT 语句都适用。如果查询的数据要来自于多个表，可以使用全连接、JOIN 连接或子查询等方式。例如，【任务 13.6】的存储过程可

以写成如下形式。

```
mysql>DELIMITER $$
CREATE PROCEDURE IS_TEACHER(IN XB CHAR（8）)
BEGIN
SELECT T_NAME,D_NAME    FROM TEACHERS
WHERE D_NO=(SELECT D_NO
FROM DEPARTMENTS
WHERE DEPARTMENTS.D_NO=XB);
END$$
DELIMITER；
```

（2）当调用存储过程时，MySQL 会根据提供的参数的值，执行存储过程体中的 SQL
语句。

（3）如果存储过程体只有一行，BEGIN、END 标志可以省略。例如，【任务 13.1】创建
的存储过程 DELETE_STUDENT 可以写成如下形式。

```
mysql>CREATE PROCEDURE    DELETE_STUDENT(IN XH CHAR（6）);
mysql>DELETE FROM STUDENT WHERE S_N0=XH;
```

13.2.3　查看存储过程

要想查看数据库中有哪些存储过程，可以使用 SHOW PROCEDURE STATUS 命令。
运行结果如图 13.2 所示。

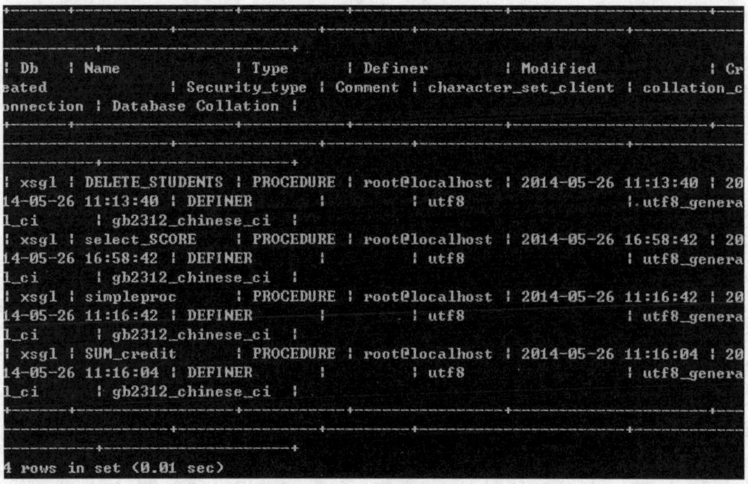

图 13.2　运行结果

13.3　执行存储过程

在创建存储过程之后，可以在程序、触发器或者存储过程中调用已经创建好的存储过程，
但是都必须使用到 CALL 语句。

语法结构如下。

```
CALL sp_name([parameter[,...]])
```

> **说明** sp_name 为存储过程的名称，如果要调用某个特定数据库的存储过程，则需要在前面加上该数据库的名称。parameter 为调用该存储过程使用的参数，这条语句中的参数个数必须总是等于存储过程的参数个数。

【任务 13.7】执行存储过程，删除学号为 122001 的学生记录。

```
mysql>Call DELETE_STUDENT('122001');
```

可以通过 SELECT * FROM STUDETS 查看一下学号为 122001 的记录是否删除。

调用【任务 13.2】存储过程。

```
mysql>Call AVG_SCORE('A002')
```

运行结果如图 13.3 所示。

调用【任务 13.3】存储过程。

```
mysql>Call select_SCORE('122001', 'A001');
```

运行结果如图 13.4 所示。

调用【任务 13.6】存储过程。

```
mysql>Call SUM_CREDIT ()
```

运行结果如图 13.5 所示。

图 13.3 运行结果　　　　图 13.4 运行结果　　　　图 13.5 运行结果

13.4 创建带变量的存储过程

13.4.1 局部变量声明与赋值

1. 用 DECLARE 语句声明局部变量

存储过程可以定义和使用变量，它们可以用来存储临时结果。用户可以使用 DECLARE 关键字来定义变量，然后为变量赋值。这些变量的作用范围只适用于 BEGIN...END 程序段中，所以局部变量在声明局部变量的同时也可以为其赋一个初始值。

DECLARE 语法结构如下。

```
DECLARE var_name[,...] type [DEFAULT value]
```

> **说明** var_name 为变量名；type 为变量类型。
> DEFAULT 子句给变量指定一个默认值，如果不指定，默认为 NULL。

【任务 13.8】声明一个整型变量和两个字符变量。

```
DECLARE num INT（4）;
DECLARE str1, str2 VARCHAR（6）;
```

2. 用 SET 语句给变量赋值

要给局部变量赋值，可以使用 SET 语句，SET 语句也是 SQL 本身的一部分。

语法结构如下。

```
SET   var_name = expr [, var_name = expr] ...
```

【任务 13.9】在存储过程中给局部变量赋值。

```
SET num=100, str1='lenovo', str2='联想';
```

3. 用 SELECT 语句给变量赋值

使用 SELECT...INTO 语句块可以把选定的列值直接存储到变量中。因此，返回的结果只能有一行。

语法结构如下。

```
SELECT col_name[,...] INTO var_name[,...]   table_expr
```

> **说明**　col_name 是列名，var_name 是要赋值的变量名。
>
> table_expr 是 SELECT 语句中的 FROM 子句及后面的部分。

【任务 13.10】在存储过程体中将 students 表中的学号为"122001"的学生的"MYSQL"成绩的值赋给变量 CJ。

```
mysql>DECLARE CJ INT（4）;
SELECT REPORT INTO CJ
     FROM COURSE JOIN SCORE USING(c_no)
     WHERE   c_name='MYSQL'AND s_no='122001';
```

 分析与讨论

（1）与声明用户变量时不同，这里的变量名前面没有@符号。

（2）局部变量只能在BEGIN...END语句块中声明，而且必须在存储过程的开头就声明。

（3）局部变量声明之后，可以在声明它的BEGIN...END语句块中使用该变量，其他语句块中不可以使用。

（4）声明变量和给变量赋值的语句无法单独执行，只能在存储过程和存储函数中使用。

13.4.2　创建使用局部变量的存储过程

【任务 13.11】创建一个存储过程，根据指定的参数（学号）查看某位学生的不及格科目数，如果不及格科目数超过 2 门（含 2 门），则输出"启动成绩预警"并输出该生的成绩单，否则输出"成绩在可控范围"。

```
mysql>DELIMITER $$
CREATE PROCEDURE DO_QUERY(IN XH CHAR（6）, OUT STR CHAR（8）)
BEGIN
     DECLARE   KM TINYINT;
     SELECT   COUNT(*)  INTO KM   FROM SCORE WHERE s_no= XH   AND report<60 ;
     IF KM>=2 THEN
     SET STR='启动成绩预警';
     SELECT * FROM SCORE WHERE s_no= XH;
     ELSEIF KM<2 THEN
     SET STR='成绩在可控范围' ;
```

```
        END IF;
    END$$
    DELIMITER ;
```

调用存储过程。

```
CALL DO_QUERY('122001',@str);
```

运行结果如图 13.6 所示。

```
SELECT @str;
mysql>CALL DO_QUERY('123003',@str);
```

运行结果如图 13.7 所示。

```
mysql>SELECT @str;
```

运行结果如图 13.8 所示。

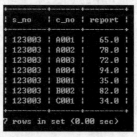

图 13.6　运行结果　　　图 13.7　运行结果　　　图 13.8　运行结果

分析与讨论

（1）该存储过程用DECLAREA语句声明了局部变量KM。

（2）根据指定参数（学号），统计该生的不及格科目数，并使用SELECT INTO语句为变量KM赋值，然后根据KM的值进行判断。

（3）当调用存储过程，指定参数为133003时，马上输出该生的成绩清单，从清单中可以看出该生有2门课不及格。

13.5　创建带有流程控制语句的存储过程

13.5.1　使用 IF ⋯ THEN ⋯ ELSE 语句

IF ⋯ THEN ⋯ ELSE 语句可根据不同的条件执行不同的操作。

语法结构如下。

```
IF search_condition THEN statement_list
[ELSEIF search_condition THEN statement_list ] ...
[ELSE   statement_list]
END IF
```

> **说 明**　search_condition 是判断的条件，statement_list 中包含一个或多个 SQL 语句。当 search_condition 的条件为真时，就执行相应的 SQL 语句。

【任务 13.12】创建一个存储过程，有两个输入参数：XH 和 KCH，如果成绩大于等于 60 分时，将该课程的学分累加计入该生的总学分，否则，总学分不变。

```
mysql>DELIMITER $$
CREATE PROCEDURE DO_UPDATE(IN XH CHAR（6）, IN KCH CHAR(16))
BEGIN
    DECLARE   XF TINYINT;
    DECLARE   CJ FLOAT;
    SELECT credit INTO XF FROM COURSE WHERE c_no=KCH;
    SELECT report INTO CJ FROM score WHERE s_no=XH AND c_no=KCH;
    IF CJ<60 THEN
        UPDATE credit SET credit= credit+0 WHERE s_no=XH ;
    ELSE
        UPDATE credit SET credit= credit+XF WHERE s_no=XH ;
    END IF;
END$$
DELIMITER ;
```

向 SCORE 表中输入一行数据，具体如下。

```
mysql>INSERT INTO SCORE VALUES('122004', 'A001', 80);
```

接下来，调用存储过程并查询调用结果。

```
mysql>call DO_UPDATE('122004', 'A001');
```

查看 credit 表的学分情况，具体如下。

```
mysql>select * from credit;
```

可以看到在 credit 表中，由于该生该课程成绩大于 60，已将该门课的学分累加到该生的总学分里。运行结果如图 13.9 所示。

图 13.9　运行结果

再向 SCORE 表中输入一行数据，具体如下。

```
mysql>INSERT INTO SCORE VALUES('122004', 'A003', 50);
```

接下来，调用存储过程并查询调用结果。

```
mysql>call DO_UPDATE('122004', 'A003')
```

查看 credit 表的学分情况，具体如下。

```
mysql>select * from credit;
```

调用存储过程时，credit 表已更新，但由于成绩小于 60，学号为"122004"的学生的总学分不变。

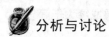 **分析与讨论**

（1）本存储过程声明了两个变量，XF和CJ，并通过SELECT INTO语句分别将指定参数KCH对应的课程学分赋值给XF，将指定参数c_no和s_no所对应的该生该课程的成绩赋值给CJ。

（2）使用IF…THEN…ELSE语句执行不同的操作。如果IF语句中条件表达式的值为TRUE，则执行THEN后面的语句或语句块；如果IF语句中条件表达式的值为FALSE，则跳过IF后语句或语句块，执行ELSE的语句或语句块。本例中，根据成绩CJ是否高于60分，更新credit表，将符合条件的学生某门课的学分累加到该生的总学分里。

13.5.2 使用 CASE 语句

一个 CASE 语句经常可以充当一个 IF…THEN…ELSE 语句。

语法结构有两种。第一种语法结构如下。

```
CASE case_value
    WHEN when_value THEN statement_list
    [WHEN when_value THEN statement_list] ...
    [ELSE statement_list]
END CASE
```

第二种语法结构如下。

```
CASE
    WHEN search_condition THEN statement_list
    [WHEN search_condition THEN statement_list] ...
    [ELSE statement_list]
END CASE
```

【任务 13.13】用 CASE 的第二种语法结构创建以上存储过程。

```
mysql>DELIMITER $$
CREATE PROCEDURE DO_UPDATE(IN XH CHAR（6）, IN KCH CHAR(16))
BEGIN
    DECLARE   XF TINYINT;
    DECLARE   CJ FLOAT;
    SELECT credit INTO XF FROM COURSE WHERE c_no=KCH;
    SELECT score INTO CJ FROM score WHERE s_no=XH AND c_no=KCH;
    CASE
         WHEN CJ<60   THEN   UPDATE credit SET credit= credit+0 WHERE s_no=XH ;
    ELSE
         UPDATE credit SET credit = credit+XF   WHERE s_no=XH ;
    END CASE;
END$$
DELIMITER ;
```

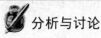 **分析与讨论**

（1）第一种语法结构中case_value是要被判断的值或表达式，接下来是一系列的

WHEN ··· THEN语句块，每一块的when_value参数指定要与case_value比较的值。如果为真，就执行statement_list中的SQL语句；如果前面的每一个块都不匹配，就会执行ELSE块指定的语句。CASE语句最后以END CASE结束。

（2）第二种语法结构中，CASE关键字后面没有参数，在WHEN ··· THEN语句块中，search_condition指定了一个比较表达式，表达式为真时执行THEN后面的语句。与第一种语法结构相比，这种语法结构能够实现更为复杂的条件判断，使用起来更方便。

13.6　在存储过程中调用其他存储过程

可以在存储过程中调用其他存储过程。

【任务 13.14】创建一个存储过程 DO_INSERT（），向 score 表中插入一行记录。创建另一存储过程 DO_query，调用已经建好的存储过程 DO_INSERT（），并查询输出 SCORE 表记录。

先创建 DO_INSERT（）存储过程。

```
mysql>CREATE PROCEDURE DO_INSERT()
INSERT INTO SCORE VALUES('122001', 'A003' ,85);
```

创建第 2 个存储过程 DO_query（），调用 DO_INSERT（）。

```
DELIMITER $$
CREATE PROCEDURE DO_query()
BEGIN
CALL DO_INSERT();
SELECT  *  FROM  SCORE;
END$$
DELIMITER ;
```

调用 DO_query 存储过程，具体如下。

```
mysql>CALL DO_query
```

运行结果如图 13.10 所示。

图 13.10　运行结果

分析与讨论

在调用存储过程DO_query（）时，先执行第一个存储过程DO_INSERT（），插入一行记录，再执行后面的语句，输出SCORE的查询结果。

13.7　修改存储过程

有两种方法可以修改存储过程，一种是使用 ALTER PROCEDURE 语句进行修改，另一种是删除并重新创建存储过程。

1. 使用 ALTER PROCEDURE 语句修改存储过程的某些特征

语法结构如下。

```
ALTER PROCEDURE    sp_name [characteristic ...]
```

其中，characteristic 的结构如下。

```
{ CONTAINS SQL | NO SQL | READS SQL DATA | MODIFIES SQL DATA }
| SQL SECURITY { DEFINER | INVOKER }
| COMMENT'string'
```

> **说明** characteristic 是存储过程创建时的特征。只要更改了存储过程参数，存储过程
> 的特征就随之变化。
> CONTAINS SQL 表示子程序包含 SQL 语句，但不包含读或写数据的语句；NO
> SQL 表示子程序中不包含 SQL 语句；READS SQL DATA 表示子程序中包含
> 读数据的语句；MODIFIES SQL DATA 表示子程序中包含写数据的语句。SQL
> SECURITY { DEFINER | INVOKER }指明谁有权限来执行。DEFINER 表示
> 只有定义者自己才能够执行；INVOKER 表示调用者可以执行。COMMENT
> 'string'是注释信息。

【任务 13.15】修改存储过程 num_from_employee（ ）的定义。将读写权限改为 MODIFIES
SQL DATA，并指明调用者可以执行。

```
ALTER  PROCEDURE  num_from_employee
 MODIFIES SQL DATA
SQL SECURITY INVOKER ;
```

2. 先删除再重新定义存储过程的方法

【任务 13.16】使用先删除再创建的办法创建【任务 13.5】中的 SUM_CREDIT()，修改为
统计已开设的专业课的总学分。

```
mysql>DELIMITER $$
DROP PROCEDURE IF EXISTS SUM_CREDIT();
CREATE PROCEDURE   SUM_credit()
BEGIN
SELECT   SUM(credit)   AS '专业课总学分'   FROM   COURSE   WHERE   type='专业课';
END $$
DELIMITER ;
```

13.8   查看存储过程的定义

可以用 SHOW 命令查看创建的存储过程的语句块。

```
mysql>show create PROCEDURE simpleproc;
```

13.9   删除存储过程

可以使用 DROP PROCEDURE 删除已经存在的存储过程。

语法结构如下。

```
DROP PROCEDURE   [IF EXISTS] sp_name
```

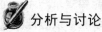 **说明** sp_name 是要删除的存储过程的名称。**IF EXISTS 子句是 MySQL 的扩展，如果程序或函数不存在，它防止发生错误。**

【任务 13.17】删除 DO_UPDATE（）存储过程。

```
mySQL>DROP PROCEDURE IF EXISTS DO_UPDATE;
```

 分析与讨论

（1）不再需要的存储过程可以使用 DROP PROCEDURE 语句将其删除。

（2）如果一个存储过程调用某个已删除的存储过程，将显示一个错误消息。在此之前，必须确认该存储过程没有任何依赖关系，否则会导致其他与之关联的存储过程无法执行。

（3）如果定义了相同名称和参数的新的存储过程来替换已被删除的存储过程，那么引用与之关联的存储过程仍能成功执行。例如，如果存储过程 proce1 引用存储过程 proce2，现在将 proce2 删除后，然后又重新创建一个同名的 proce2，那么，proce1 引用这一新的存储过程，proce1 也不用重新创建。

项目实践

在 YSGL 数据库中进行如下操作。

（1）创建不带参数的存储过程 count_procedure（），统计工作 10 年以上的员工人数。

（2）创建带一个输入参数的存储过程 salary_procedure（），根据雇员 E_ID 号查询该雇员的实际收入。

（3）创建一个存储过程 zhicheng_procedure（），用参数指定的职称的值查询具有该职称的所有教师。

（4）创建一个存储过程 salary_avg_procedure（），用参数指定的部门名称查询具有该部门教师平均基本工资。

（5）在 EMPLOYEES 表上创建存储过程 EMPLOYEES_info_procedure（）。该存储过程的输入参数 type，输出参数是 info。当 type 的值是 1 时，计算 EMPLOYEES 表中所有男性雇员的人数，然后通过参数 info 输出；当 type 的值是 2 时，计算 EMPLOYEES 表中所有女性雇员的人数，然后通过 info 输出；当 type 为 1 和 2 以外的任何值时，将字符串"Error Input!"赋值给 info。

（6）删除存储过程 salary_procedure（）。

 习题

一、编程与应用题

在数据库 bookdb 中创建一个存储过程 count_procedure（），用参数给定的留言人的姓名统计该留言人留言的记录数。

二、简答题

1. 请解释什么是存储过程。

2. 请列举使用存储过程的益处。

3. 存储过程的优点是什么？

 任务 14　建立和使用存储函数

 任务背景

存储函数与存储过程的功能类似，任务背景也相似，存储过程实现的功能要复杂一点，而存储函数实现的功能针对性比较强。存储函数与存储过程的有什么区别和联系呢？该怎样创建和使用存储函数呢？

 任务要求

本任务将从认识存储函数着手，学习创建、调用、查看、修改、使用和删除存储函数的方法，包括创建基本的存储函数、创建带变量的存储函数及在存储函数中调用其他存储函数或存储过程的方法。

任务分解

14.1　认识存储函数

存储函数和存储过程一样，是在数据库中定义一些 SQL 语句的集合。一旦它被存储，客户端不需要再重新发布单独的语句，直接调用这些存储函数来替代即可，可以避免开发人员重复地编写相同的 SQL 语句。而且，存储函数和存储过程一样，是在 MySQL 服务器中存储和执行的，可以减少客户端和服务器端的数据传输。

14.2　创建存储函数

MySQL 中，创建存储函数的基本形式如下。

```
CREATE FUNCTION sp_name ([func_parameter[,...]])
RETURNS type
[characteristic ...] routine_body
```

说明　（1）存储函数的定义格式和存储过程相差不大。

（2）sp_name 是存储函数的名称。存储函数不能拥有与存储过程相同的名字。

（3）func_parameter 是存储函数的参数，参数只有名称和类型，不能指定 IN、OUT 和 INOUT。

（4）routine_body 是存储函数的主体，也称为存储函数体，所有在存储过程中使用的 SQL 语句在存储函数中也适用，包括流程控制语句、游标等。

（5）存储过程声明时不需要返回类型，而存储函数声明时需要描述返回类型。

> RETURNS type 子句声明函数返回值的数据类型，且函数体中必须包含一个有效
> 的 RETURN 语句。

14.2.1　创建基本的存储函数

【**任务 14.1**】创建一个存储函数，它返回 COURSE 表中已开设的专业基础课门数。

```
mysql>DELIMITER $$
CREATE FUNCTION NUM_OF_COURSE()
RETURNS INTEGER
BEGIN
    RETURN (SELECT COUNT(*) FROM COURSE WHERE type='专业基础课');
END$$
DELIMITER ;
```

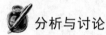 分析与讨论

（1）存储函数是已保存的SQL语句集合，CREATE FUNCTION是创建存储函数的关键字。

（2）创建存储函数如创建存储过程一样，要注意字符集的统一，否则会出现错误（参照任务13）。

（3）RETURNS后面返回的数据类型type要与函数返回值的数据类型一致。本任务中，函数返回值的数据（COUNT(*)）是整数，所以，返回的数据类型写成RETURNS INTEGER。

（4）RETURN子句中包含SELECT语句时，SELECT语句的返回结果只能是一行且只能有一列值。

14.2.2　创建带变量的存储函数

存储函数与存储过程一样，也可以定义和使用变量，它们可以用来存储临时结果。声明局部变量和赋值方法请参照任务 13 相关部分。

【**任务 14.2**】创建一个存储函数，根据指定的参数 KCH 来删除在 SCORE 表中存在，但 COURSE 表中不存在的成绩记录。

```
mysql>DELIMITER $$
CREATE FUNCTION DELETE_KCH(KCH CHAR ( 6 ) )
    RETURNS CHAR ( 5 )
BEGIN
    DECLARE KCM CHAR ( 6 ) ;
    SELECT c_name INTO KCM FROM COURSE WHERE c_no=KCH;
    IF KCM IS NULL THEN
        DELETE FROM SCORE WHERE c_no=KCH;
        RETURN 'YES';
    ELSE
        RETURN 'NO';
    END IF;
```

```
END$$
DELIMITER ;
```

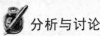 **分析与讨论**

（1）本存储函数声明了局部变量KCM，并使用SELECT INTO语句将指定参数KCH所对应的c_name赋值给KCM变量。

（2）本存储函数还使用IF … TIIEN … ELSE语句块，对条件进行判断，执行不同的操作。如果KCM为NULL值，也就是说，在COURSE表中不存在该课程的话，执行THEN后面的删除SCORE表中相应记录的操作，并输出返回结果"YES"，否则执行ELSE后面的操作，返回结果为"NO"。

14.3 调用存储函数

14.3.1 使用 SELECT 关键字调用存储函数

MySQL 中，存储函数的使用方法与 MySQL 内部函数的使用方法是一样的。换言之，用户自己定义的存储函数与 MySQL 内部函数是一个性质的。区别在于，存储函数是用户自己定义的，而内部函数是 MySQL 的开发者定义的。所以调用存储函数的方法也差不多，都是使用 SELECT 关键字。

语法结构如下。

SELECT sp_name ([func_parameter[,...]])

【任务14.3】调用存储函数 DELETE_KCH（ ）。

mysql>SELECT DELETE_KCH('A001');

运行结果如图 14.1 所示。

图 14.1　运行结果

【任务14.4】调用存储函数 NUM_OF_COURSE()。

mysql>SELECT NUM_OF_COURSE();

运行结果如图 14.2 所示。

图 14.2　运行结果

14.3.2 在存储函数中调用其他存储函数或者存储过程

【任务 14.5】创建一个存储函数，通过调用存储函数 NUM_OF_COURSE() 获得专业基础课开设的门数，如果专业基础课开设门数超过 3 门，则返回专业基础课的总学时，否则返回专业基础课的平均学时。

```
mysql>DELIMITER $$
CREATE FUNCTION IS_KCXS()
     RETURNS FLOAT(5,0)
BEGIN
    DECLARE KCMS INT;
    SELECT NUM_OF_COURSE() INTO KCMS;
    IF KCMS >=3   THEN
        RETURN(SELECT SUM(hours) FROM COURSE WHERE type='专业基础课');
    ELSE
        RETURN (SELECT AVG(hours) FROM COURSE   WHERE type='专业基础课');
    END IF;
END$$
DELIMITER ;
```
调用存储函数 IS_KCXS()，具体如下。
```
mysql>SELECT IS_KCXS();
```
运行结果如图 14.3 所示。

图 14.3 运行结果

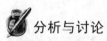 分析与讨论

一个存储函数可以调用另一个已创建的存储函数或者存储过程。

14.4 查看存储函数

用户可以通过 SHOW STATUS 语句来查看函数的状态。
```
mysql>SHOW FUNCTION STATUS;
```
也可以通过 SHOW CREATE 语句来查看函数的定义。
```
mysql>SHOW CREATE FUNCTION SP_NAME;
```
"SP_NAME" 参数表示存储函数的名称。
【任务 14.6】查看创建存储函数 NUM_OF_COURSE() 的定义。
```
mysql>SHOW CREATE FUNCTION   NUM_OF_COURSE;
```

通过这一语句可以查看存储函数名称、创建存储函数的语句块、字符集和校对原则。WAMP下的运行结果如图 14.4 所示。

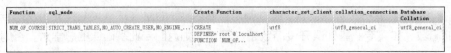

Function	sql_mode	Create Function	character_set_client	collation_connection	Database Collation
NUM_OF_COURSE	STRICT_TRANS_TABLES,NO_AUTO_CREATE_USER,NO_ENGINE...	CREATE DEFINER= root @ localhost FUNCTION NUM_OF...	utf8	utf8_general_ci	utf8_general_ci

图 14.4　WAMP 下的运行结果

14.5　修改存储函数

通过 ALTER FUNCTION 语句来修改存储函数，一种方法是 ALTER PROCEDURE 语句进行修改，另一种方法是删除并重新创建存储函数。语法结构与修改存储过程相同，详情参照任务 13 修改存储过程。

14.6　删除存储函数

删除存储函数指删除数据库中已经存在的存储函数。通过 DROP FUNCTION 语句来删除存储函数。其基本形式如下。

```
DROP  FUNCTION  IF  [IF EXISTS] sp_name;
```

说明　sp_name 是要删除的存储过程的名称。IF EXISTS 子句是 MySQL 的扩展，如果程序或函数不存在，它防止发生错误。

【任务 14.7】删除存储函数 NUM_OF_COURSE()。

```
mysql>DROP  FUNCTION  IF EXISTS NUM_OF_COURSE;
```

运行结果如图 14.5 所示。

```
mysql> DROP  FUNCTION  IF EXISTS NUM_OF_COURSE;
Query OK, 0 rows affected (0.14 sec)
```

图 14.5　运行结果

 分析与讨论

删除存储函数同删除存储过程一样，在删除之前要确认该存储函数没有任何依赖关系，否则会导致其他与之关联的存储过程无法运行。本例中，由于NUM_OF_COURSE()被另一存储函数IS_KCXS()调用，因此，调用IS_KCXS()时将出现如图14.6所示的错误信息。

```
mysql> SELECT IS_KCXS();
ERROR 1305 (42000): FUNCTION xsgl.NUM_OF_COURSE does not exist
mysql>
```

图 14.6　错误信息

若要让 IS_KCXS()能正常运行，必须重新创建相同名称和相同参数的存储函数 NUM_OF_COURSE()。

项目实践

在 YSGL 数据库中进行如下操作。

（1）创建一个存储函数 income_function（），根据指定的 E_ID 参数统计个人的实际收入。

（2）创建存储函数 student_info_function（），实现任务 13 中项目实践第 5 题的功能，该函数只有一个参数 type。通过 RETURN 语句返回查询结果。

（3）创建存储函数 count_function（），统计工作 10 年以上的员工人数。

（4）创建一个存储函数 DELETE_function（），根据指定的参数 E_ID 来删除 SALARY 表中存在，但 EMPLOYEES 表中不存在的工资记录。

（5）删除存储函数 income_function（）。

习题

一、编程与应用题

在数据库 bookdb 中创建一个存储函数 count_function（），用参数给定的留言人的姓名统计该留言人留言的记录数。

二、简答题

请简述存储过程与存储函数的区别。

任务 15　建立和使用触发器

任务背景

当学生表中增加了一个学生的信息时，学生的总数同时改变。当录入（更新）某个学生某门课的成绩时，如果成绩合格，应该将这门课的学分加到他的总学分里。当删除学生表中某个学生的信息时，同时将成绩表中与该学生有关的数据全部删除。编写程序，监控教师职称升为教授时，工资加 1000，教师职称升为副教授时，工资加 500。当更新员工记录（如员工编号更改）时，也要同时更新销售表相应的记录。

类似这样的情况，当插入、更新或删除某个数据时，要触发一个动作，更新另一张表（或同一张表）中相应的数据。这个功能可以使用触发器来实现。

任务要求

本任务将从认识触发器着手，学习触发器的创建、调用、查看和删除的基本方法，掌握触发器激发它表数据更新、激发自表数据更新以及调用存储过程进行数据操作的实际应用。

任务分解

15.1 认识触发器

触发器是一种特殊的存储过程，只要满足一定的条件，对数据进行 INSERT、UPDATE 和 DELETE 事件时，数据库系统就会自动执行触发器中定义的程序语句，以进行维护数据完整性或其他特殊的任务。

语法结构如下。

```
CREATE TRIGGER  trigger_name  trigger_time  trigger_event
ON  tbl_name  FOR EACH ROW  trigger_stmt
```

说明　（1）触发程序是与表有关的数据库对象，当表上出现特定事件时，将激活该对象。

（2）触发程序与命名为 tbl_name 的表相关。tbl_name 必须引用永久性表。不能将触发程序与 TEMPORARY 表或视图关联起来。

（3）trigger_time 是触发程序的动作时间。它可以是 BEFORE 或 AFTER，以指明触发程序是在激活它的语句之前或之后触发。

（4）trigger_event 指明了激活触发程序的语句的类型。trigger_event 可以是下述值之一。

① INSERT：将新行插入表时激活触发程序。例如，通过 INSERT、LOAD DATA 和 REPLACE 语句。

② UPDATE：更改某一行时激活触发程序。例如，通过 UPDATE 语句。

③ DELETE：从表中删除某一行时激活触发程序。例如，通过 DELETE 和 REPLACE 语句。

特别要注意的是，在当前的版本，不支持在同一个表同时存在两个有相同激活触发程序的情形。例如，STUDENTS 表中有一个删除某一行时激活触发程序动作的触发器，就不能在这个表再创建一个 DELETE 类型来激活触发程序的触发器。

（5）FOR EACH ROW 这个声明用来指定，受触发事件影响的每一行，都要激活触发器的动作。

（6）trigger_stmt 是当触发程序激活时执行的语句。如果打算执行多个语句，可使用 BEGIN … END 复合语句结构。这样就能使用存储子程序中允许的相同语句。

（7）使用触发器时，触发器执行的顺序是 BEFORE 触发器、表操作（INSERT、UPDATE 和 DELETE）、AFTER 触发器。

15.2 创建触发器

15.2.1 激发他表数据更新

【任务 15.1】创建一个触发器，当更改表 COURSE 中某门课的课程号时，同时将 SCORE

表课程号全部更新。

```
mysql>DELIMITER $$
  CREATE TRIGGER CNO_UPDATE AFTER UPDATE
  ON COURSE FOR EACH ROW
  BEGIN
        UPDATE   SCORE SET   c_no=NEW.c_no   WHERE c_no=OLD.c_no;
END$$
DELIMITER ;
```

现在验证一下触发器的功能，具体如下。

```
mysql>UPDATE course SET c_no='A100' WHERE c_no='A001';
```

使用 SELECT 语句查看 score 表中的情况，发现所有原 A001 课程编号的记录已更新为 A100，运行结果如图 15.1 所示。

 分析与讨论

（1）在本任务中，UPDATE COURSE是触发事件，AFTER是触发程序的动作时间，激发触发器UPDATE SCORE表相应记录。

（2）在MySQL触发器中的SQL语句可以关联表中的任意列。但不能直接使用列的名称标识，那会使系统混淆。NEW.column_name用来引用新行的一列，OLD.column_name用来引用更新或删除它之前的已有行的一列。对于INSERT语句，只有NEW合法；对于DELETE语句，只有OLD合法；而UPDATE语句可以与NEW或OLD同时使用。

（3）在本任务中，NEW和OLD同时使用。当在COURSE表更新c_no时，原来的c_no变为OLD. c_no，把SCORE表OLD.c_no的记录更新为NEW.c_no。

【任务 15.2】创建一个触发器，当向 SCORE 表中插入数据时，如果成绩大于或等于 60，则利用触发器将 CREDIT 表中该学生的总学分加上该门课程的学分，否则总学分不变。

```
mysql>DELIMITER $$
  CREATE   TRIGGER   CREDIT_ADD   AFTER   INSERT
        ON SCORE FOR EACH ROW
BEGIN
        DECLARE XF INT（1）;
        SELECT CREDIT INTO XF FROM COURSE WHERE c_no=NEW.c_no;
        IF NEW.REPORT>=60 THEN
            UPDATE CREDIT SET CREDIT=CREDIT +XF WHERE s_no=NEW.s_no;
            END IF;
END$$
DELIMITER ;
```

现在验证一下触发器的功能，具体如下。

```
INSERT INTO score VALUES ('123004', 'A002', 60);
```

使用 SELECT 语句查看 CREDIT 表中的情况，运行结果如图 15.2 所示。

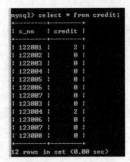

图 15.1   运行结果   图 15.2   运行结果

可以看到，已将 A002 课程的学分累加给了 123004。

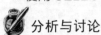 **分析与讨论**

（1）CREDIT表中CREDIT字段初始值默认为0（不能设置为NULL值），以便在刚开始录入成绩时，有初始值可以累加。

（2）本例中，对于刚通过INSERT语句插入新的记录来说，在触发器中引用的s_no、c_no和score要用NEW.s_no、NEW.c_no和NEW.score来表示。

【任务 15.3】创建一个触发器，当删除 STUDENTS 表某个人的记录时，删除 SCORE 表相应的成绩记录。

```
mysql>DELIMITER $$
CREATE   TRIGGER  SCO_DELETE  AFTER  DELETE
  ON STUDENTS FOR EACH ROW
  BEGIN
      DELETE FROM SCORE WHERE s_no=OLD.s_no;
END$$
DELIMITER ;
```

现在验证一下触发器的功能，具体如下。

```
DELETE FROM STUDENTS WHERE s_no='122001';
```

使用 SELECT 语句查看 SCORE 表中的情况，可以看到已没有 122001 学生的成绩记录。

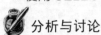 **分析与讨论**

本任务中，在STUDENTS执行DELETE事件之后，在触发器中引用的SCORE表的s_no字段要用OLD.s_no表示。

15.2.2   激发自表数据更新

【任务 15.4】创建一个触发器，修改 COURSE 相应课程的学时之后，每增加 18 学时，将该门课的相应学分增加 1 学分。

```
mysql>DELIMITER $$
CREATE   TRIGGER  CREDIT_UPDATE BEFORE   UPDATE
     ON COURSE FOR EACH ROW
BEGIN
     IF new.hours-old.hours=18   THEN
```

```
        SET   new.credit=old.credit+1;
        END IF;
END$$
DELIMITER ;
```

更新 COURSE 表，将 A002 课程学时增加 18，具体如下。

```
UPDATE   JXGL.course SET hours = 82 WHERE course.c_no ='A002';
```

现在查看 COURSE 表的 CREDIT 的更新情况，具体如下。

```
SELECT * FROM   COURSE;
```

运行结果如图 15.3 所示。

可以看出，相应的 A002 课程的学分已从 3 学分更新为 4 学分。

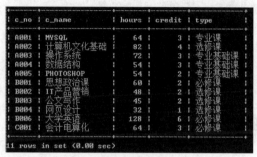

图 15.3　运行结果

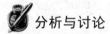 分析与讨论

（1）对自表触发时，触发程序的动作时间只能用BEFORE不能用AFTER。

（2）当激活触发程序的语句的类型是UPDATE时，在触发器里不能再用UPDATE SET，应直接用SET，避免出现UPDATE SET重复错误。

（3）本例中，当更新了某门课的学时，则该学时是新的，应该用new.hours，相对应的该门课的学分也要更新，应该用new.credit。

15.2.3　触发器调用存储过程

【任务 15.5】备份数据库表 STUDENTS，表名为"学生表"，当 STUDENTS 数据更新时，通过触发器调用存储过程，保证学生表数据的同步更新。

定义存储过程，具体如下。

```
mysql>DELIMITER $$
CREATE PROCEDURE CHANGES()
BEGIN
  TRUNCATE   TABLE   学生表 ;
  REPLACE   INTO   学生表   SELECT * FROM STUDENTS;
  END$$
  DELIMITER ;
```

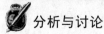 分析与讨论

（1）本存储过程是先用TRUNCATE语句清空学生表数据，再用REPLACE INTO语句向

学生表插入新数据，以避免向学生表同步数据时出现主键冲突错误。

（2）为保证在更新、插入和删除STUDENTS表数据时同步STUDENTS数据，保证两表数据的一致性，特创建了3个触发器。

① 创建UPDATE触发器。

```
mysql>CREATE TRIGGER STU_CHANGE1 AFTER UPDATE
    ON STUDENTS FOR EACH ROW
    CALL CHANGES();
```

② 创建DELETE触发器。

```
mysql>CREATE TRIGGER STU_CHANGE2 AFTER DELETE
    ON STUDENTS FOR EACH ROW
    CALL CHANGES();
```

③ 创建INSERT触发器。

```
mysql>CREATE TRIGGER STU_CHANGE3 AFTER INSERT
    ON STUDENTS FOR EACH ROW
    CALL CHANGES();
```

15.3 查看触发器

MySQL 可以执行 SHOW TRIGGERS 语句来查看触发器的基本信息。其基本形式如下。

```
mysql>SHOW   TRIGGERS ;
```

在 WAMP 下运行结果如图 15.4 所示。

Trigger	Event	Table	Statement	Timing	Created	sql_mode	Definer

CREDIT_UPDATE	UPDATE	course	BEGIN
			IF new.hours-old.hours=18 THEN
			SET new.cr...
				BEFORE	NULL		root@localhost

CREDIT_ADD	INSERT	score	BEGIN DECLARE XF INT(1); SELECT CREDIT INTO XF F...	AFTER	NULL		root@localhost
STU_CHANGE3	INSERT	students	CALL CHANGES()	AFTER	NULL		root@localhost
STU_CHANGE1	UPDATE	students	CALL CHANGES()	AFTER	NULL		root@localhost
SCO_DELETE	DELETE	students	BEGIN DELETE FROM SCORE WHERE s_no=OLD.s_no; END	AFTER	NULL		root@localhost

图 15.4　运行结果

MySQL 中，所有触发器的定义都存储在 information_schema 数据库下的 triggers 表中。查询 triggers 表，可以查看数据库中所有触发器的详细信息。查询的语句如下。

```
mysql>SELECT   *   FROM   information_schema.triggers ;
```

15.4 删除触发器

删除触发器指删除数据库中已经存在的触发器。MySQL 使用 DROP TRIGGER 语句来删除触发器。其基本形式如下。

```
DROP TRIGGER [schema_name.]trigger_name
```

【任务 15.6】删除触发器 STU_CHANGE3。

```
mysql> DROP TRIGGER STU_CHANGE3;
```

 项目实践

（1）在 YSGL 数据库中创建触发器，当向 EMPLOYEES 表中增加了一个雇员信息时，雇员的总数同时改变。

（2）在 YSGL 数据库中创建触发器，当更改表 DEPARTMENTS 表中的部门编号时，同时将 EMPLOYEES 表的部门编号也全部更新。

（3）在 SALARY 表上建立一个 AFTER 类型的触发器，监控对员工工资的更新，当更新后的工资比更新前小时，取消操作，并给出提示信息，否则允许。

 习题

一、填空题

1. 在实际使用中，MySQL 所支持的触发器有＿＿＿＿＿＿、＿＿＿＿＿＿和＿＿＿＿＿＿3 种。

2. 假设之前创建的 score 表没有设置外键级联策略，设置触发器，实现在 STUDENTS 表中修改课程 s_no 时，可自动修改课程在 score 上的课程 s_no。

Create trigger trigger_update (　) update on(　) for each row

　　　　（　　　）;

二、编程与应用题

在数据库 bookdb 的表 contentinfo 中创建一个触发器 delete_trigger，用于每次删除表 contentinfo 中一行数据时。将用户变量 str 的值设置为"旧信息已删除！"。

三、简答题

什么是触发器？触发器有哪几种？触发器有什么优点？

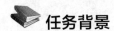 任务 16　建立和使用事件

任务背景

MySQL 5.1.x 版本中引入了一项新特性 EVENT，顾名思义就是事件、定时任务机制，在指定的时间单元内执行特定的任务，因此，一些对数据定时性操作不再依赖外部程序，直接使用数据库本身提供的功能即可。例如，定时使数据库中的数据在某个间隔后刷新、定时关闭账户、定时打开或关闭数据库指示器等。这些特定任务可以由事件调度器来完成。

任务要求

本任务将从认识事件开始，学习创建、查看、修改和删除事件的基本方法，包括创建在某个时刻发生的事件、指定区间周期性发生的事件，以及在事件中调用存储过程或存储函数的实际应用。

 任务分解

16.1 认识事件

自 MySQL 5.1.6 起，MySQL 增加了一个非常有特色的功能——事件调度器（Event Scheduler），可以用于定时执行某些特定任务（如删除记录、对数据进行汇总等），来取代原先只能由操作系统的计划任务来执行的工作。更值得一提的是，MySQL 的事件调度器可以精确到每秒钟执行一项任务，而操作系统的计划任务（如 Linux 下的 cron 或 Windows 下的任务计划）只能精确到每分钟执行一次。这一功能对于一些对数据实时性要求比较高的应用（如股票、赔率、比分等）是非常适合的。

事件调度器有时也可称为临时触发器（Temporal Triggers），因为事件调度器是基于特定时间周期触发来执行某些任务，而触发器（Triggers）是基于某个表所产生的事件触发的，区别就在这里。

MySQL 事件调度器负责调用事件。这个模块是 MySQL 数据库服务器的一部分。它不断地监视一个事件是否需要调用。要创建事件，必须打开调度器。可以使用系统变量 EVENT_SCHEDULER 来打开事件调度器，TRUE（或 1 或 ON）为打开，FALSE（或 0 或 OFF）为关闭。

要开启 event_scheduler，可执行下面的语句。

```
SET @@GLOBAL.EVENT_SCHEDULER = TRUE;
```

也可以在 MySQL 的配置文件 my.ini 中加上一行，然后重启 MySQL 服务器。

```
event_scheduler = 1
```

要查看当前是否已开启事件调度器，可执行如下 SQL 语句。

```
SHOW VARIABLES LIKE 'event_scheduler';
```

运行结果如图 16.1 所示。

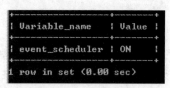

图 16.1 运行结果

或者执行如下语句。

```
SELECT @@event_scheduler;
```

运行结果如图 16.2 所示。

图 16.2 运行结果

16.2　创建事件

创建事件可以使用 CREATE EVENT 语句。

语法结构如下。

```
CREATE EVENT [IF NOT EXISTS] event_name
     ON SCHEDULE schedule
     [ON COMPLETION [NOT] PRESERVE]
     [ENABLE | DISABLE | DISABLE ON SLAVE]
     [COMMENT 'comment']
     DO sql_statement;
```

其中，schedule 的语法结构如下。

```
  AT timestamp [+ INTERVAL interval]
| EVERY interval
   [STARTS timestamp [+ INTERVAL interval]]
   [ENDS timestamp [+ INTERVAL interval]]
interval:
count  {   YEAR | QUARTER | MONTH | DAY | HOUR | MINUTE |
           WEEK | SECOND | YEAR_MONTH | DAY_HOUR | DAY_MINUTE |
           DAY_SECOND | HOUR_MINUTE | HOUR_SECOND | MINUTE_SECOND}
```

> **说明**　（1）event-name：表示事件名。
> （2）schedule：是时间调度，表示事件何时发生或者每隔多久发生一次。
> ① AT 子句：表示事件在某个时刻发生。timestamp 表示一个具体的时间点，后面还可以加上一个时间间隔，表示在这个时间间隔后事件发生。interval 表示这个时间间隔，由一个数值和单位构成，count 是间隔时间的数值。
> ② EVERY 子句：表示在指定时间区间内每隔多长时间事件发生一次。STARTS 子句指定开始时间，ENDS 子句指定结束时间。
> （3）DO sql_statement：事件启动时执行的 SQL 代码。如果包含多条语句，可以使用 BEGIN...END 复合结构。

16.2.1　创建某个时刻发生的事件

【任务 16.1】创建现在立刻执行的事件，创建一个表 test。

```
mysql>USE JXGL;
CREATE EVENT DIRECT
        ON SCHEDULE   AT NOW()
        DO CREATE TABLE test(timeline TIMESTAMP);
```

查看是否创建了表 test。

```
SHOW TABLES;
```

运行结果如图 16.3 所示。

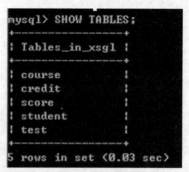

图 16.3　运行结果

查看 test 表，具体如下。

```
mysql>SELECT * FROM test;
```

【任务 16.2】创建现在立刻执行的事件，5 秒后创建一个表 test1。

```
mysql>USE JXGL;
CREATE EVENT DIRECT
        ON SCHEDULE    AT AT CURRENT_TIMESTAMP + INTERVAL 5 SECOND
        DO CREATE TABLE test1(timeline TIMESTAMP);
```

16.2.2　创建在指定区间周期性发生的事件

【任务 16.3】每秒插入一条记录到数据表。

```
mysql>CREATE EVENT test_insert
ON SCHEDULE EVERY 1 SECOND
DO INSERT INTO test VALUES (CURRENT_TIMESTAMP);
```

等待 5 秒后，再执行查询，具体如下。

```
mysql> SELECT * FROM test;
```

运行结果如图 16.4 所示。

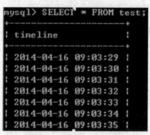

图 16.4　运行结果

【任务 16.4】每天定时清空 test 表。

```
mysql>CREATE EVENT e_test
ON SCHEDULE EVERY 1 DAY
DO DELETE FROM test;
```

【任务 16.5】创建一个事件，从下一个星期开始，每个星期都清空 test 表，并且在 2016 年的 12 月 31 日 12 时结束。

```
mysql>DELIMITER $$
CREATE EVENT STARTMONTH
        ON SCHEDULE   EVERY 1 WEEK
            STARTS CURDATE()+INTERVAL 1 WEEK
        ENDS'2016-12-31 12:00:00'
        DO
        BEGIN
            TRUNCATE TABLE test;
        END$$
DELIMITER ;
```

16.2.3　在事件中调用存储过程或存储函数

【任务 16.6】假设 COUNT_STU（）是用来统计学生考勤情况的存储过程，创建事件，每星期查看一次学生的考勤情况，供有关部门参考。

```
mysql>DELIMITER $$
CREATE EVENT STARTWEEK
        ON SCHEDULE   EVERY 1 WEEK
        DO
        BEGIN
            Call COUNT_STU ;
        END$$
DELIMITER ;
```

16.3　查看事件

简要列出所有的 EVENT。语法如下。

```
SHOW EVENTS [FROM schema_name]
        [LIKE'pattern' | WHERE expr]
```

【任务 16.7】查看 JXGL 库的事件。

```
mysql>Use JXGL;
mysql>SHOW EVENTS;
```

【任务 16.8】格式化显示所有 EVENT。

```
mysql>SHOW EVENTS \G
```

运行结果如图 16.5 所示。

查看 EVENT 的创建信息，语法如下。

```
mysql>SHOW CREATE EVENT STARTMONTH;
```

【任务 16.9】查看 EVENT 的创建信息。

```
mysql>SHOW CREATE EVENT EVENT_NAME
mysql>SHOW CREATE EVENT STARTMONTH;
```

```
mysql> SHOW EVENTS\G;
*************************** 1. row ***************************
                  Db: xsgl
                Name: e_test
             Definer: root@127.0.0.1
           Time zone: SYSTEM
                Type: ONE TIME
          Execute at: 2015-05-23 09:39:20
      Interval value: NULL
      Interval field: NULL
              Starts: NULL
                Ends: NULL
              Status: ENABLED
          Originator: 0
character_set_client: latin1
collation_connection: latin1_swedish_ci
  Database Collation: gb2312_chinese_ci
```

图 16.5　运行结果

16.4　修改事件

可以通过 ALTER EVENT 语句来修改事件的定义和相关属性，如临时关闭事件或再次让它活动、修改事件的名称并加上注释等。

```
mysql>ALTER EVENT event_name
    [ON SCHEDULE schedule]
    [RENAME TO new_event_name]
    [ON COMPLETION [NOT] PRESERVE]
    [COMMENT'comment']
    [ENABLE | DISABLE]
    [DO sql_statement]
```

【任务 16.10】临时关闭 e_test 事件。

```
mysql>ALTER EVENT e_test DISABLE;
```

【任务 16.11】开启 e_test 事件。

```
mysql>ALTER EVENT e_test ENABLE;
```

【任务 16.12】将每天清空 test 表改为 5 天清空一次。

```
mysql>ALTER EVENT e_test
    ON SCHEDULE EVERY 5 DAY;
```

【任务 16.13】重命名事件并加上注释。

```
mysql>ELTER EVENT STARTMONTH_INERT
    RENAME TO STARTWEEK_INERT COMMENT '表数据操作';
```

16.5　删除事件

用 DROP EVENT 语句可以删除事件。

语法结构如下。

```
DROP EVENT [IF EXISTS][database name.] event name
```

【任务 16.14】删除事件 e_test。

```
mysql>DROP EVENT e_test;
```

项目实践

（1）创建一个事件，在 2008 年 5 月 23 日 9 点 30 分 20 秒整清空 test 表。

（2）创建一个事件，从下月开始，每月执行一次，并于 2016 年 5 月 1 日结束。

习题

一、编程与应用题

在数据库 bookdb 中创建一个事件，要求每个星期删除一次姓名为"探险者"的用户所发的全部留言信息，该事件开始于下个月并且在 2015 年 12 月 31 日结束。

二、简答题

1. 请解释什么是事件。

2. 请简述事件的作用。

3. 请简述事件与触发器的区别。

项目七
数据库安全与性能优化

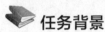 **任务 17　用户与权限**

 任务背景

　　MySQL 用户包括 root 用户和普通用户。这两种用户的权限是不一样的。root 用户是超级管理员，拥有所有的权限，包括创建用户、删除用户和修改普通用户的密码等管理权限。而普通用户只拥有创建该用户时赋予它的权限。

　　某校的教学管理系统对用户权限的要求如下：教务处管理员有对课程、学生表和成绩表的所有权限（INSERT、UPDATE、DELETE 等），任课教师可以录入成绩，但不能修改学生表、课程表数据，学生只能查看（SELECT）相关表数据，而不能进行更新、删除。那么，该怎样建立这些用户并设置相应的权限呢？

 任务要求

　　本任务将学习用 CREATE USER 语句来创建用户，用 SET PASSWORD 语句设置用户密码、给密码加密，用 GRANT 语句创建用户并授予权限以及用 REVOKE 语句回收权限的方法，并学习通过修改 MySQL 授权表来创建用户、设置密码和授予权限的方法，学习使用 REVOKE 语句回收权限的方法。

任务分解

　　数据库的安全性是指只允许合法用户进行其权限范围内的数据库相关操作，保护数据库以防止任何不合法的使用所造成的数据泄露、更改或破坏。

　　数据库安全性措施主要涉及以下两个方面的问题。

　　（1）用户认证问题。

　　（2）访问权限问题。

17.1　创建用户账户

　　以 root 身份登录到服务器上后，可以添加新用户账户。

17.1.1 用 CREATE USER 创建用户

用 CREATE USER 分别创建能在本地主机、任意主机连接数据库的用户，并设置密码。语法格式如下。

> CREATE USER user [IDENTIFIED BY [PASSWORD] 'password']
>   [, user [IDENTIFIED BY [PASSWORD] 'password']] ...

其中，

- user 的格式为'user_name'@'host name'。host name 指定了用户创建的使用 MySQL 的连接来自的主机。如果一个用户名和主机名中包含特殊符号如"_"，或通配符如"%"，则需要用单引号将其括起。"%"表示一组主机。localhost 表示本地主机。
- IDENTIFIED BY 用于指定用户密码。
- PASSWORD()是对密码进行加密。
- 可以使用 CREATE USER 语句同时创建多个数据库用户，用户名之间用逗号分隔。

【任务 17.1】创建用户 KING，从本地主机连接 MySQL 服务器。

> mysql>CREATE USER 'KING'@'localhost' ;

【任务 17.2】创建两个用户，用户名为 palo，分别从任意主机和本地主机登录连接 MySQL 服务器。

> mysql>CREATE USER 'palo'@'%' IDENTIFIED BY '123456',
>   'palo'@'localhost' IDENTIFIED BY '123456';

创建的用户信息将保存在 USER 表中。用如下命令可以查看创建的用户情况。

> mysql>SELECT USER,HOST,PASSWORD FROM USER;

运行结果如图 17.1 所示。

图 17.1　运行结果

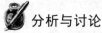 分析与讨论

（1）要使用CREATE USER，必须拥有MySQL数据库的全局CREATE USER权限或INSERT权限。CREATE USER会在系统本身的MySQL数据库的USER表中添加一个新记录，如图17.1所示。

（2）要使用USE MYSQL进入MySQL库，才能使用CREATE USER命令创建用户。

（3）上面创建的用户'KING'@'localhost'在创建时没有指定用户密码。MySQL允许无密码登录，但为了数据库的安全，最好设置密码。

（4）两个账户有相同的用户名和密码，但主机不同，MySQL 将其视为不同的用户，如'palo'@ 'localhost'和'palo'@'%'。值得注意的是，'palo'@' localhost'只用于从本机连接 MySQL 服务器，'palo'@'%'可用于从其他任意主机连接 MySQL 服务器。

（5）用户名和密码区别大小写。

17.1.2 用 GRANT 命令创建用户

用 GRANT 命令创建用户的语法结构如下。

```
GRANT   priv_type [(column_list)] [, priv_type [(column_list)]] ...
ON [object_type] {tbl_name | * | . | db_name. *}
TO user [IDENTIFIED BY [PASSWORD] 'password']
    [, user [IDENTIFIED BY [PASSWORD] 'password']] ...
```

其中，

- priv_type：权限类型。
- object_type：数据库、表或视图对象。

【任务 17.3】使用 GRANT 创建新账户 peter，密码为"123456"，从本机上访问 JXGL 库，拥有对数据库 JXGL 的所有表 SELECT、INSERT、UPDATE、DELETE、CREATE 和 DROP 的权限。

```
mysql>GRANT SELECT,INSERT,UPDATE,DELETE,CREATE,DROP
    ON JXGL. *
    TO 'peter'@'localhost'    IDENTIFIED BY '123456';
```

 分析与讨论

（1）GRANT命令除了授予权限的功能外，还能通过为一个不存在的用户授权而建立新用户，但必须为用户指定密码。

（2）GRANT语句会加密密码，因此不需要使用PASSWORD()加密。

（3）用GRANT命令更精确，错误少。

（4）用GRANT语句可以同时创建多个数据库用户，数据库用户名与数据库用户名之间用逗号分隔。

17.1.3 用 SET PASSWORD 修改用户密码

只有 root 用户才可以设置或修改当前用户或其他特定用户的密码。

语法结构如下。

```
SET   PASSWORD [FOR user]= PASSWORD('newpassword')
```

【任务 17.4】修改 king 用户的密码为 queen。

```
mysql>SET PASSWORD FOR 'king'@'localhost' = PASSWORD('queen');
```

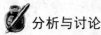 分析与讨论

（1）如果不加FOR user，表示修改当前用户的密码。

（2）加了FOR user则是修改当前主机上的特定用户的密码，user为用户名。user的值必须以' user_name '@ 'host_name '的格式给定。

17.1.4 重命名用户名

重命名用户的语法结构如下。

```
RENAME USER old_user TO new_user,
                 [, old_user TO new_user] ...
```

其中，

old_user 为已经存在的 SQL 用户。new_user 为新的用户名。

【任务 17.5】修改 king 用户名为 ken。

```
mysql>RENAME USER king@localhost to ken@localhost;
```

 分析与讨论

（1）RENAME USER语句用于对原有MySQL账户进行重命名。要使用RENAME USER，必须拥有全局CREATE USER权限或MySQL数据库UPDATE权限。

（2）如果旧账户不存在或者新账户已存在，则会出现错误。

17.1.5 修改 USER 表

USER 表是 MySQL 中最重要的一个权限表。可以使用 DESC 语句来查看 USER 表的基本结构。USER 表有 39 个字段。这些字段大致可以分为 4 类，分别是用户字段、权限字段、安全字段和资源控制字段。通过修改 MySQL 库中的 USER 表，可以建立数据库用户并对密码进行加密。

【任务 17.6】创建用户 david，密码为"abc123"，并用 PASSWORD()对密码加密，从任意主机连接 MySQL 服务器。

```
mysql>INSERT INTO user (Host,User,Password) VALUES('%', 'david',PASSWORD('abc123'));
```

【任务 17.7】创建无密码用户，从本地主机连接 MySQL 服务器。

```
mysql >INSERT INTO user (Host,User,Password)  VALUES('localhost','LIM', ');
```

【任务 17.8】修改 king 用户的密码为"123456"。

```
mysql >Update user set password= password('123456')  where host='localhost' and user='king';
```

 分析与讨论

（1）通过INSERT语句在USER表中加入了条目，创建了账户。

（2）当使用SET PASSWORD、INSERT或UPDATE指定账户的密码时，必须用PASSWORD()函数对它进行加密。唯一的特例是如果密码为空，就不需要使用PASSWORD()。需要使用PASSWORD()是因为USER表以加密方式而不是明文方式保存密码。

```
mysql>INSERT INTO user (Host,User,Password) VALUES('localhost','kk','queen');
```

如果像上面那样设置密码，结果是密码"queen"保存到 USER 表后没有加密。当 kk 用户使用该密码连接服务器时，密码值会被加密并同保存在 USER 表中的进行比较。但是，保存的值为字符串"queen"，因此比较将失败，服务器拒绝连接，运行结果如图 17.2 所示。

```
Cd C:\Program Files\MySQL\MySQL Server 5.1\bin
```

```
  MySQL -u kk -pqueen
Access denied
```

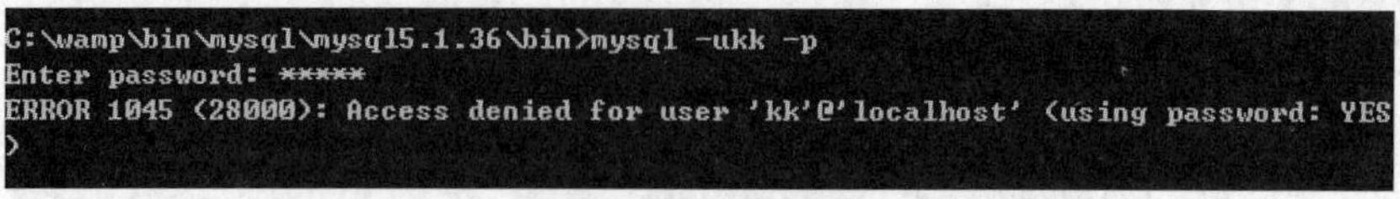
C:\wamp\bin\mysql\mysql5.1.36\bin>mysql -ukk -p
Enter password: *****
ERROR 1045 (28000): Access denied for user 'kk'@'localhost' (using password: YES
>

图 17.2　运行结果

（3）用如下命令查看创建的用户情况，注意观察密码加密情况。

```
mysql>SELECT USER,HOST,PASSWORD FROM USER;
```

17.2 授予用户权限

新的 SQL 用户不允许访问属于其他 SQL 用户的表，也不能立即创建自己的表，它必须被授权。

在命令行中运行如下命令，用刚才创建的 king 用户登录 MySQL 服务器。

```
cd C:\wamp\bin\MySQL\MySQL5.1.36\bin
mysql –uking –p123456
```

登录，尝试使用 USE XSCJ 语句进入 XSCJ 库，将出现如图 17.3 所示的错误提示。原因是 king 用户尚未被授权，因此不能进入 XSCJ 库。

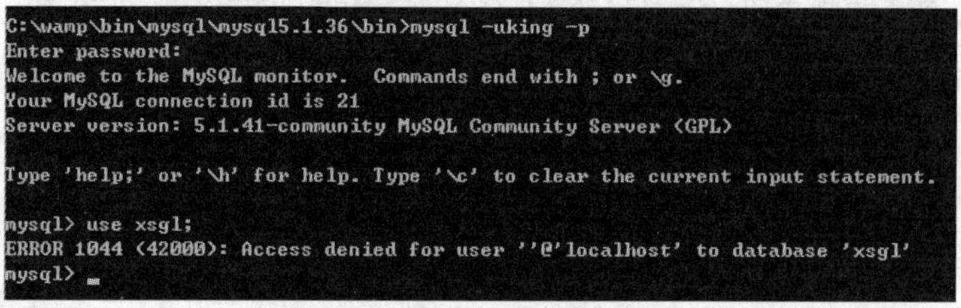
C:\wamp\bin\mysql\mysql5.1.36\bin>mysql -uking -p
Enter password:
Welcome to the MySQL monitor. Commands end with ; or \g.
Your MySQL connection id is 21
Server version: 5.1.41-community MySQL Community Server (GPL)

Type 'help;' or '\h' for help. Type '\c' to clear the current input statement.

mysql> use xsgl;
ERROR 1044 (42000): Access denied for user ''@'localhost' to database 'xsgl'
mysql>

图 17.3　错误提示

MySQL 的权限可以分为多个层级。

（1）全局层级：使用 ON *.*语法赋予权限。

（2）数据库层级 ：使用 ON db_name. *语法赋予权限。

（3）表层级：使用 ON db_name.tbl_name 语法赋予权限。

（4）列（字段）层级：语法结构采用 SELECT(col1, col2...)、INSERT(col1, col2...)和 UPDATE (col1, col2...)。

MySQL 的用户及其权限信息存储在 MySQL 自带的 MySQL 数据库中，具体是在 MySQL 数据库的 user、db、host、tables_priv、columns_priv 和 procs_priv 这几个表中，这些表统称为 MySQL 的授权表。user 是全局权限表，db 是数据库权限表，tables_priv 是表层级权限表，columns_priv 是列层级权限表。

通过权限验证进行权限分配时，按照 user、db、table_pryiv 和 column_priv 的顺序进行分配。即先检查全局权限表 user，如果 user 中对应的权限为 Y，则此用户对的所有数据库的权限为 Y，将不再检查 db、table_pryiv、column_priv；如果为 N，则从 db 表中检查此用户对应的具体数据库，并得到 db 中的 Y 的权限；如果 db 中为 N，则检查 table_pryiv 中此数据库对应的具体表，取得表中的权限 Y，以此类推。

下面分别介绍用 GRANT 授权和直接修改授权表进行授权的方法。只有 root 用户才能进行授权操作。

17.2.1　用 GRANT 授权

新创建的用户还没任何权限，不能访问数据库，不能进行任何操作。针对不同用户对数据库的实际操作要求，分别授予用户对特定表的特定字段、特定表、数据库的特定权限。

语法结构如下。

```
GRANT   priv_type [(column_list)] [, priv_type [(column_list)]] ...
    ON [object_type] {tbl_name | * |*.*| db_name. *}
    TO user [IDENTIFIED BY [PASSWORD] 'password']
    [, user [IDENTIFIED BY [PASSWORD] 'password']] ...
[WITH with_option [with_option] ...]
```

其中，

- priv_type 为权限。
- object_type 为对象类型，可以是特定表、所有表、特定库或所有数据库。
- user 是用户名。
- 在授权时若带有 WITH with_option 语句，可以将该用户的权限转移给其他用户。
- db_name. * 表示特定数据库的所有表，*.*表示所有数据库。

1. 授予对字段或表的权限

表的权限与说明见表 17.1。

表 17.1　表的权限与说明

权限	说明
SELECT	授予用户使用 SELECT 语句访问特定表的权限
INSERT	授予用户使用 INSERT 语句向一个特定表中添加行的权限
DELETE	授予用户使用 DELETE 语句向一个特定表中删除行的权限
UPDATE	授予用户使用 UPDATE 语句修改特定表中值的权限
REFERENCES	授予用户创建一个外键来参照特定表的权限
CREATE	授予用户使用特定的名字创建一个表的权限
ALTER	授予用户使用 ALTER TABLE 语句修改表的权限
INDEX	授予用户在表上定义索引的权限
DROP	授予用户删除表的权限
ALL 或 ALL PRIVILEGES	授予用户对表所有的权限

【任务 17.9】授予 king 用户在 STUDENTS 表上的 S_NO 字段和 S_NAME 字段的 UPDATE 权限。

```
mysql>GRANT   UPDATE(S_NO,S_NAME)
    ON   STUDENTS
    TO   king@localhost;
```

【任务 17.10】授予用户 peter、king 查看和更新 JXGL 库 STUDENTS 表的权限。

```
mysql>GRANT SELECT,UPDATE
      ON JXGL.STUDENTS
      TO peter@localhost,
       king@localhost;
```

【任务 17.11】授予用户 peter 在表 STUDENTS 定义索引的权限。

```
mysql>GRANT INDEX
      ON JXGL.STUDENTS
      TO peter@localhost;
```

【任务 17.12】假设 stone 不存在，使用 GRANT 命令创建用户，并授予用户 stone 使用 ALTER TABLE 语句修改 JXGL 库 COURSE 表的权力。

```
mysql>GRANT alter
      ON JXGL.COURSE
      TO stone@localhost identified by 'stone168';
```

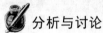 分析与讨论

（1）使用GRANT语句创建用户的同时也完成授权。如果权限授予了一个不存在的用户，MySQL会自动执行一条CREATE USER语句来创建这个用户，但必须为该用户指定密码。

（2）对于字段权限，权限的值只能取SELECT、INSERT和UPDATE。权限的后面需要加上列名。可以同时授予多个字段权限，字段名与字段名之间用逗号分隔。

（3）可以同时授予多个用户多个权限，权限与权限之间用逗号分隔，用户名与用户名用逗号分隔。

（4）上述用GRANT语句进行授权，将会在授权表db表中增加相应记录。

2. 授予对数据库的权限

数据库的权限与说明见表 17.2。

表 17.2 数据库的权限与说明

权限	说明
SELECT	授予用户使用 SELECT 语句访问所有表的权限
INSERT	授予用户使用 INSERT 语句向所有表中添加行的权限
DELETE	授予用户使用 DELETE 语句向所有表中删除行的权限
UPDATE	授予用户使用 UPDATE 语句修改所有表中值的权限
REFERENCES	授予用户创建一个外键来参照所有的表的权限
CREATE	授予用户使用特定的名字创建一个表的权限
ALTER	授予用户使用 ALTER TABLE 语句修改表的权限
INDEX	授予用户在所有表上定义索引的权限
DROP	授予用户删除所有表和视图的权限
CREATE TEMPORARY TABLES	授予用户在特定数据库中创建临时表的权限
CREATE VIEW	授予用户在特定数据库中创建新的视图的权限
SHOW VIEW	授予用户查看特定数据库中已有视图的视图定义的权限

续表

权限	说明
CREATE ROUTINE	授予用户为特定的数据库创建存储过程和存储函数的权限
ALTER ROUTINE	授予用户更新和删除数据库中已有的存储过程和存储函数的权限
EXECUTE ROUTINE	授予用户调用特定数据库的存储过程和存储函数的权限
LOCK TABLES	授予用户锁定特定数据库的已有表的权限
ALL 或 ALL PRIVILEGES	表示所有权限

【任务 17.13】授予用户 king 对 JXGL 库所有表有 SELECT、INSERT、UPDATE、DELETE、CREATE、DROP 的权限。

mysql>GRANT SELECT,INSERT,UPDATE,DELETE,CREATE,DROP
ON JXGL. * TO king@localhost;

【任务 17.14】授予用户 david 对 JXGL 库所有表所有的权限。

mysql>GRANT ALL ON JXGL.*.*TO   david@localhost;

【任务 17.15】授予用户 stone 为 JXGL 数据库创建存储过程和存储函数权限。

mysql>GRANT CREATE ROUTINE ON   JXGL. * TO   stone@localhost;

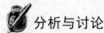 **分析与讨论**

（1）在GRANT语法格式中，授予用户权限时ON子句中使用"*.*"，表示所有数据库的所有表。

（2）若授予用户所有的权限（ALL），该用户为超级用户账户，具有完全的权限，可以进行任何操作。

（3）任务【17.14】中的david用户对库具有完全的权限，是全局权限。

3. 授予创建用户的权限

【任务 17.16】授予用户 stone 创建用户的权限。

mysql>GRANT CREATE USER ON *.* TO   stone@localhost;

17.2.2   直接修改 MySQL 授权表

修改 MySQL 授权表 user 和 db，分别设定全局权限和特定权限。

【任务 17.17】授予用户 peter 有对数据进行查看、插入和更新的权限，同时密码修改为"123456"。

mysql>insert INTO user (Host,User,Select_priv,Insert_priv,Update_priv) VALUES
('localhost','peter','Y','Y','Y');
mysql>FLUSH PRIVILEGES;
  或者用下面方法。
mysql>Update user set Select_priv ='Y', Insert_priv ='Y', Update_priv ='Y' where
host='localhost'and user='king';
mysql>FLUSH PRIVILEGES;

【任务 17.18】假设用户 LIMING 未指定任何对象、任何权限，授予 LIMING 用户对数据库 JXGL 的所有表的查询、插入、更新、删除数据、创建表和删除表的权限。

mysql>INSERT INTO db(Host,Db,User,Select_priv,Insert_priv,Update_priv,

```
            Delete_priv,Create_priv,Drop_priv)
        VALUES('localhost','JXGL','LIMING','Y','Y','Y','Y','Y','Y');
mysql>FLUSH PRIVILEGES;
```

 分析与讨论

（1）直接操作user表进行授权，是指定全局权限，即对数据库的所有对象有相应的权限。【任务17.17】中的peter的权限是全局权限。

（2）修改db表的授权，是指对特定数据库的授权，【任务17.18】中用户LIMING的权限是数据库权限。

（3）授权表也可以像其他表那样使用INSERT、UPDATE或DELETE命令手动修改，但是需要执行FLUSH PRIVILEGES，即告诉服务器重载授权表，使权限更改生效。

17.3 用 REVOKE 收回权限

根据实际情况需要，可以使用 REVOKE 语句收回用户的部分和所有权限。
语法结构如下。

```
REVOKE priv_type [(column_list)] [, priv_type [(column_list)]] ...
        ON   {tbl_name | * |*.*| db_name. *}
        FROM user [, user] ...
```

或者采用如下语法结构。

```
REVOKE ALL PRIVILEGES, GRANT OPTION FROM user [, user] ...
```

其中，

第一种语法结构用来回收某些特定的权限，第二种语法结构回收该用户的所有权限。

【任务 17.19】回收用户 king 在 JXGL 库上的 SELECT 权限。

```
mysql>REVOKE select on JXGL. *    FROM king@localhost;
```

【任务 17.20】回收用户 king 在 JXGL 库上的所有权限。

```
mysql>REVOKE all on JXGL. *    FROM   king@localhost;
```

 分析与讨论

用户king原有权限包括SELECT、INSERT、UPDATE、DELETE、CREATE、DROP，执行第一次收回时收回了SELECT权限，执行第二次收回时收回所有的权限。

17.4 权限转移

GRANT 语句的最后可以使用 WITH 子句。如果指定为 WITH GRANT OPTION，则表示子句中指定的所有用户都有把自己所拥有的权限授予其他用户的权力，而不管其他用户是否拥有该权限。

【任务 17.21】授予 king 用户 SELECT、INSERT、UPDATE、DELETE、CREATE、DROP 权限，同时允许将其本身权限转移给其他用户。

```
mysql>GRANT SELECT,INSERT,UPDATE,DELETE,CREATE,DROP
        ON   JXGL. *   TO   king@localhost
```

WITH GRANT OPTION;

17.5 权限限制

WITH 子句也可以对一个用户授予使用限制，有以下 3 种情形。

（1）MAX_QUERIES_PER_HOUR count 表示每小时可以查询数据库的次数。

（2）MAX_CONNECTIONS_PER_HOUR count 表示每小时可以连接数据库的次数。

（3）MAX_UPDATES_PER_HOUR count 表示每小时可以修改数据库的次数。

其中，count 表示次数。

【任务 17.22】授予用户 Jim 每小时只能处理一条 SELECT 语句的权限。

```
mysql>GRANT SELECT
    ON   XS
    TO   Jim@localhost
WITH   MAX_QUERIES_PER_HOUR 1;
```

【任务 17.23】授予用户 king 每小时可以查询 20 次，每小时可以连接数据库 5 次，每小时可以发出更新 10 次的权限。

```
mysql>GRANT ALL ON *.* TO 'king'@'localhost'
    IDENTIFIED BY 'frank'
    WITH MAX_QUERIES_PER_HOUR 20
        MAX_UPDATES_PER_HOUR 10
        MAX_CONNECTIONS_PER_HOUR 5;
```

17.6 初始 MySQL 账户安全

MySQL 授权表 user 定义了初始 MySQL 用户账户和访问权限。

一般情况下，MySQL 创建两个 root 账户。在 Windows 中，一个 root 账户用来从本机连接 MySQL 服务器，它具有所有权限；另一个允许从任何主机连接，具有 test 数据库或其他以 test 开始的数据库的所有权限。初始账户均没有密码，因此任何人都可以用 root 账户不用任何密码来连接 MySQL 服务器。

一般情况下，MySQL 创建两个匿名用户账户，每个账户的用户名均为空。匿名账户没有密码，因此任何人都可以使用匿名账户来连接 MySQL 服务器。在 Windows 中，一个匿名账户用来从本机进行连接。它具有所有权限，同 root 账户一样。另一个可以从任何主机上连接，具有 test 数据库或其他以 test 开始的数据库的所有权限。

使用如下语句可以查看初始 root 账户和匿名用户账户信息，如图 17.4 所示。

```
mysql> SELECT Host, User ,password   FROM mysql.user;
```

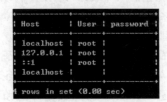

图 17.4 初始账户情况

为了数据库的安全，可以采取如下措施。

（1）为 root 账户指定密码，为匿名账户指定密码。

可以使用 SET PASSWORD 语句，比如，

```
mysql>SET PASSWORD FOR 'root'@'localhost' = PASSWORD('MYpyp123');
mysql>SET PASSWORD FOR ''@'localhost' = PASSWORD(' MYpyp123');
```

也可以使用 UPDATE 语句，比如，

```
mysql>UPDATE   mysql.user   SET Password = PASSWORD('MYpyp123')
     WHERE User = 'root';
mysql>UPDATE   mysql.user   SET Password = PASSWORD('MYpyp123')
     WHERE User = '';
mysql>FLUSH PRIVILEGES;
```

注意以下两点。

- 使用 PASSWORD()函数为密码加密。
- 使用 UPDATE 更新密码后，必须让服务器用 FLUSH PRIVILEGES 重新读授权表。

（2）删掉匿名账户。

```
mysql> DELETE   FROM   mysql.user   WHERE   User = '';
```

17.7 密码安全

在管理级别，决不能将 MySQL.user 表的访问权限授予任何非管理账户。

当运行客户端程序连接 MySQL 服务器时，以一种暴露的可被其他用户发现的方式指定密码是不妥当的。

```
C:\Program Files\MySQL\MySQL Server 5.5\bin> MySQL –uking –pqueen;
```

这很方便但是不安全，因为密码对系统状态程序（例如 ps）可见，它可以被其他用户调用来显示命令行。

可以改为使用下列方法指定密码。

```
C:\Program Files\MySQL\MySQL Server 5.5\bin > MySQL –uking –p
Enter password: ********
```

"*"字符指示输入密码的地方。输入密码时，密码不可见。

因为它对其他用户不可见，与在命令行上指定它相比，这样的密码更安全。

 项目实践

在 YSGL 数据库中，进行如下操作。

（1）用 CREATE USER 命令创建一个 DAVID 用户，以本地主机登录 MySQL 服务器。

（2）用 CREATE USER 命令同时创建两个用户 ZHUANG 和 WANG，以任意主机登录 MySQL 服务器，并指定密码分别为"333"和"222"。

（3）用 SET PASSWORD 命令对用户 DAVID 设置密码"123"。

（4）用 GRANT 创建用户 FANG，并指定密码"123456"。

（5）用 GRANT 授予用户 ZHUANG 访问数据库的所有权限，授予 WANG 用户对 EMPLOYEES 表查看、更新的权限。

（6）授予用户 FANG 每小时只能处理 10 条 SELECT 语句的权限。

（7）授予用户 DAVID 每小时可以发出查询 10 次，每小时可以连接数据库 6 次，每小时可以发出更新 5 次的权限。

（8）用 REVOKE 命令回收用户 WANG 的权限。

 习题

一、填空题

1. 在 MySQL 中，可以使用_____语句来为指定的数据库添加用户。

2. 在 MySQL 中，可以使用_____语句来实现权限的撤销。

二、选择题

1. MySQL 中存储用户全局权限的表是_____。

    A. table_priv   B. procs_priv   C. columns_priv   D. user

2. 删除用户的命令是_____。

    A. drop user   B. delete user   C. drop root   D. truncate user

3. 给名字是 zhangsan 的用户分配对数据库 studb 中的 stuinfo 表的查询和插入数据权限的语句是_____。

    A. grant select,insert on studb.stuinfo for 'zhangsan'@'localhost'

    B. grant select,insert on studb.stuinfo to 'zhangsan' @' localhost'

    C. grant 'zhangsan'@' localhost' to select,insert for studb.stuinfo

    D. grant 'zhangsan'@' localhost' to studb.stuinfo on select,insert

4. 创建用户的命令是_____。

    A. join user   B. create user   C. create root   D. MySQL user

5. 修改自己的 MySQL 服务器密码的命令是_____。

    A. MySQL   B. grant

    C. set password   D. change password

三、编程与应用题

用 CREATE USER 语句创建一个用户 zhang，登录 MySQL 服务器的口令为"123456"，同时授予该用户在数据库 bookdb 的表 contentinfo 上 SELECT 和 UPDATE 的权限。

四、简答题

1. 在 MySQL 中可以授予的权限有哪几组？

2. 在 MySQL 的权限授予语句中，可用于指定权限级别的值有哪几类格式？

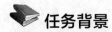 任务 18　数据库备份与恢复

任务背景

多种原因可能导致数据库系统数据被破坏。例如，数据库系统在运行过程中可能出现故障、计算机系统出现操作失误或系统故障、计算机病毒或者物理介质故障等。银行数据库系统、股票交易系统之类的数据库存储着客户账户的重要信息，绝对不允许出现故障和数据破坏。为了保证数据的安全，需要定期对数据进行备份。如果数据库中的数据出现了错误，可以使用备份

好的数据进行数据还原，将损失降至最低。

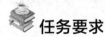

任务要求

本任务学习用 SELECT INTO OUTFILE、LOAD DATA INFILE、SOURCE 语句备份与恢复数据的方法，使用 MySQL 的管理工具 mysqldump 和 mysqlimport 备份与恢复数据、直接复制数据表文件和用日志备份与恢复数据的方法。

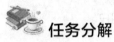

任务分解

18.1 用 SELECT INTO OUTFILE 备份表数据

使用 SELECT INTO OUTFILE 语句把表数据导出到一个文件中，并用 LOAD DATA INFILE 语句恢复数据。

【任务 18.1】备份表 STUDENTS。

    mysql>SELECT * FROM STUDENTS INTO OUTFILE 'STUDENTS.TXT';

系统将表 STUDENTS 的数据备份在 STUDENTS.TXT 中，默认保存在 DATA 目录下（C:\ProgramData\MySQL\MySQL Server 5.5\data\JXGL）。

分析与讨论

（1）如果要备份在指定的目录，则要在文件名前加上具体的路径。例如，备份在"d:/BACKUP"目录下可以使用下面的语句。

    mysql>SELECT * FROM STUDENTS INTO OUTFILE 'd:/BACKUP/STUDENTS.TXT';

（2）导出的数据可以自己规定格式，例如.txt、.xls、.doc、.xml等，通常是.TXT文件。并且导出的是纯数据，不存在建表信息，也可以直接导入到另外一个同数据库的不同表中，当然表结构要相同。这种备份方法相对于mysqldump来说显得比较灵活机动。

例如，将course表数据进行备份，文件存放在"d:/BACKUP"目录，类型为.xls。

    mysql>SELECT * FROM course INTO OUTFILE 'd:/BACKUP/course.xls';

将teachers表数据进行备份，文件存放在"d:/BACKUP"目录，类型为.xml。

    mysql>SELECT * FROM teachers INTO OUTFILE 'd:/BACKUP/teachers.xml';

18.2 用 LOAD DATA INFILE 恢复表数据

【任务 18.2】恢复 STUDENTS 表数据。

尝试用 DELETE 删除 STUDENTS 表的某些数据或全部数据。

    mysql>DELETE FROM STUDENTS;

用下面的命令恢复。

    mysql>LOAD DATA INFILE 'D:/BACKUP/STUDENTS .TXT' INTO TABLE
    STUDENTS ;

可用 SELECT * FROM STUDENTS 查看恢复情况。

【任务 18.3】用备份好的 COURSE.XLS 文件恢复 COURSE 表数据。

mysql>LOAD DATA INFILE 'D:/BACKUP/COURSE .XLS' INTO TABLE COURSE ;

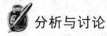 分析与讨论

（1）如果表结构破坏，不能用LOAD DATA INFILE恢复数据，要先恢复表结构。

（2）如果只是删除了部分数据，例如，删除了某个学生的记录，大部分记录仍在。如要恢复数据，为避免主键冲突，要用REPLACE INTO TABLE直接将数据进行替换来恢复数据。

mysql>LOAD DATA INFILE 'D:/BACKUP/STUDENTS .TXT' REPLACE INTO TABLE STUDENTS;

18.3 用 mysqldump 备份与恢复

MySQL 提供了很多免费的客户端程序和实用工具，在 MySQL 目录下的 BIN 子目录中存储着这些客户端程序。不同的 MySQL 客户端程序可以连接服务器以访问数据库或执行不同的管理任务。下面简单介绍一下 mysqldump 程序和 mysqlimport 程序。

mysqldump 默认导出的.sql 文件中不仅包含了表数据，还包括导出数据库中所有数据表的结构信息。另外，使用 mysqldump 导出的.sql 文件如果不带绝对路径，默认是保存在 bin 目录下的。

语法结构如下。

mysqldump –hhostname –uusername –ppassword [options] db_name [Table] >filename

> **说明**
>
> （1）-h 后面是主机名，如果是本地主机登录，此项可忽略。
>
> （2）使用 mysqldump 要指定用户名和密码。其中，-u 后面是用户名，-p 后面是密码，-p 与密码之间不能有空格。
>
> （3）[options]是选项，选项很多，下面只列出几个常用的选项。
>
> ①--databases db1[db2,db3...]，表示备份库。
>
> ②--all-databases，表示备份所有库。
>
> ③--tab=，表示数据和创建表的 SQL 语句分开备份成不同的文件。

18.3.1 进入 mysqldump

打开 DOS 终端，进入 BIN 目录，路径为"C:\Program files\MySQL\MySQL Server 5.5\bin"，如图 18.1 所示。

图 18.1 进入 BIN 目录

18.3.2　备份与恢复表

1. 备份单个表

【任务18.4】备份STUDENTS表，将文件保存在"d:/BACKUP"文件夹中。

```
mysqldump -uroot -p123456 JXGL STUDENTS>d:/BACKUP/STUDENTS.sql
```

2. 同时备份多个表

【任务18.5】备份JXGL的STUDENTS、COURSE和SCORE表的数据和结构。

```
mysqldump -uroot -p123456 JXGL STUDENTS   COURSE   SCORE >d:/BACKUP/
tables.sql
```

3. 恢复表

【任务18.6】恢复STUDENTS表的数据和结构。

假设不小心用DROP命令删除了表STUDENTS，或改变表的结构，或删除了数据，可以用下面的命令进行恢复。

```
mysql -uroot -p123456   JXGL <d:/BACKUP/STUDENTS.sql;
```

由于上面备份好的tables.sql文件包含了STUDENTS、COURSE和SCORE 3张表的数据和结构，因此，也可以用该备份文件来恢复STUDENTS。

```
mysql -uroot -p123456   JXGL<d:/BACKUP/tables.sql
```

18.3.3　备份与恢复库

mysqldump程序还可以将一个或多个数据库备份到一个.sql文件中，这时要加一个选项——databases。

1. 备份单个数据库

【任务18.7】备份JXGL库。

```
mysqldump -uroot -p123456 --databases JXGL >d:/BACKUP/JXGL.sql
```

恢复命令如下。

```
mysql -uroot -p12345   JXGL < d:/BACKUP /JXGL.sql
```

2. 同时备份多个数据库

【任务18.8】备份JXGL和YSGL数据库。

```
mysqldump -uroot -p123456 --databases JXGL YSGL>d:/BACKUP/twodb.sql
```

【任务18.9】备份所有数据库。

```
mysqldump -uroot -p123456 --all-databases >d:/BACKUP/alldb.sql
```

假设JXGL库的STUDENTS被删除。可用下面的命令恢复。

```
mysql -uroot -p123456 JXGL< d:/BACKUP/alldb.sql
```

🖲 **分析与讨论**

（1）用mysqldump备份的文件是.sql文件，该文件备份了数据库的结构和数据。如果数据库表的结构或数据被破坏，都可以用备份的文件来恢复。

（2）备份多表时，表与表之间用空格隔开。同理，要备份多个数据库，数据库与数据库之间也是用空格隔开。

（3）密码可以先不输入，执行命令后会提示输入密码，此时再输入该数据库用户名的密码。用这种方法输入，密码部分将显示"******"，有利于密码的安全。

（4）备份一个庞大数据库，输出文件也将很庞大，难以管理，可以把数据表单独或者几个表一起备份，将备份文件分成较小、更易于管理的文件。

（5）mysqldump与MySQL服务器协同操作，mysqldump比18.6节要讲的直接复制移植要慢些。但是，mysqldump能够生成移植到其他机器的文本文件，甚至可移植到那些有不同硬件结构的机器上，mysqldump产生的输出可在以后用作mysql的输入来重建数据库。例如，

```
mysqldump -uroot -p—databases JXGL >d:/BACKUP/2014-6-14.txt
```

如图 18.2 所示，在备份的文本文件"2014-6-14.txt"中输出了表创建、表数据插入，以及存储过程、存储函数、触发器、事件等对象的创建语句。这些语句可作为以后 MySQL 的输入来创建数据库。

图 18.2　备份的文本文件

18.3.4　将表结构和数据分别备份

可以通过使用"--tab="选项分开数据和创建表的 SQL 语句。分别创建存储数据内容的.txt 格式文件和包含创建表结构的 SQL 语句的.sql 格式文件。如果某表数据或结构破坏，可分别用相应的文件进行恢复，这样能节省时间、提高效率。

【任务 18.10】将 JXGL 数据库的表结构和数据分别备份。

```
mysqldump -uroot -p123456 --tab=D:/BACKUP/   JXGL
```

在"D:/BACKUP"目录将生成保存数据的 course.txt、score.txt、students. txt、teachers.txt 和 departments.txt 等多个文本文件，生成保存表结构的 course.sql、score.sql、students.sql、teachers.sql 和 departments. sql 等多个.sql 文件。

假设表 STUDENTS 的结构被破坏，可用下面的命令恢复。

```
mysql -uroot –p123456 JXGL< d:/BACKUP/students.sql
```

假设表 STUDENTS 的数据被破坏，可用下面的命令恢复。

```
mysql -uroot –p123456 JXGL< d:/BACKUP/students.txt
```

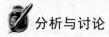 分析与讨论

（1）要备份的表名称尽量不要使用中文名，否则备份的文件名会出现乱码，甚至不能

执行备份。为避免因中文表名出现的备份问题，可以在导出执行文件的时候指定一下编码格式。

```
mysqldump -uroot –p123456 --default-character-set=gb2312  --tab=D:/BACKUP/   JXGL
```

（2）如果原文件夹中有同名的备份文件，将覆盖原文件。

（3）使用该命令也可以备份视图。

18.3.5 备份与恢复其他方面

1．备份数据库结构

备份数据库结构的语法结构如下。

```
mysqldump –no-data –databases databasename1 databasename 2> structurebackupfile. sql
```

2．直接将数据库压缩备份

直接将数据库压缩备份的语法结构如下。

```
mysqldump -hhostname -uusername -ppassword databasename | gzip > backupfile.sql.gz
```

3．还原压缩的数据库

还原压缩的数据库的语法结构如下。

```
gunzip < backupfile.sql.gz | mysql –uusername -ppassword databasename
```

4．将数据库转移到新服务器

将数据库转移到新服务器的语法结构如下。

```
mysqldump -uusername -ppassword databasename | mysql –host=hostname -C databasename
```

mysqldump 还可以支持下列选项。

（1）–add-locks。在每个表导出之前增加 LOCK TABLES，并且导出之后加 UNLOCK TABLE（为了使其更快地插入 MySQL）。

（2）–add-drop-table。在每个 CREATE 语句之前增加一个 DROP TABLE。

（3）–allow-keywords。允许创建是关键字的列名字。

（4）–c, –complete-insert。使用完整的 INSERT 语句（用列名字）。

（5）–C, –compress。如果客户和服务器均支持压缩，压缩两者间所有的信息。

（6）–delayed。用 INSERT DELAYED 命令插入行。

（7）-e, –extended-insert。使用全新多行 INSERT 语法（给出更紧缩并且更快的插入语句）。

18.4 用 mysqllimport 恢复表数据

mysqlimport 客户端可以用来恢复表中的数据，它提供了 LOAD DATA INFILE 语句的一个命令行接口，发送一个 LOAD DATA INFILE 命令到服务器来运行。用 mysqlimport 恢复数据，大多数情况下直接对应 LOAD DATA INFILE 语句。

mysqlimport 命令格式如下。

```
mysqlimport [options] db_name filename ...
```

【任务 18.11】假设表 SCORE 部分数据被破坏，用备份的 SCORE.TXT 恢复 SCORE 表数据。

```
mysqlimport -uroot -p--replace   JXGL D:/BACKUP/SCORE.TXT
```

 说 明   **--replace** 选项表示在恢复数据时直接替换原有的数据，如果不用**--replace**，由
于只是部分数据被破坏，在恢复未被破坏的数据时会出现主键冲突错误。

18.5 用 SOURCE 恢复表和数据库

MySQL 最常用的数据库导入命令就是 source。source 命令的用法非常简单，首先进入
MySQL 数据库的命令行管理界面，然后选择需要导入的数据库，再使用 source 命令能够将
备份好的.sql 文件导入到 MySQL 数据库中。

1. 恢复表

【任务 18.12】不小心删除了 STUDENTS 表的数据，用 source 命令恢复。

尝试删除 STUDENTS。

```
mysql>DELETE FROM STUDENTS;
```

假设已有 STUDENTS 的备份文件，放在"d:/ BACKUP"路径下，使用 source 命令把
备份好的文件导入进行恢复。

```
mysql>use jxgl;
mysql>source d:/BACKUP/STUDENTS.SQL;
```

【任务 18.13】误修改了的表结构或删除表，用 source 语句恢复。

尝试修改结构或删除表。

```
mysql>ALTER TABLE TEACHERS DROP SEX;
mysql>DROP  TABLE  COURSE;
```

假设已有 TEACHERS 和 COURSE 的备份文件，放在"d:/ BACKUP"路径下，使用
source 命令把备份好的文件导入进行恢复。

```
mysql>use jxgl;
mysql>source d:/BACKUP/TEACHERS.SQL;
mysql>source d:/BACKUP/COURSE.SQL;
```

2. 恢复数据库

【任务 18.14】假设 JXGL 中的某张表被删除，恢复受损的数据库。

```
mysql>use JXGL;
mysql>source d:/BACKUP/STUDENTS.SQL;
```

【任务 18.15】假设 JXGL 数据库被删除，恢复受损的数据库。利用已备份的 JXGL.sql 文
件恢复。

```
mysql>CREATE DATABASE JXGL;
mysql>USE JXGL;
mysql>SOURCE d:/BACKUP/JXGL.sql;
```

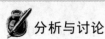 **分析与讨论**

（1）用source语句导入已备份好的.sql文件，可以恢复整个数据库或某张表。

（2）使用source命令必须进入MySQL控制台并进入待恢复的数据库。

（3）如果数据库已删除，由于没办法进入数据库，可以先建一个同名的空数据库，然后用USE命令使用该数据库，再用source命令进行恢复。当然，也可以直接用source命令导入备份文件进行恢复。

（4）在导入数据前，可以先确认编码，如果不设置可能会出现乱码。

```
mysql>set names gb2312;
mysql>SOURCE d:/BACKUP/JXGL.sql;
```

18.6 直接复制移植

复制 MySQL 的数据库目录（C:\Program BACKUPs (x86)\MySQL\MySQL Server 5.5\data\mysql）下的所有表文件（*.frm、*.MYD 和*.MYI 文件），其中 *.frm 是表的描述文件，*.MYD 是表的数据文件。恢复数据库时，将备份好的文件直接复制到 MySQL 服务器的数据库目录下即可。直接复制移植在服务器外部进行，必须采取措施保证没有客户正在修改将移植的表。保证复制完整性的最好方法是关闭服务器。

如果想将一台服务器的表文件移植到另一台服务器，必须保证两个 MySQL 数据库的主版本号是相同或移植到的服务器上的 MySQL 是更高的版本的，而且文件必须以 MyISAM 格式表示，因为只有 MySQL 数据库主版本号相同时，才能保证这两个 MySQL 数据库的文件类型是相同的。例如，要备份的机器的 MySQL 主版本号是 MySQL 5.1，要移植到的另一台机器必须也运行 MySQL 5.1 或以上的版本，而且文件必须以 MyISAM 格式表示。

18.7 用日志备份

MySQL 启动时，在 MySQL 的 data 目录下自动创建二进制日志文件。(C:\ProgramData\MySQL\MySQL Server 5.5\data)。默认文件名为主机名，例如 mysql-bin.000001，每次启动服务器或刷新日志时其后缀数字增加 1。

使用 mysqlbinlog 工具处理日志时，日志必须处于 bin 目录下，所以日志的路径就指定为 bin 目录，这需要修改"C:\Program BACKUP\MySQL"文件夹中的 my.ini 选项文件。打开该文件，找到"mysqld"所在行，在该行后面加上一行内容。

```
log-bin=C:/Program BACKUPs/MySQL/MySQL Server 5.5/bin/bin_log
```

保存文件，重启服务器。

在 DOS 命令行中输入以下命令，先关闭服务器。

```
net stop mysql
```

再启动服务器。

```
net start mysql
```

此时，MySQL 安装目录的 bin 目录下会多出两个文件：bin_log.000001和 bin_log.index。

使用日志恢复数据的命令格式如下。

```
mysqlbinlog [options] log-BACKUPs... | mysql [options]
```

【任务 18.16】假设星期三 12：00 时数据库崩溃，经过查看日志，其中 bin_log.000020 是在星期三 8：00 时创建的，现想将数据库恢复到 8：00 时的状态。

```
mysqlbinlog bin_log.000020 | mysql -uroot -p123456
```

 项目实践

在 YSGL 数据库中进行如下操作。

（1）用 mysqldump 命令来备份 YSGL 数据库。

① 尝试删除数据库的 Departments 表，还原数据库，然后查看恢复情况。

② 尝试修改表 Employees 的结构，删除某字段，还原数据库，然后查看恢复情况。

（2）用 mysqldump 命令备份 Departments 表，将文件保存在"D:/ mysqlbackup"文件夹中，然后删除该表数据，再用.sql 文件导入进行恢复，查看恢复情况。

（3）用 mysqldump 命令分别备份所有表的数据和结构，将分别生成.txt 文件和.sql 文件。尝试破坏表 Departments 的结构和数据，然后用备份好的 Departments.sql 恢复表结构，用 mysqlimport 命令通过备份好的 Departments.txt 文件恢复表数据。

（4）用 SELECT INTO OUTFILE 语句把表 Employees 数据导出到一个文本文件"D:\mysqlbackup\Employees.txt"，然后删除表中的所有数据，尝试使用 LOAD DATA INFILE 语句通过备份好的.txt 文件导入表进行恢复，查看恢复情况。

（5）用直接复制文件的办法，将一台 MySQL 5.5 数据库中的文件迁移到另外一台 MySQL 5.5 数据库中。

 习题

一、编程与应用题

1. 请使用 SELECT INTO OUTFILE 语句，备份数据库 bookdb 中表 contentinfo 的全部数据到 D 盘的 BACKUP 目录下一个名为 backupcontent.txt 的文件中。假设表数据被破坏，使用 LOAD DATE INFILE 语句将备份好的 backupcontent.txt 文件导入，恢复表 contentinfo 数据。

2. 用 mysqldump 备份 bookdb，备份在"D:\BACKUP"目录下，文件名为 bookdb.sql，假设数据库数据被破坏，使用命令用备份好的 bookdb.sql 文件恢复数据库。

二、简答题

1. 为什么在 MySQL 中需要进行数据库的备份与恢复操作？

2. MySQL 数据库备份与恢复的常用方法有哪些？

3. 使用直接复制方法实现数据库备份与恢复时，需要注意哪些事项？

4. 二进制日志文件的用途是什么？

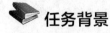 任务 19　数据库性能优化

任务背景

Web 数据库每天要接受来自 Web 的成千上万用户的连接访问。在对数据库频繁操作访问的情况下，数据库的性能好坏越来越成为整个应用的性能瓶颈。可想而知，如果用户查询一个信息要花费很长时间，谁还会到你的网站查找信息？

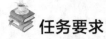 **任务要求**

数据库性能优化的方法很多。本任务将学习优化 MySQL 服务器、优化数据表、优化查询的方法和技巧。具体包括学习使用 ANALYZE TABLE 语句分析表，使用 CHECK TABLE 语句检查表，使用 OPTIMIZE TABLE 语句优化表，使用 REPAIR TABLE 语句修复表的方法；学习使用 EXPLAIN 语句对 SELECT 语句的执行效果进行分析，通过分析提出优化查询的方法。事实证明，服务器优化、表结构优化、查询优化等能极大地改进数据库性能。

 **任务分解**

优化 MySQL 数据库是数据库管理员的必备技能。性能优化是通过某些有效的方法提高 MySQL 数据库的性能，使 MySQL 数据库运行速度更快、占用的磁盘空间更小。不管是在进行数据库表结构设计，还是在创建索引、创建查询数据库操作时，都需要注意数据库的性能。性能优化包括很多方面，如优化 MySQL 服务器、优化数据库表结构、优化查询速度或优化更新速度等。

19.1 优化 MySQL 服务器

19.1.1 通过修改 my.ini 文件进行性能优化

MySQL 配置文件（my.ini）保存了服务器的配置信息，通过修改 my.ini 文件的内容可以优化服务器，提高性能。例如，在默认情况下，索引的缓冲区大小为 16MB，为得到更好的索引处理性能，可以指定索引的缓冲区。现要指定索引的缓冲区大小为 256MB，可以打开修改 my.ini 文件，在[MySQLd]后面加上一行代码。

```
key_buffer_size=256M
```

假设用作 MySQL 服务器的计算机内存有 4GB 左右，主要的几个参数推荐设置如下。

```
sort_buffer_size=6M      //查询排序时所能使用的缓冲区大小
read_buffer_size=4M      //读查询操作所能使用的缓冲区大小
join_buffer_size=8M      //联合查询操作所能使用的缓冲区大小
query_cache_size=64M     //查询缓冲区的大小
max_connections=800      //指定 MySQL 允许的最大连接进程数
```

19.1.2 通过 MySQL 控制台进行性能优化

除了修改 my.ini 文件之外，还可以直接通过在 MySQL 控制台进行查看和修改设置。数据库管理人员可以使用 SHOW STATUS 或 SHOW VARIABLES 语句来查询 MySQL 数据库的性能参数，然后用 SET 语句对系统变量进行赋值。

1. 查询主要性能参数

（1）用 SHOW STATUS 语句。

语法如下。

```
SHOW STATUS LIKE 'value';
```

其中，value 参数是常用的几个统计参数。

- connections：连接 MySQL 服务器的次数。
- uptime：MySQL 服务器的上线时间。
- slow_queries：慢查询的次数。
- com_select：查询操作的次数。
- com_insert：插入操作的次数。
- com_delete：删除操作的次数。
- com_update：更新操作的次数。

（2）用 SHOW VARIABLES 语句。

语法如下。

```
SHOW VARIABLES LIKE'value';
```

其中，value 参数是常用的几个统计参数。

- key_buffer_size：表示索引缓存的大小。
- table_cache：表示同时打开的表的个数。
- query_cache_size：表示查询缓冲区的大小。
- query_cache_type：表示查询缓存区的开启状态。0 表示关闭，1 表示开启。
- sort_buffer_size：表示排序缓存区的大小。这个值越大，排序就越快。
- innodb_buffer_pool_size：表示 InnoDB 类型的表和索引的最大缓存。这个值越大，查询的速度就会越快。但是，这个值太大了也会影响操作系统的性能。

2. 设置性能指标参数

例如，要设置查询缓存区的系统变量，可先执行以下命令进行观察。

```
mysql>SHOW VARIABLES LIKE '%query_cache%';
```

运行结果如图 19.1 所示。

其中，

（1）query_cache_type：表示查询缓存区的开启状态。0 表示关闭，1 表示开启。

查询缓存区主要是为了提高经常执行的相同查询操作的速度，但是，查询缓冲区也无形中增加了系统的开销，所以有时为减少系统的开销，也可以关闭查询缓冲区。

输入如下命令。

```
mysql>USE MYSQL;
mysql>SET @@query_cache_type=0;
```

（2）如果希望禁用查询缓存，也可以设置 query_cache_size＝0，禁用了查询缓存，将没有明显的开销。

```
Mysql>USE MYSQL;
Mysql>SET @@global.query_cache_size=0;
```

（3）query_cache_limit：表示不要缓存大于该值的结果，默认值是 1048576（1MB）。

如果要设置缓存不大于 64MB（64×1024×1024=67108864），可以输入如下命令。

```
mysql>set @@global.query_cache_limit=67108864;
```

再来查看查询缓存区系统变量的情况。

```
mysql>SHOW VARIABLES LIKE'%query_cache%';
```

运行结果如图 19.2 所示。

图 19.1　运行结果　　　　　　　　　　图 19.2　运行结果

从图中可以看到，参数已发生了相应的改变。

19.2　优化表结构设计和数据操作

表是存放数据的地方，表结构的精心设计在改进数据库性能中将起到非常重要的作用。下面介绍优化数据表的几种做法。

19.2.1　添加中间表

在实际的数据查询过程中，有时经常查询来自于两个及两个以上表的相关字段，这就要求进行基于多表的连接查询。如果经常进行连接查询，会浪费很多的时间，降低 MySQL 数据库的性能。为避免频繁地进行多表连接查询，提高数据库性能，可以建立一个中间表，这个表包含需要经常查询的相关字段，然后从基表中将数据插入中间表中，之后就可以使用中间表来进行查询和统计了，这样会快很多。

例如，在 JXGL 数据库，假设要经常查询学生姓名、课程名和成绩情况。由于这于些信息要分别来自 STUDENTS、COURSE 和 SCORE 三张表，必须进行连接查询。现以这些字段创建一个中间表 STUDENT_INFO。

创建中间表，SQL 语句如下。

```
mysql>CREATE TABLE STUDENT_INFO
    (
S_NO    VARCHAR（6）    NOT NULL,
S_NAME VARCHAR（6）    NOT NULL,
C_NAME VARCHAR（9）    NOT NULL,
SCORE FLOAT(6,2)      NOT NULL
    );
```

插入数据到中间表，SQL 语句如下。

```
mysql>INSERT INTO STUDENT_INFO
SELECT STUDENTS.S_NO, STUDENTS.S_NAME, COURSE.C_NAME, SCORE
FROM STUDENTS,COURSE,SCORE
WHERE STUDENTS.S_NO=SCORE.S_NO
AND COURSE.C_NO=SCORE.C_NO;
```

创建中间表后，从中间表进行查询统计就很方便，不需要进行多表的连接，查询效率提高。例如，查询 80 分以上的学生，SQL 语句如下。

```
mysql>SELECT * FROM STUDENT_INFO WHERE SCORE>80;
```

再如，统计学生的平均成绩，SQL 语句如下。

```
mysql>SELECT S_NAME,AVG(SCORE)   FROM STUDENT_INFO GROUP BY S_NAME;
```

再如，按课程统计各课程的平均分，SQL 语句如下。

```
mysql>SELECT C_NO, AVG(SCORE)   FROM STUDENT_INFO GROUP BY C_NO;
```

19.2.2　增加冗余字段

在建立表的时候有意识地增加冗余字段，减少连接查询操作，提高性能。例如，课程的信息存储在 COURSE 表中，成绩信息存储在 SCORE 表，两表通过课程编号 C_NO 建立关联。如果要查询选修某门课（如 MySQL）的学生，必须从 COURSE 表中查找课程名称所对应的课程编号（C_NO），然后根据这个编号去 SCORE 表中查找该课程成绩。为减少查询时由于建立连接查询浪费的时间，可以在 SCORE 表中增加一个冗余字段 C_NAME，用来存储课程的名称。这样就不用每次都进行连接操作了。

19.2.3　合理设置表的数据类型和属性

1. 选取适用的字段类型

表中字段的长度设得尽可能小。例如，在定义地址字段时，一般使用 CHAR 或 VARCHAR，考虑到一般情况下地址字段的长度是 10 个字符左右，没必要设置 CHAR（255），尽量减少不必要的数据库的空间损耗。又如，如果不需要记录时间，使用 DATE 要比 DATETIME 好得多。

使用 ENUM 而不是 VARCHAR。对诸如"省份""性别""爱好""民族"或"部门"等字段，可以选择 ENUM 数据类型。一方面由于这样的字段取值是有限而且固定的，另一方面，MySQL 把 ENUM 类型当作数值型数据来处理，而数值型数据处理起来的速度要比文本类型快得多。

在 phpMyAdmin 里的"规划表结构"里可以得到相关表结构字段类型方面的建议。"规划表结构"会让 MySQL 帮忙分析字段和其实际的数据。例如，如果创建了一个 INT 字段作为主键，然而并没有太多的数据，那么，PROCEDURE ANALYSE()会建议把这个字段的类型改成 MEDIUMINT；或是使用了一个 VARCHAR 类型的字段，因为数据不多，可能会建议把它改成 ENUM。

也可以直接使用下面的 SQL 语句进行分析。

```
Mysql>SELECT * FROM departments   PROCEDURE ANALYSE( )\G
```

运行结果如图 19.3 所示。

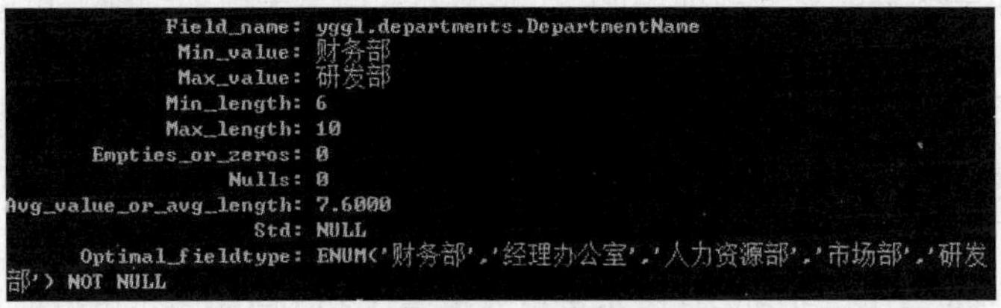

```
            Field_name: yggl.departments.DepartmentName
             Min_value: 财务部
             Max_value: 研发部
            Min_length: 6
            Max_length: 10
      Empties_or_zeros: 0
                 Nulls: 0
Avg_value_or_avg_length: 7.6000
                   Std: NULL
        Optimal_fieldtype: ENUM('财务部','经理办公室','人力资源部','市场部','研发
部') NOT NULL
```

图 19.3　运行结果

从最后一行可以看到，建议 DepartmentName 字段使用 ENUM 类型。

2. 为每张表设置一个 ID

为数据库里的每张表都设置一个 ID 作为其主键，而且最好是一个 INT 型的主键（推荐使用 UNSIGNED），并设置自动增量（AUTO_INCREMENT）。

3. 尽量避免定义 NULL

另一个提高效率的方法是在可能的情况下，尽量把字段设置为 NOT NULL，这样在将来执行查询的时候，数据库不用去比较 NULL 值。

19.2.4 优化插入记录的速度

有多种方法可以优化插入记录的速度。

（1）对于大量数据，可以先加载数据再建立索引，如果已建立了索引，可以先把索引禁止。这是因为 MySQL 会根据表的索引对插入的记录进行排序，不断地刷新索引，如果插入大量数据，会降低插入的速度。

禁止和启用索引的语法如下。

```
mysql>ALTER TABLE  table_name  DISABLE KEYS;
mysql>ALTER TABLE  table_name  ENABLE KEYS;
```

（2）加载数据时要采用批量加载，尽量减少 MySQL 服务器对索引的刷新频率。尽量使用 LOAD DATE INFILE 语句插入数据，而不用 INSERT 语句插入数据。如果必须使用 INSERT 语句，请尽量使他们集中在一起，一次插入多行记录，不要一次只插入一行。

19.2.5 对表进行分析、检查、优化和修复

1. 使用 NALYZE TABLE 语句分析表

MySQL 的 Optimizer（优化元件）在优化 SQL 语句时，首先需要收集相关信息，其中就包括表的 cardinality（可以翻译为"散列程度"），它表示某个索引对应的列包含多少个不同的值。如果 cardinality 远小于数据的实际散列程度，那么索引就基本失效了。

语法结构如下。

```
ANALYZE TABLE  table_name;
```

例如，分析 COURSE 表的运行情况，先使用 SHOW INDEX 语句来查看索引的散列程度，语法结构如下。

```
mysql>SHOW INDEX FROM COURSE;
```

运行结果如图 19.4 所示。

可以看到，索引字段是 COURSE 表的 cardinality 的值为 2。由于 COURSE 表中的 cardinality 值远小于数据的实际散列程度（11），因此索引是无效的。此时，可以使用 ANALYZE TABLE 进行修复。

```
Mysql>ANALYZE TABLE COURSE ;
```

运行结果如图 19.5 所示。各项表达的意义如下。

Table：表示表的名称。

Op：表示执行的操作。analyze 表示进行分析操作，check 表示进行检查查找，optimize 表示进行优化操作。

Msg_type：表示信息类型，其显示的值通常是状态（status）、警告（warning）、错误（error）和信息（info）这四者之一。

Msg_text：显示信息。

检查表和优化表之后也会出现这 4 列信息。

需要注意的是，如果开启了 binlog，那么 Analyze Table 的结果也会写入 binlog，可以在 analyze 和 table 之间添加关键字 local 取消写入。

图 19.4　运行结果

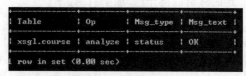

图 19.5　运行结果

修复后再查看一下 cardinality 值，可以看出 cardinality 值已变为 11，cardinality 值没有远小于数据的实际散列程度（11），因此，索引是有效的，查询结果如图 19.6 所示。

图 19.6　查询结果

2. 使用 CHECK TABLE 检查表

数据库经常可能遇到错误，譬如数据写入磁盘时发生错误，或是索引没有同步更新，或是数据库未关闭 MySQL 就停止了。遇到这些情况，数据库就可能发生错误。这时，可以使用 ChECK TABLE 来检查表是否有错误。

语法结构如下。

```
CHECK  TABLE  table_name;
```

例如，检查表 student 表的运行情况，语句如下。

```
mysql>Check Table student;
```

运行结果如图 19.7 所示。

通过其的检查结果可以看出表是"OK"的，没有出现什么错误。

3. 使用 OPTIMIZE TABLE 优化表

当表上的数据行被删除时，所占据的磁盘空间并没有立即被回收。另外，对于那些声明为可变长度的数据列（如 VARCHAR 型），时间长了会使得数据表出现很多碎片，减慢查询效率。OPTIMIZE TABLE 语句可以消除删除和更新操作而造成的磁盘碎片，用于回收闲置的数据库空间，从而减少空间浪费。使用了 OPTIMIZE TABLE 命令后这些空间将被回收，并且对磁盘上的数据行进行重排。OPTIMIZE TABLE 只对 MyISAM、BDB 和 InnoDB 表起作用，只能优化表中的 VARCHAR、BLOB 和 TEXT 类型的字段。对于写比较频繁的表，要定期进行优化，一周或一个月一次，看实际情况而定。

语法结构如下。

```
OPTIMIZE TABLE table_name;
```

例如，优化 STUDENTS 表，语句如下。

```
OPTIMIZE TABLE STUDENTS;
```

4. 使用 REPAIR TABLE 修复表

语法结构如下。

```
REPAIR TABLE table_name;
```

这条语句同样可以指定选项，具体如下。

QUICK：最快的选项，只修复索引树。

EXTENDED：最慢的选项，需要逐行重建索引。

USE_FRM：只有当 MYI 文件丢失时才使用这个选项，全面重建整个索引。

REPAIR TABLE 命令只对 MyISAM 和 ARCHIVE 类型的表有效。

例如，要修复 STUDENTS 表，语句如下。

```
mysql>REPAIR TABLE STUDENTS;
```

在 WAMP 下也可以进行表的检查、整理、优化等性能优化操作。例如，选择 COURSE 表，打开"表结构"，在左下方可以看到"表维护"，分别选择相应的操作，即可运行相应的语句进行优化，如图 19.8 所示。

图 19.7　运行结果　　　　　　　　　　　　图 19.8　表维护

19.3　优化查询

查询是数据库中最频繁的操作。在实际工作中，无论是对数据库系统（DBMS），还是对数据库应用系统（DBAS），查询优化都是一个热门话题，提高查询速度可以有效地提高 MySQL 数据库的性能。一个成功的数据库应用系统的开发，肯定会在查询优化上付出很多心血。对查询优化的处理，不仅会影响到数据库的工作效率，还会给公司带来实实在在的效益。

19.3.1　查看 SELECT 语句的执行效果

MySQL 中，可以使用 EXPLAIN 语句和 DESCRIBE 语句来分析查询语句的执行效果。

1. 使用 EXPLAIN 语句

EXPLAIN 命令在解决数据库性能是第一推荐使用命令，大部分的性能问题可以通过此命令来简单的解决，EXPLAIN 可以用来查看 SQL 语句的执行效果，可以帮助选择更好的索引和优化查询语句，写出更好的优化语句。EXPLAIN 语法结构如下。

```
explain select ... from ... [where ...]
```

例如，执行如下语句。

```
mysql>Explain   SELECT * FROM course where c_name='MYSQL' \G;
```

运行结果如图 19.9 所示。

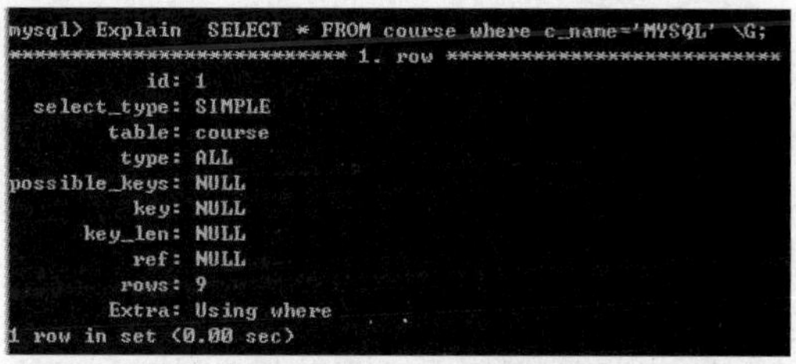

图 19.9　运行结果

从上面的分析来看，本来只是想从 COURSE 表查询 MYSQL 课程的信息，也就是只要输出一行结果，但是，实际查询情况是要对表进行全扫描，检查的行数为 9 行。试想一想，如果数据量很大，如 10 000 行数据，势必要检查 10 000 行才能找到所需的那一行记录，显然，这样的查询效率很低，有必要进行查询优化。

下面对 EXPLAIN 语句输出行的相关信息进行说明。

（1）id 表示 SELECT 的查询序列号。

（2）select_type 表示查询类型。参数有几项常用的取值，见表 19.1。

表 19.1　查询类型参数取值

参数值	说明
SIMPLE	简单查询（不使用连接查询和子查询）
PRIMARY	表示主查询或者是最外面的 SELECT 语句
UNION	表示连接查询中的第二个或后面的 SELECT 语句
SUBQUERY	表示子查询中的第一个 SELECT 语句

（3）table：输出行所引用的表。

（4）type：这列最重要，显示出连接使用了哪种连接类别，是否使用索引，它是使用 EXPLAIN 命令分析性能瓶颈的关键项之一。参数有几项常用的取值，见表 19.2。

表 19.2　EXPLAIN 参数取值

参数值	说明
system	表示表中只有一条记录
const	表示表中有多条记录，但只从表中查询一条记录
eq_ref	表示多表连接时，后面使用了 UNIQUE 或者 PRIMARY KEY
ref	表示多表查询时，后面的表使用了普通索引
unique_subquery	表示子查询中使用了 UNIQUE 或者 PRIMARY KEY
index_subquery	表示子查询使用了普通索引
range	表示查询语句给出了查询范围
index	表示对表中的索引进行了完整的扫描，比 ALL 快点
ALL	表示对表中数据进行全扫描

按照从最佳类型到最坏类型排序如下。

system > const > eq_ref > ref > unique_subquery > index_subquery > range > index > ALL

一般来说，要保证查询至少达到 range 级别，最好能达到 ref，否则就可能会出现性能问题。

（5）possible_keys：表示查询中可能用到哪个索引。如果该列是 null，则没有相关的索引。

（6）key：显示查询实际使用的键（索引）。

（7）key_len：显示使用的索引字段的长度。

（8）ref：显示使用哪个列或常数与索引一起来查询记录。

（9）rows：显示执行查询时必须检查的行数。

（10）Extra：包含解决查询的附加信息，也是关键参考项之一。想要让查询尽可能地快，那么就应该注意 Extra 字段的值为 usingfilesort 和 using temporary 的情况，见表 19.3。

表 19.3　Extra 字段取值情况

取值	说明
Distinct	一旦找到了与查询条件匹配的第一条记录后，就不再搜索其他记录
Not exists	MySQL 优化了 LEFT JOIN，一旦它找到了匹配 LEFT JOIN 标准的行，就不再搜索更多的记录
Range checked for each Record（index map:#）	没找到合适的可用的索引。对于前一个表的每一行连接，它会做一个检验以决定该使用哪个索引（如果有的话），并且使用这个索引来从表里取得记录。这个过程不会很快，但总比没有任何索引时做表连接来得快
Using filesort	MySQL 需要进行额外的步骤以排好的顺序取得记录。查询需要优化
Using index	字段的信息直接从索引树中的信息取得，而不再去扫描实际的记录。这种策略用于查询时，字段是一个独立索引的一部分
Using temporary	MySQL 需要创建一个临时表来存储结果，这通常发生在查询时包含了 ORDER BY 和 GROUP BY 子句，以不同的方式列出了各种字段。查询需要优化
Using where	使用了 WHERE 从句来限制哪些行将与下一张表匹配或者是返回给用户

再比如，分析下列查询的执行效果。

```
mysql>Explain SELECT DNO,SEX ,COUNT(*)
FROM STUDENTS
GROUP BY DNO,SEX\G;
```

运行结果如图 19.10 所示。

图 19.10　运行结果

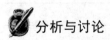 **分析与讨论**

当 Extra 值为 Using temporary 和 Using filesort 时，表示需要优化查询。

2. 使用 DESCRIBE 语句

DESCRIBE 语句的使用方法与 EXPLAIN 语句是一样的。分析结果也一样。

语法结构如下。

DESCRIBE SELECT 语句

DESCRIBE 可以缩写成 DESC。

19.3.2 使用索引优化查询

使用索引可以快速定位到符合条件的字段的值，提高查询的效率。

【任务 19.1】为搜索字段建立普通索引。

mysql>explain select * from student   where sex='男' \G

运行结果如图 19.11 所示。

 分析与讨论

可以看出本任务只是使用了WHERE从句的一个简单查询，没有使用索引进行查询，type为ALL表示要对表进行全扫描，执行查询时必须检查的行数是12行。

如果对性别增加索引，语法结构如下。

mysql>ALTER TABLE student ADD INDEX (SEX);

再来查看 EXPLAIN 语句的执行效果，运行结果如图 19.12 所示。

图 19.11 运行结果   图 19.12 运行结果

 分析与讨论

可以看到执行查询时要检查的行数只有7行，type值上升到const。

【任务 19.2】为搜索字段建立 UNIQUE 索引。

mysql>Explain SELECT * FROM STUDENT WHERE s_name='李军' \G

s_name 尚未创建索引时，查看 EXPLAIN 语句的执行效果，如图 19.13 所示。

如果为 s_name 列建立 UNIQUE 索引。

mysql>ALTER TABLE student ADD UNIQUE (s_name);

再来查看 EXPLAIN 语句的执行效果，如图 19.14 所示。

图 19.13 运行结果   图 19.14 运行结果

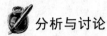 **分析与讨论**

比较图19.13和图19.14可以看出，在还没有创建索引时，是对表进行全扫描（type为ALL），执行查询时要检查的行数为15行；创建索引后，查询的行数只有1行，级别已经上升至const，明显的提高了查询性能。

> **注意** 绝大多数情况下，使用索引可以提高查询的速度，但如果 SQL 语句使用不恰当的话，索引将无法发挥它应有的作用。还要注意如下几个方面。

1. 查询语句中使用多列索引时

如果在一个表中创建了多列的复合索引，只有查询条件中使用了这些字段中的第一个字段时，索引才会使用。

SCORE 表的 S_NO 和 C_NO 是一个复合主键，第一个字段复合索引名是 PRIMARY，S_NO 是复合索引的第一个字段，C_NO 是复合索引的第二个字段。

```
mysql>Explain SELECT * FROM SCORE WHERE S_NO='122001' \G;
```

查看 EXPLAIN 语句的执行效果，运行结果如图 19.15 所示。

图 19.15　运行结果

```
mysql>Explain SELECT * FROM SCORE WHERE C_NO='A001' \G
```

查看 EXPLAIN 语句的执行效果，运行结果如图 19.16 所示。

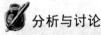

图 19.16　运行结果

 分析与讨论

从上面任务可以看出，第一种情况，索引在查询中起了作用，type值为ref，显示使用了PRIMARY索引，查询的行数只有4行；第二种情况，由于查询条件使用的是复合索引的第二个字段，因此，索引在查询中未起作用，type值为ALL（全扫描），显示索引名为NULL，查询的行数有41行。

2. 查询语句中使用 LIKE 关键字

```
mysql>Explain SELECT * FROM STUDENT WHERE s_name like '王%'\G
```

再来查看 EXPLAIN 语句的执行效果，运行结果如图 19.17 所示。

mysql>Explain SELECT * FROM STUDENT WHERE s_name like '_王%'\G

再来查看 EXPLAIN 语句的执行效果，运行结果如图 19.18 所示。

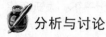 分析与讨论

s_name列使用了索引，并使用LIKE关键字进行匹配，如果匹配字符（%或_）在字符串的后面，索引在其中起作用，如第一种情况，type值为range，检查的行数只有1行；反之，匹配字符（%或_）在字符串的前面，索引将不起作用，如第二种情况，type值为ALL，检查的行数为12行。

图 19.17　运行结果

图 19.18　运行结果

使用 LIKE 关键字和通配符，这种做法虽然简单，却也是以牺牲系统性能为代价的。例如，下面的查询将会比较表中的每一条记录。

mysql>SELECT * FROM books
WHERE name like "MySQL%"

但是如果换用下面的查询，返回的结果一样，但速度就要快上很多。

mysql>SELECT * FROM books
WHERE name>="MySQL" and name<"MySQM"

3. 查询语句中使用 OR 关键字

如果查询条件使用 OR 关键词，即使查询的两个条件列均是索引列，但索引在查询中将不起作用。

假设要查找学院编号为"D001"或者学号以"123"开头的学生信息。STUDENTS 表的 D_NO 字段和 S_NO 均创建了索引，查询条件中也有这两个字段，但是使用了 OR 关键字。

mysql>Explain　SELECT * FROM STUDENTS WHERE D_NO='D001' OR S_NO LIKE'123*' \G

查看 EXPLAIN 语句的执行效果，运行结果如图 19.19 所示。

从上图看到，type 值为 ALL，执行全扫描。

如果使用 AND 关键字。

Mysql>Explain　SELECT * FROM STUDENT WHERE DEPARTMENT='信息工程' AND PROJECT= '计算机网络' \G

查看 EXPLAIN 语句的执行效果，运行结果如图 19.20 所示。

图 19.19　运行结果　　　　　　　图 19.20　运行结果

从图中看到，type 值为 rang，索引起了作用，提高了查询性能。

4. 建有索引的字段上尽量不要使用函数进行操作

例如，在一个 DATE 类型的字段上使用 YEAE()函数时，将会使索引不能发挥应有的作用。假设 student 表的 Birthday 字段已建立了索引，将下面的两个查询结果对比一下，发现后者比前者速度要快得多。

```
mysql>Select s_name from student where year(Birthday)> '1990';
mysql>Select s_name from student where Birthday>'1990-1-1';
```

19.3.3 优化子查询

使用子查询可以一次性地完成很多逻辑上需要多个步骤才能完成的 SQL 操作，同时也可以避免事务或者表锁死，并且写起来也很容易。但是 MySQL 在执行带有子查询的查询时，需要先为内层子查询语句的查询结果建立一个临时表，外层查询语句在临时表中查询记录，查询完毕后再撤销这些临时表。这样，子查询的速度会受到一定的影响，特别是查询的数据量比较大时，这种影响就会随之增大。因此，尽量使用连接查询（全连接或 JOIN 连接）来替代子查询，连接查询不需要建立临时表，其速度会比子查询快。

例如，如果用下面的子查询语句查找不及格的学生姓名，先运行子查询从 SCORE 表中找出不及格的学生学号 S_NO，建立一个临时表，再将找到的结果传递给主查询，执行主查询。

```
mysql>SELECT S_NAME
FROM   STUDENT WHERE S_NO IN
 (
SELECT S_NO FROM SCORE WHERE SCORE<60
);
```

如果把上面的 SQL 语句改为使用 JOIN 连接，由于 S_NO 字段建立了索引，查询性能会更好些，语句如下。

```
MySQL>SELECT S_NAME
FROM   STUDENT   JOIN   SCORE USING(S_NO)
WHERE SCORE<60 ;
```

19.3.4 优化慢查询

MySQL 5.0 以上的版本可以支持将执行比较慢的 SQL 语句记录下来。

1. 查看相关系统变量，查询系统默认状态

用下面的语句查看相关系统变量。

```
mysql> show variables like 'long%';
```

运行结果如图 19.21 所示。

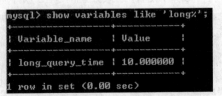

图 19.21 运行结果

其中，long_query_time 是用来定义慢于多少秒的才算"慢查询"，系统默认是 10 秒。

mysql> show variables like 'slow%';

运行结果如图 19.22 所示。

slow_query_log：是否打开日志记录慢查询，ON 表示打开，OFF 表示关闭。

slow_query_log_file：慢查询日志文件保存位置，系统默认在"C:\ProgramData\MySQL\MySQL Server 5.5\Data\WMR3RBO"。

2. 设置变量，优化慢查询

将查询时间超过 1 秒的查询作为慢查询。

mysql> set long_query_time=1;

运行结果如图 19.23 所示。

图 19.22 运行结果

图 19.23 运行结果

启动慢查询日志记录，一旦 slow_query_log 变量被设置为 ON，MySQL 会立即开始记录。

mysql> set global slow_query_log='ON';

运行结果如图 19.24 所示。

图 19.24 运行结果

19.4 优化性能的其他方面

LIMIT 1 可以增加性能。如果知道查询的结果只有一行，加上 LIMIT 1 可以优化性能，MySQL 数据库引擎会在找到一条数据后停止搜索，而不是继续往后查找下一条符合记录的数据，从而提高查询的效率。

mysql>SELECT S_NAME,SEX,DEPARTMENT FROM STUDENT WHERE S_NAME='陈平' LIMIT 1;

尽量避免使用"SELECT * FROM TABLE"，查询时应明确要查询哪些字段，哪些字段是无关的，从数据库里读出的数据越多，越会增加服务器开销，降低查询的效率。

下面列举的几种情形将导致引擎放弃索引而进行全表扫描，应尽量避免。

（1）不要滥用 MySQL 的类型自动转换功能。

应该注意避免在查询中让 MySQL 进行自动类型转换，因为转换过程也会使索引变得不起作用。以下面的语句为例。

```
SELECT S_NO，SCORE FROM SCORE WHERE SCORE>= '60';
```

数字 60 写成字符'60'，虽然同样可以输出我们想要的结果，但会加重 MySQL 的类型转换压力，使它的性能下降。

（2）尽量避免在 WHERE 子句中对字段进行 NULL 值判断。NULL 对于大多数数据库都需要特殊处理，MySQL 也不例外。不要以为 NULL 不需要空间，其实它需要额外的空间，并且，它在进行比较的时候程序会更复杂。当然，这里并不是说就不能使用 NULL 了，现实情况是很复杂的，在有些情况下，依然需要使用 NULL 值。

（3）尽量避免在 WHERE 子句中使用"!="或"<>"操作符。MySQL 只有在使用<、<=、=、>、>=、between 和 like 的时候才能使用索引。

（4）尽量避免 WHERE 子句对字段进行函数操作。以下面的语句为例。

```
mysql>SELECT S_NAME FROM STUDENT WHERE YEAR(BIRTHDAY)= '1990';
```

该语句可以改为如下形式。

```
mysql>SELECT S_NAME FROM STUDENT WHERE BIRTHDAY >='1990-1-1' AND BIRTHDAY <= '1990-12-31';
```

（5）尽量避免 WHERE 子句对字段进行表达式操作。

```
mysql>SELECT S_NO FROM SCORE WHERE SCORE/2=40;
mysql>SELECT S_NO FROM SCORE WHERE SCORE=40*2;
```

（6）尽量避免使用 IN 或 NOT IN。以下面的语句为例。

```
mysql>SELECT S_NAME FROM student  WHERE department IN('信息工程', '外语学院');
```

该语句可以改为如下形式。

```
mysql>SELECT S_NAME FROM student  WHERE department ='信息工程'
UNION SELECT S_NAME FROM student  WHERE department ='外语学院' ;
```

对于连续的数值，能用 BETWEEN 就不要用 IN。

```
mysql>SELECT S_NAME FROM SCORE  WHERE SCORE BETWEEN 60 and 70;
```

项目实践

（1）选择一个比较复杂的查询，练习使用 EXPLAIN 语句进行分析执行效果，提出优化方案，提高性能。

（2）练习查看 MySQL 数据库的连接数、上线时间、执行更新操作的次数和执行删除操作的次数。

（3）练习分析查询语句中是否使用了索引。

（4）练习分析表、检查表和优化表。

（5）练习优化 MySQL 的参数。

① 设置 MySQL 服务器的连接数（max_connections）为 800。

② 设置索引查询排序时所能使用的缓冲区大小（sort_buffer_size）为 6MB。

③ 设置读查询操作所能使用的缓冲区大小（read_buffer_size）为 4MB。

④ 设置联合查询操作所能使用的缓冲区大小（join_buffer_size）为 8MB。

⑤ 设置查询缓冲区的大小（query_cache_size）为 64MB。

习题

简答题

1. 如何使用查询缓存区？
2. 为什么查询语句中使用了索引，但索引没有发挥作用？
3. 简述性能优化的基本方法。

项目八
PHP语言基础及应用
08

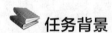 任务 20　PHP 初识与应用

 任务背景

　　目前 PHP 是比较流行的动态网页开发技术，它易于学习并可以高效地运行在服务器端。而且 PHP 与 HTML 语言有着非常好的兼容性，用户可以直接在 PHP 脚本代码中加入 HTML 标记，或者在 HTML 语言中嵌入 PHP 代码，从而更好地实现页面控制。PHP 提供了标准的数据接口，数据库连接也十分方便，兼容性好，扩展性好，可以进行面向对象编程。PHP 最大的特色是简单及与 MySQL 天生的结合性。对于 MySQL 来说，PHP 可以说是其最佳的搭档。PHP+MySQL 目前非常流行，无论是编写数据库管理系统还是编写一个 Web 网站，都是很好的选择。

 任务要求

　　掌握 PHP 技术基础、PHP 数据类型和 PHP 数据处理，学习使用 PHP 连接 MySQL 数据库、操作 MySQL 数据库、备份与还原 MySQL 数据库的基本方法，并使用 PHP+MySQL 编写一个基于文本的简易留言系统。

 任务分解

20.1　PHP 技术基础

20.1.1　PHP 标记风格

　　PHP 标记告诉 Web 服务器 PHP 代码何时开始、结束，最常见的 PHP 代码是 "<?php" 和 "?>"，这两个标记之间的代码都将被解释成 PHP 代码，PHP 标记用来隔离 PHP 代码和 HTML 代码。

　　PHP 的标记风格有如下 4 种。

1. 以 "<?php" 开始,"?>" 结束

```
<?php
...//php 代码
?>
```

这是本书使用的标记风格,也是最常见的一种风格。它在所有的服务器环境上都能使用,而 XML(可扩展标记语言)嵌入 PHP 代码就必须使用这种标记以适应 XML 的标准,所以推荐用户都使用这种标记风格。

2. 以 "<?" 开始,"?>" 结束

```
<?
...//PHP 代码
?>
```

3. script 标记风格

```
<script language="php">
...//PHP 代码
</script>
```

这是类似 JavaScript 的编码方式。

4. 以 "<%" 开始,"%>" 结束

```
<%
...       //PHP 代码
%>
```

这与 ASP 的标记风格相同。与第 2 种风格一样,这种风格默认是禁止的。

20.1.2　HTML 中嵌入 PHP

在 HTML 代码中嵌入 PHP 代码相对来说比较简单,下面是一个在 HTML 中嵌入 PHP 代码的例子。

【任务 20.1】在 HTML 代码中嵌入 PHP 代码,并且在页面中输出。

代码如下。

```
<html>
<head>
<title></title>
</head>
<body>
<input type=text value="<?php echo '这是 PHP 的输出内容'?> ">
</body>
</html>
```

20.1.3　PHP 中输出 HTML

echo()显示函数在前面的内容中已经使用过,用于输出一个或多个字符串。print()函数的用法与 echo()函数类似。下面是一个使用 echo()函数和 print()函数的例子。

【任务 20.2】PHP 中 echo()函数的应用。

代码如下。

```
<?php
    echo("hello");//使用带括号的 echo()函数
    echo "world";//使用不带括号的 echo()函数
    print("hello");// 使用带括号的 print()函数
    print "world"; //使用不带括号的 print()函数
    ?>
```

显示函数只提供显示功能，不能输出风格多样的内容。在 PHP 显示函数中使用 HTML 代码可以使 PHP 输出更为美观的界面内容。

【任务 20.3】使用 PHP 输出 HTML 标签。

代码如下。

```
<?php
echo'<h1 align="center">一级标题</h1>';
print"<br>";
echo"<font size='3'>这是 3 号字体</font>";
 ?>
```

20.1.4 PHP 中调用 JavaScript

PHP 代码中嵌入 JavaScript 能够与客户端建立起良好的用户交互界面，强化 PHP 的功能，其应用十分广泛。在 PHP 中生成 JavaScript 脚本的方法与输出 HTML 的方法一样，可以使用显示函数。

【任务 20.4】在 PHP 中调用 Javascript 脚本并输出。

代码如下。

```
<?php
echo"<script>";
echo"alert("调用 JavaScript 消息框")";
echo"</script>";
?>
```

20.2 PHP 的数据类型

PHP 提供了一个不断扩充的数据类型集，不同的数据可以保存在不同的数据类型中。

20.2.1 整型

整型变量的值是整数，表示范围是 -2147483648～2147483647。整型值可以用十进制数、八进制数或十六进制数的标志符号指定。八进制数标志符号指定，数字前必须加 0；十六进制数标志符号指定，数字前必须加 0x。例如，

```
$n1=123;      //十进制数的正数
$n2=0;        //零
$n3=-36;      //十进制数的负数
$n4=0123;     //八进制数（等于十进制数的 83）
$n5=0x1B;     //十六进制数（等于十进制数的 27）
```

20.2.2　浮点型

浮点型也称浮点数、双精度数或实数，浮点数的字长与平台相关，最大值是 1.8e308，具有 14 位十进制数的精度。例如，

```
$pi=3.1415926;    //十进制浮点数
$width=3.3e4;     //科学计数法浮点数
$var=3e-5;        //科学计数法浮点数
```

20.2.3　布尔型

布尔型是一种最简单的数据类型，其值可以是 TRUE（真）或 FALSE（假），这两个关键字不区分大小写。要想定义布尔变量，只需将其值指定为 TRUE 或 FALSE。布尔型变量通常用于流程控制。

【任务 20.5】布尔型变量的使用。

代码如下。

```php
<?php
$a=TRUE;
$b=FALSE;
$usename="Mike";
If($usename=="Mike")
 {
echo "Hello";
 }
If($a==TRUE)
 {
echo "a 为真";
 }
If($b)
 {
echo "b 为真";
 }
 ?>
```

20.2.4　字符串

1. 单引号

定义字符串最简单的方法是用单引号"'"括起来。如果要在字符串中表示单引号，则需要用转义符"\"将单引号转义之后才能输出。和其他语言一样，如果在单引号之前或者字符串结尾处出现一个反斜线"\"，就要使用两个反斜线来表示。

【任务 20.6】用单引号显示字符串。

代码如下。

```php
<?php
```

```
echo '输出\'单引号';
echo '反斜线\\';
?>
```

2. 双引号

使用双引号"""将字符串括起来同样可以定义字符串。如果要在定义的字符串中表示双引号，则同样需要用转义符转义。

【任务20.7】用双引号显示字符串的。

代码如下。

```
<?php
$str="和平";
Echo'世界$str! ';    //输出：世界$str!
Echo"世界$str! ";    //输出：世界和平!
?>
```

20.3 PHP 数据处理

20.3.1 PHP 对数组的处理

数组就是一组数据的集合，把一系列数据组织起来，形成一个可操作的整体。数组的每个实体都包含两项：键和值。PHP 的优势是提供了丰富的函数，用来处理各种类型的数据，完成一些相对复杂、经常性、重复性或和底层有关的操作。

1. 数组的创建和初始化

既然要操作数组，第一步就是要创建一个新数组，创建数组一般有以下两种方法。

（1）使用 array()函数创建数组。

PHP 中的数组可以是一维数组，也可以是多维数组。创建数组可以使用 array()函数，语法结构如下。

```
array array([$keys=>]$values,...)
```

（2）使用变量建立数组。

通过使用 compact()函数，可以把一个或多个变量甚至数组建立成数组元素，这些数组元素的键名就是变量的变量名，值是变量的值。在当前的符号表中查找该变量名并将它添加到输出的数组中，变量名成为键名而变量的内容成为该键的值。语法结构如下。

```
array compact(mixed $varname[,mixed...])
```

任何没有变量名与之对应的字符串都被忽略。下面通过一个任务说明怎样使用变量数组，并说明代码的含义和作用。

【任务20.8】在 PHP 中使用变量数组。

代码如下。

```
<?php
$num=10;
$str="string";
$array=array(1,2,3);
$newarray=compact("num","str","array"); //使用变量名创建数组
```

```
print_r($newarray);
/*结果
array([num]=10 [str]=>string [array]=>array([0]=>1 [1]=>2 [2]=>3))
*/
?>
```

使用 extract() 函数将数组中的单元转为变量。

```
<?php
$array=array("key1"=>1, "key2"=2, "key3"=3);
extract($array);
echo "$key1 $key2 $key3";//输出 1 2 3
?>
```

2. 数组的排序

（1）升序排序。

① sort()函数。使用 sort()函数可以对已经定义的数组进行排序，使得数组单元按照数组值从低到高重新索引。语法结构如下。

```
Bool sort(array $array[,int $sort_flags])
```

说明 如果排序成功，**sort()**函数返回 TRUE；如果失败则返回 FALSE。两个参数中 **$array** 是需要排序的数组，$**sort_flags** 的值可以影响排序的行为。

② asort()函数。assort()函数也可以对数组的值进行升序排序，语法格式和 sort()类似，但使用 asort()函数排序后的数组还保持键名和值之间的关联，具体如下。

```
<?php
$fruits=array("d"=>"lemon","a"=>"orange","b"=>"banana","c"=>"apple");
assort($fruits);
Print_r($fruits);
?>
```

（2）降序排序。

前面介绍的 sort()、asort()这两个函数都是对数组进行升序排序。他们都对应一个降序排序的函数，可以使数组按降序排序，分别是 rsort()、arsort()和 krsort() 函数。降序排序的函数与升序排序的函数用法相同。

（3）多维数组的排序。

array_multisort()函数可以一次对多个数组排序，或者对一维或多维数组排序。语法格式如下。

```
Bool array_multisort(array $ar1[,mixed $arg[,mixed $...[,array$...]]])
```

该函数的参数结构比较特别，且非常灵活。第一个参数必须是一个数组。接下来的每个参数可以是数组或者是下面列出的排序标志。

SORT_ASC：默认，按升序排列(A-Z) 。

SORT_DESC：按降序排列(Z-A) 。

随后可以指定排序的类型。

SORT_REGULAR：默认。将每一项按常规顺序排列。

SORT_NUMERIC：将每一项按数字顺序排列。

SORT_STRING：将每一项按字母顺序排列。

（4）对数组重新排序。shuffle()函数的作用是将数组用随机的顺序排列，并删除原有的键名。array_reverse（）函数的作用是将一个数组按相反顺序排序。

（5）自然排序。

natsort()函数实现了一个和人们通常对字母、数字和字符串进行排序的方法一样的排序算法，并保持原有键/值的关联，这被称为"自然排序"。natsort()函数对大、小写敏感。

【任务 20.9】用 PHP 数组处理表单数据。

任务要求：接收用户输入的学生学号、姓名和成绩等信息，将接收到的信息存入数组并按照成绩升序排序，之后再以表格输出。

① 输入表单信息内容。

```html
<form name=fr1 method=post>
<table align=center border=1 >
<tr>
<td><div align=center>学号</div></td>
<td><div align=center>姓名</div></td>
<td><div align=center>成绩</div></td>
</tr>
<?php
for($i=0;$i<5;$i++) //循环生成表格的文本框
{?>
<tr>
<td><input type=text name="XH[]"></td>
<td><input type=text name="XM[]"></td>
<td><input type=text name="CJ[]"></td>
</tr>
<?}?>
<tr><td align ="center" colspan="3">
<input type="submit" name="bt_stu" value="提交"></td></tr>
</table>
</form>
<center><font size=3 color="red">
注意：学号值不能重复</font></center><br>
<!-- 以上是输入表单 -->
```

② 获取表单输入内容并且输出。

```php
<?php
if(isset($_POST['bt_stu'])) //判断按钮是否按下
{
$XH=$_POST['XH']; //接收所有学号的值存入数组$XH
$XM=$_POST['XM']; //接收所有姓名的值存入数组$XM
$CJ=$_POST['CJ']; //接收所有成绩的值存入数组$CJ
array_multisort($CJ,$XH,$XM); //对以上 3 个数组排序，$CJ 为首要数组
for($i=0;$i<count($XH);$i++)
$sum[$i]=array($XH[$i],$XM[$i],$CJ[$i]); //将 3 个数组的值组成一个二维数组$sum
echo "<div align=center>排序后成绩表如下:</div>"; //表格的首部
```

```php
echo "<table align=center border=2><tr><td>学号</td><td>姓名</td><td>成绩</td></tr>";
foreach($sum as $value)     //使用 foreach 循环遍历数组$sum
{
list($stu_number,$stu_name,$stu_score)=$value;
//使用 list()函数将数组中的值赋给变量
//下面输出表格内容
echo "<tr><td>$stu_number</td><td>$stu_name</td><td>$stu_score</td></tr
>";
}
echo "</table><br>"; //表格尾部
reset($sum); //重置$sum 数组的指针
while(list($key,$value)=each($sum)) //使用 while 循环遍历数组
{
list($stu_number,$stu_name,$stu_score)=$value;
if($stu_number=="081101") //查询是否有学号为 081101 的值
{
echo "<center><font size=4 color=red>";
echo $stu_number. "的姓名为".$stu_name. ", ";
echo "成绩为".$stu_score;
break; //找到则结束循环
}
}
}
?>
```

20.3.2　PHP 对字符串的处理

字符串是 PHP 程序相当重要的一部分操作内容。程序传递给用户的可视化信息，绝大多数都是靠字符串来实现的。字符串变量用于包含字符串的值。在创建字符串之后，就可以对它进行操作了。可以直接在函数中使用字符串，或者把它存储在变量中。而字符串（String）是由数字、字母、下画线组成的一串字符，一般记为 s="a1a2...an"(n>=0)。它是编程语言中表示文本的数据类型。下面以一个任务介绍怎样用 PHP 把字符串赋值给字符串变量。

【任务 20.10】用 PHP 把字符串赋值给字符串变量。

代码如下。

```php
<?php
$txt="Hello World";
echo $txt;
?>
```

以上代码输出结果如下。

```
Hello World
```

接下来使用不同的函数和运算符来操作字符串。

1. 并置运算符（Concatenation Operator）

在 PHP 中，只有一个字符串运算符，即并置运算符。并置运算符(.)用于把两个字符串值连接起来。下面以一个任务介绍并置运算符的用法。

【任务 20.11】并置连接两个变量。

代码如下。

```php
<?php
$txt1="Hello World";
$txt2="1234";
echo $txt1 . " " . $txt2;
?>
```

以上代码输出结果如下。

```
Hello World 1234
```

2. 计算字符串长度函数 strlen()

strlen()函数用于计算字符串的长度，让我们算出字符串"Hello world!"的长度，具体如下。

【任务 20.12】计算字符串长度。

代码如下。

```php
<?php
echo strlen("Hello world! ");
?>
```

以上代码输出结果如下。

```
12
```

PHP 处理字符串函数还有很多，可以实现字符串输出、字符串去除、字符串连接、字符串分割、字符串获取、字符串替换和字符串计算等功能。

20.3.3　用 PHP 处理日期和时间

PHP 提供了多种获取时间和日期的函数。利用这些函数，可以方便地获得当前的日期和时间，也可以生成一个指定时刻的时间戳，还可以用各种各样的格式来输出这些日期、时间。

在了解日期和时间类型的数据前，需要了解 UNIX 时间戳的意义。在当前大多数的 UNIX 系统中，保存当前日期和时间的方式是：保存格林尼治标准时间从 1970 年 1 月 1 日零点起到当前时刻的秒数，以 32 位整数表示。1970 年 1 月 1 日零点也称为 UNIX 纪元。

调用 getdate()函数取得日期/时间信息，getdate()函数返回一个由时间戳组成的关联数组，参数需要一个可选的 UNIX 时间戳。如果没有给出时间戳，则认为是本地当前时间。总共返回 11 个数组元素，见表 20.1。

表 20.1　getdate()函数返回的数组单元

键名	描述	返回值例子
hours	小时的数值表示	0～23
mday	月份中日的数值表示	1～31
minutes	分钟的数值表示	0～59
mon	月份的数值表示	1～12
month	月份的完整文本表示	January～December

续表

键名	描述	返回值例子
seconds	秒的数值表示	0～59
wday	一周中日的数值表示	0～6（0 表示星期日）
weekday	一周中日的完整文本表示	Sunday～Saturday
yday	一年中日的数值偏移	0～365
year	年份的 4 位表示	例如：1999 或 2009
0	自从 UNIX 纪元开始至今的秒数， 和 time() 的返回值以及用于 date() 的值类似	系统相关，典型值取值范围为 −2147483648～2147483647

PHP 提供的强大日期和时间处理功能，通过时间和日期函数库，能够得到 PHP 程序在运行时所在服务器中的日期和时间，并可以对它们进行检查和格式化，以及在不同格式之间进行转换。

20.3.4 PHP 中对 URL、HTTP 的处理

在 PHP 程序中，会经常遇到对 URL 和 HTTP 相关内容的处理，其中包括对 URL 的编码和解码、设置或获取一些 HTTP 头信息，以及通过 cookie 验证用户身份等。PHP 对 URL 和 HTTP 的处理要使用函数。

1. PHP 对 URL 的函数应用

在 PHP 的实际应用中，对 URL 地址的处理主要涉及 URL 的编码、解码及分析 3 个方面，PHP 提供了 3 个函数，对 URL 进行处理。下面介绍这 3 个函数及 3 个函数的用法。

- urlencode()：对 URL 编码。
- urldecode()：对 URL 解码（反编码）。
- parse_url()：分析一个有效的 URL 地址，获得该 URL 的各个部分。

转换规则：函数 urlencode() 接收一个字符串参数作为输入值，返回值也是一个字符串，返回值字符串中所有的非字母和数字字符变成一个百分号（%）和一个两位的十六进制数，如字符串"&"会被转换成"%26"。需要特别说明的是，空格会被转换成一个加号（＋）。另外，这个函数不会对"－""、""_"和"."（英文句点）符号做转换。

2. PHP 对 HTTP 的函数应用

网络上的计算机之间要进行通信，就必须遵守一定的规则，这种通信规则就是网络协议。协议保证网络上各种不同的计算机之间能够理解彼此传递的消息，就如同说不同语言的人们之间通过翻译来理解对方所说话的含义一样。现在应用最广的 Internet 使用的是 TCP/IP 协议，而浏览 WWW 使用的是 HTTP，即超文本传送协议（HyperText Transfer Protocol），此协议建立在 TCP/IP 协议之上。浏览网页的过程，其实就是一系列请求/响应的过程。HTTP 协议定义了这个请求/响应过程中请求和响应的格式，及维护 HTTP 链接的内容。

这里主要讲述两个处理函数：header() 和 setcookie()。

服务器在将 HTML 文档传送至客户端之前，会先发送一些数据的说明信息到浏览器，最后发送 HTML 文档数据，这些说明信息被称作头标函数 header()，会将 HTML 文档的标头以 HTTP 协议发送至浏览器，告诉浏览器该如何处理这个页面。

使用 HEADER 发送文本类型头信息，具体如下。

```php
<?php header("Content-Type: text/html; charset=UTF-8");
```

```
//告知各位观众下面将要输出的文本类型
?>
```

如果是 PDF 格式，也可用如下方法。

```
header（"Content-type: application/pdf"）;
```

如果需要输出文件提示下载，可使用如下方法。

```
<?php
header("Content-type: application/octet-stream");//FILE 流
header("Accept-Ranges: bytes");
header("Accept-Length: $filesize");//提示将要接收的文件大小
header("Content-Disposition: attachment; filename=".$fname);
//提示终端浏览器下载操作
?>
```

header()函数的另一个作用就是重定向。

```
header("location:index.php");
```

在 PHP 中，在向浏览器传送 HTML 文档之前，需要传送完所有的标头。也就是说，函数 header()必须在有任何实际输出之前调用，包括输出普通的 HTML、空行或 PHP 代码。

通过 PHP 的 HTTP 预定义变量$_SERVER 可以获取页面的 HTTP 头信息。这个变量是一个关联数组，其每个索引都对应一个 HTTP 头信息。

20.3.5 PHP 中的数学运算

1. 数值数据类型

在 PHP 中，数字或数值数据以及数学函数的使用很简单。基本来说，要处理两种数据类型：浮点数和整数。浮点数和整数的内部表示分别是数据类型 DOUBLE 和 INT。

PHP 是一种松散类型的脚本语言，变量可以根据计算的需求改变数据类型，这就允许引擎动态地完成类型转换。所以，如果计算中包含数值和字符串，字符串会在完成计算之前转换为数值，而数值则会在与字符串连接之前转换为字符串。

【任务 20.13】根据计算需要改变数据类型。

代码如下。

```
<?php
$a = '5';
$b = 7 + $a;
echo "7 + $a = $b";
?>
```

PHP 提供了大量函数来检查变量的数据类型。其中有 3 个函数可以检查变量是否包含一个数值，或更具体地，可以检查变量是一个浮点数还是一个整数。

函数 is_numeric()可以检查作为参数传入的值是否是数值。

函数 is_int()和 is_float()用于检查具体的数据类型。如果传入一个整数或浮点数，这些函数会返回 TRUE,否则返回 FALSE,即使传入一个有合法数值表示的字符串也会返回 FALSE。

也可以强制引擎改变数据类型，这被称为类型强制转换，可以在变量或值前面增加 INT、INTEGER、FLOAT、DOUBLE 或 REAL 实现，也可以通过使用函数 intval()或 floatval()来实现。

2. 随机数

随机数本身就是一门科学。已经有很多不同的随机数生成器。PHP 实现了其中两种：rand() 和 mt_rand()。rand()函数是 libc（构建 PHP 所用编译器提供的基本库之一）中定义的随机函数的一个简单包装器。mt_rand()函数是一个很好的替代实现，提供了很多精心设计的特性，而且 mt_rand()函数甚至比 libc 中的版本还要快。

两个函数都提供一些函数来得到 MAX_RAND 的值。rand()函数提供的是 getrandmax() 函数，mt_rand()提供的是 mt_getrandmax()。

3. 格式化数据

除了警告、错误等信息外，PHP 的大部分输出都是利用 echo()、print()和 printf()之类的函数生成的。这些函数将参数转换成一个字符串，并发给客户端应用程序。

number_format()函数可以把整数和浮点数值转换为一种可读的字符串。

【任务 20.14】使用 number_format()函数进行格式化数据。

代码如下。

```php
<?php
$i = 123456;
$si = number_format($i,2, ".",",");
echo $si;
?>
```

4. 数学函数

PHP 中还包括一些常用的数学函数，下面是常见的几个。

（1）abs()：绝对值。

（2）floor()：舍去法取整。

（3）ceil()：进一法取整。

（4）round()：四舍五入。

（5）min()：求最小值或数组中最小值。

（6）max()：求最大值数组中最大值。

20.4 PHP 连接 MySQL 数据库

在前面已经学习了 PHP 的使用，对 PHP 有了一定的了解。在实际的网站制作过程中，经常遇到大量的数据，如用户的账号、文章及留言信息等，通常使用数据库存储数据信息。PHP 支持多种数据库，从 SQL Server、ODBC 到大型的 Oracle 等，但与 PHP 配合最为密切的还是新型的网络数据库 MySQL。

20.4.1 PHP 程序连接到 MySQL 数据库的原理

从根本上来说，PHP 是通过预先写好的一些函数来与 MySQL 数据库进行通信的。向数据库发送指令、接收返回数据等都通过函数来完成。

PHP 可以通过 MySQL 接口来访问 MySQL 数据库。如果希望正常地使用 PHP，就需要适当地配置 PHP 与 Apache 服务器。同时，在 PHP 中加入了 MySQL 接口后，才能够顺利地访问 MySQL 数据库。

20.4.2 PHP 连接到 MySQL 函数

MySQL 接口提供 mysql_connect()函数来连接 MySQL 数据库。mysql_connect()函数的使用方法如下。

```
$connection=mysql_connect("host/IP","username","password");
```

MySQL 接口提供 mysql_select_db ()函数来打开 MySQL 数据库。mysql_select_db ()函数的使用方法如下。

```
mysql_select_db("database", $link);
```

其中，database 为数据库名，$link 为连接标识符。

【任务 20.15】连接数据库 JXGL，用户名"root"，用户密码为"123456"，本地登录。代码如下。

```
<?
$username="root";       //连接数据库的用户名
$password="123456";     //连接数据库的密码
$database="JXGL";       //数据库名
$hostname="localhost";  //服务器地址
$link=mysql_connect($hostname,$username,$password,1,0x20000); //连接数据库
//注：存储过程返回结果集的时候 client_flags 参数要设置为 0x20000
mysql_select_db($database,$link) or die('Could not connect:'.mysql_ error()); //打开数据库
mysql_query("SET NAMES 'UTF8'");              //使用 UTF8 编码
?>
```

20.5 PHP 操作 MySQL 数据库

连接 MySQL 数据库之后，PHP 可以通过 query()函数对数据进行查询、插入、更新和删除等操作。但是 query()函数一次只能执行一条 SQL 语句。如果需要一次执行多个 SQL 语句，需要使用 multi_query()函数。PHP 通过 query()函数和 multi_query()函数，可以方便地操作 MySQL 数据库。接下来，介绍 PHP 操作 MySQL 数据库的方法。

20.5.1 一次执行一条 SQL 语句

PHP 可以通过 query()函数来执行 SQL 语句。如果 SQL 语句是 INSERT 语句、UPDATE 语句、DELETE 语句等，语句执行成功，query()函数返回 TRUE，否则返回 FALSE。并且，可以通过 affected_rows()函数获取发生变化的记录数。

【任务 20.16】查询数据表 students。

```
$query = "SELECT * FROM students";
$result = mysql_query($query, $ database) or die(mysql_error($db));
```

【任务 20.17】向 score 表插入数据。

```
$sqlinsert = "insert into score values('122009', 'A001',80) ";
mysql_query($sqlinsert);
echo $mysqli->affected_rows; //输出影响的行数
```

【任务 20.18】 删除 score 表数据。

```
$sqldelete = "delete from score where s_no = '122009' and c_no='A001'";
mysql_query($sqldelete);
```

【任务 20.19】 更新 score 表数据。

```
$sqlupdate = "update score set report=80 where s_no = '122001' and c_no='A001'";
mysql_query($sqlupdate);
```

20.5.2　一次执行多条语句

PHP 可以通过 multi_query() 函数来执行多条 SQL 语句。具体做法是，把多条 SQL 命令写在同一个字符串里作为参数传递给 multi_query() 函数，多条 SQL 之间使用分号分隔。如果第一条 SQL 命令在执行时没有出错，这个方法就会返回 TRUE，否则将返回 FALSE。

【任务 20.20】 将字符集设置为 gb2312，并向 score 表插入一行数据，然后查询 score 表数据。

代码如下。

```
$query = "SET NAMES gb2312; "; //设置查询字符集为 gb2312
$query = "insert into score values('122010', 'A001',60); ";
//向 score 表插入一行数据
$query = "SELECT * FROM score; "; //设置查询 score 表数据
multi_query($query);
$result = mysql_query($query, $ link);
```

20.5.3　处理查询结果

query() 函数成功地执行 SELECT 语句后，会返回一个 mysqli result 对象 $result。SELECT 语句的查询结果都存储在 $result 中。mysqli 接口中提供了 4 种方法来读取数据。

（1）$rs=$result-> fetch_row(): mysql_fetch_row() 函数从结果集中取得一行作为数字数组。

（2）$rs=$result->fetch_array(): mysql_fetch_array() 函数从结果集中取得一行作为关联数组或数字数组，或二者兼有。返回根据从结果集取得的行生成的数组，如果没有更多行则返回 FALSE。

（3）$rs=$result->fetch_assoc(): mysql_fetch_assoc() 函数从结果集中取得一行作为关联数组。返回根据从结果集取得的行生成的关联数组，如果没有更多行，则返回 FALSE。

（4）$rs=$result->fetch_object(): mysql_fetch_object() 函数从结果集（记录集）中取得一行作为对象。如果成功的话，从函数 mysql_query() 获得一行，并返回一个对象；如果失败或没有更多的行，则返回 FALSE。

下面重点介绍 fetch_row()。

$rs=$result->fetch_row(): mysql_fetch_row() 函数从结果集中取得一行作为数字数组。

语法结构如下。

```
mysql_fetch_row(data)
```

其中，data 是要使用的数据指针。该数据指针是从 mysql_query() 函数返回的结果。

【任务 20.21】 查询系别为"D001"的学生信息。

代码如下。

```
$con = mysql_connect("localhost", "root", "123456");
if (!$con)
    {
die('Could not connect: ' . mysql_error());
    }
$db_selected = mysql_select_db("jxgl",$con);
$sql = "SELECT * from students WHERE d_no='D001'";
$result = mysql_query($sql,$con);
print_r(mysql_fetch_row($result));
mysql_close($con);
```

此外，还可以通过 fetch_fields()函数获取查询结果的详细信息，这个函数返回对象数组。通过这个对象数组可以获取字段名、表名等信息。例如，$info=$result->fetch_fields()可以产生一个对象数组$info。然后通过$info[$n]->name 获取字段名，通过$info[$n]->table 获取表名。

20.5.4　关闭创建的对象

对 MySQL 数据库的访问完成后，必须关闭创建的对象。连接 MySQL 数据库时创建了 $connection 对象，处理 SQL 语句的执行结果时创建了 $result 对象。操作完成后，这些对象都必须使用 close()方法来关闭。其基本形式如下。

```
$result->close();
$connection->close();
```

20.6　PHP 备份与还原 MySQL 数据库

PHP 语言中可以执行 mysqldump 命令来备份 MySQL 数据库，也可以执行 mysql 命令来恢复 MySQL 数据库。PHP 中使用 system()函数或者 exec()函数来调用 mysqldump 命令和 mysql 命令。

20.6.1　MySQL 数据库与表的备份

PHP 可以通过 system()函数或者 exec()函数来调用 mysqldump 命令。system()函数的形式如下。

```
system("mysqldump –h hostname –u user –pPassword database [table] > dir/backup.sql");
```

exec()函数的使用方法与 system()函数是一样的。这里直接将 mysqldump 命令当作系统命令来调用。这需要将 MySQL 的应用程序的路径添加到系统变量的 Path 变量中，如果不想把 MySQL 的应用程序的路径添加到 Path 变量中，可以使用 mysqldump 命令的完整路径。假设 mysqldump 在 "C:\mysql\bin\" 目录下，system()函数的形式如下。

```
system("C:\mysql\bin\mysqldump –h hostname –u user –pPassword database [table] > dir/backup.sql");
```

【任务 20.22】备份 JXGL 数据库到 "D:\ Backup" 目录下。

```
system("mysqldump –h localhost –u root –p123456 --database JXGL >D:\ Backup \JXGL.sql");
```

【任务 20.23】备份 JXGL 数据库的 course 表和 score 表到 "D:\ Backup" 目录下。

```
system("mysqldump –h localhost –u root –p123456 JXGL course score  >D:\ Backup \tables.sql");
```

20.6.2　MySQL 数据库与表的还原

同理，PHP 可以通过 system()函数或者 exec()函数来调用 mysql 命令恢复数据库使用。mysql 命令语句如下。

```
system("mysql  –h hostname –u user –pPassword database [table] < dir/backup.sql");
```

【任务 20.24】假设数据库破坏，用备份好的.sql 文件还原 JXGL 数据库。

```
system("MySQL –u root –p 123456 --default-character-set=utf8 JXGL < JXGL.sql ");
```

【任务 20.25】还原 JXGL 数据库的 course 表和 score 表。

```
system("MySQL –u root –p 123456 --default-character-set=utf8 JXGL course score <D:\
Backup \tables.sql"
```

20.7　应用实践：基于文本的简易留言系统

任务要求：实现基于文本的 PHP 留言系统，首先实现用 PHP 连接 MySQL 数据库，接着显示当前的留言内容，然后实现用户留言，并显示留言成功。留言界面如图 20.1 所示。

图 20.1　留言界面

留言提交成功的界面如图 20.2 所示。

图 20.2　留言提交成功的界面

（1）用 MySQL 建立一个数据库 guestbook，创建一个 content 表，包含 4 个字段，主键是 id。

```
CREATE TABLE IF NOT EXISTS 'content' (
'id' int（11）  NOT NULL auto_increment,
'name' varchar(20) NOT NULL,
'email' varchar(50) NOT NULL,
'content' varchar(200) NOT NULL,
PRIMARY KEY ('id'))
ENGINE=MyISAM DEFAULT CHARSET=utf8 AUTO_INCREMENT=3;
```

（2）新建 config.php，用来连接数据库。

```php
<?php
$q = mysql_connect("localhost","guestbook","");
if(!$q)
{die('Could not connect: ' . mysql_error());}
mysql_query("set names utf8"); //以 utf8 读取数据
mysql_select_db("guestbook",$q); //数据库
?>
```

（3）新建 index.php，连接数据库后搜索数据库里的表内容并显示。

```php
<?php
include("config.php"); //引入数据库连接文件
$sql = "select * from content"; //搜索数据表 content
$result = mysql_query($sql,$q);
?>
<html>
<meta http-equiv="Content-Type" content="text/html; charset=utf-8" />
<body>
<table width="678" align="center">
<tr>
<td colspan="2"><h1>留言本</h1></td>
</tr>
<tr>
<td width="586"><a href="index.php">首页</a> | <a href="liuyan.php">留言</a></td>
</tr>
</table>
<p>
<?
while($row=mysql_fetch_array($resule))
{
?>
</p>
<table width="678" border="1" align="center" cellpadding="1" cellspacing="1">
<tr>
```

```
<td width="178">Name:<? echo $row[1] ?></td>
<td width="223">Email:<? echo $row[2] ?></td>
</tr>
<tr>
<td colspan="4"><? echo $row[3] ?></td>
</tr>
<tr>
</table>
<?}?>
</body>
</html>
```

（4）新建 liuyan.php，实现数据库连接，处理用户提交的留言信息。

```
<html>
<body>
<meta http-equiv="Content-Type" content="text/html; charset=utf-8" />
<table width="678" align="center">
<tr>
<td colspan="2"><h1>留言本</h1></td>
</tr>
<tr>
<td width="586"><a href="index.php">首页</a> | <a href="liuyan.php">留言</a></td>
</tr>
</table>
<table align="center" width="678">
<tr>
<td>
<form name="form1" method="post" action="post.php">
<p>
Name：<input name="name" type="text" id="name">
</p>
<p>Email：<input type="test" name="email" id="email"></p>
<p>
留言：
</p>
<p>
<textarea name="content" id="content" cols="45" rows="5"></textarea>
</p>
<p>
<input type="submit" name="button" id="button" value="提交">
<input type="reset" name="button2" id="button2" value="重置">
</p>
</form>
</td>
```

```
</tr>
</table>
</body>
</html>
```

（5）新建 post.php，连接数据库后，把获取到的用户留言信息存入数据库中，并显示提交成功的提示。

```php
<?php
header("content-Type: text/html; charset="utf-8");
include("config.php");
$name= $_POST['name'];
$email= $_POST['email'];
$patch = $_POST['content'];
$content = str_replace("","<br />",$patch);
$sql = "insert into content (name,email,content) values ('$name', '$email', ' $content')";
mysql_query($sql);
echo "<script>alert('恭喜你，提交成功！返回首页。');location.href='index. php';</script>";?>
```

习题

1. 简述创建 PHP 数组的方法有哪几种。
2. 简述 PHP 程序连接到 MySQI 数据库服务器的原理。
3. 建立一个测试数据库连接的页面，连接留言板数据库 guest，并生成测试脚本。
4. 在留言板数据库连接的基础上建立显示留言信息的记录集并绑定在网页中。

项目九
访问MySQL数据库

09

任务 21　Java 访问 MySQL

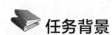 **任务背景**

Java 是一个跨平台、面向对象的程序开发语言，而 MySQL 是主流的数据库开发语言。MySQL 为 Jave 提供了良好的接口，Java 连接访问和操作 MySQL 数据库非常方便。Java 和 MySQL 不失为一个好搭档，基于 Java+MySQL 进行程序设计也是当今比较流行的开发范例。

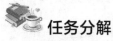 **任务要求**

本任务将学习 Java 连接 MySQL 数据库的方法，并实现数据库更新、查询和备份、还原等操作。

任务分解

21.1　Java 连接 MySQL 数据库

Java 语言可以通过 Java 数据库连接（Java Database Connectivity，JDBC）来访问 MySQL 数据库。JDBC 的接口和类与 MySQL 数据库建立连接，然后对 SQL 语句的执行结果进行处理。Connector/J 是 MySQL 同 JDBC 连接的一个接口规范。

21.1.1　下载并安装 JDBC 驱动 MySQL Connector/J

可以在 MySQL 的官方网站下载 JDBC 驱动 Connector/J 5.0。下载 MySQL-connector-java-5.0.8.zip 压缩包。打开压缩包，将其中的 Java 包（MySQL-connector-java- 5.1.18-bin.jar）复制到指定目录下，例如"D:\"。

要安装 Connector/J 驱动程序库。最简单的方法是把 MySQL-connector-java- 5.1.18-bin.jar 文件复制到 Java 安装目录的"$JAVA_HOME/jre/lib/ext"中去，Java 程序在执行时会自动到这里来寻找驱动程序。

也可以将 MySQL-connector-java-5.1.18-bin.jar 添加到系统的 CLASSPATH 环境变量。方法为打开"控制面板"→"系统"→"高级"→"环境变量"，在系统变量那里编辑 CLASSPATH，将 MySQL-connector-java-5.0.8-bin.jar 加到最后，并在这个字符串前加";"，与前一个 CLASSPATH 区分开。

现在就可以使用 com.mysql.jdbc.Driver 来调用 MySQL 的 JDBC 管理驱动了。

21.1.2 java.sql 的接口和作用

在 java.sql 包中存在 DriverManager 类、Connnection 接口、Statement 接口和 ResultSet 接口。这些类和接口的作用如下。

（1）DriverManager 类：DriverManager 类是 JDBC 的管理层，作用于用户和驱动程序之间。它跟踪可用的驱动程序，并在数据库和相应驱动程序之间建立连接。另外，DriverManager 类也处理诸如驱动程序登录时间限制及登录和跟踪消息的显示等事务。

（2）Connnection 接口：建立与数据库的连接。

（3）Statement 接口：容纳并操作执行 SQL 语句。

（4）ResultSet 接口：控制执行查询语句得到结果集。

21.1.3 连接 MySQL 数据库

首先，在 Java 程序中加载驱动程序。在 Java 程序中，可以通过 Class.forName（"指定数据库的驱动程序"）方式来加载添加到开发环境中的驱动程序。例如，加载 MySQL 的数据驱动程序的代码如下。

```
Class.forName("com.mysql.jdbc.Driver")
```

然后，创建数据连接对象。通过 DriverManager 类创建数据库连接对象 Connection。DriverManager 类作用于 Java 程序和 JDBC 驱动程序之间，用于检查所加载的驱动程序是否可以建立连接，然后通过它的 getConnection()方法，根据数据库的 URL、用户名和密码，创建一个 JDBC Connection 对象。代码如下。

```
Connection connection = DriverManager.getConnection("连接数据库的 URL","用户名","密码")
```

【任务 21.1】连接已建好的 JXGL 数据库。

代码如下。

```
String driver = "com.mysql.jdbc.Driver"; //驱动程序名
String url = "jdbc:MySQL://127.0.0.1:3306/JXGL";// URL 指向要访问的数据库名 JXGL
String user = "root";// MySQL 配置时的用户名
String password = "123456";// Java 连接 MySQL 配置时的密码
try {
Class.forName(driver); // 加载 MySQL 的驱动程序
Connection conn = DriverManager.getConnection(url, user, password);
// 连接数据库
if(!conn.isClosed())
System.out.println("Succeeded connecting to the Database! ");
} catch (Exception e) {
        e.printStackTrace();
}
```

21.2 Java 操作 MySQL 数据库

连接 MySQL 数据库之后，可以对 MySQL 数据库中的数据进行插入、更新、删除和查询等操作。这些操作可以通过调用 Statement 对象的相关方法执行相应的 SQL 语句来实施。其中，通过调用 Statement 对象的 executeUpdate()方法来进行数据的更新，调用 Statement 对象的 executeQuery()方法来进行数据的查询。通过这两个接口，Java 可以方便地操作 MySQL 数据库。

21.2.1 创建 Statement 对象

Statement 类的主要作用是执行静态 SQL 语句并返回它所生成结果的对象。通过 Connection 对象的 createStatement()方法可以创建一个 Statement 对象。

其代码如下。

```
Statement statement=connection.createStatement();
```

其中，statement 是 Statement 对象，connection 是 Connection 对象，create Statement()方法返回 Statement 对象。通过这个 Java 语句就可以创建 Statement 对象。

Statement 对象创建成功后，可以调用其中的方法来执行 SQL 语句。

21.2.2 插入、更新或者删除数据

通过调用 Statement 对象的 executeUpdate()方法来进行数据的更新，包括插入、更新或者删除等。调用 executeUpdate()方法的代码如下。

```
int result=statement.executeUpdate(sql);
```

其中，sql 参数必须是 INSERT 语句、UPDATE 语句或者 DELETE 语句。该方法返回的结果是数字。

【任务 21.2】向 COURSE 表中插入一条数据（'c002', 'ACCESS',54,3, '选修课'）。

代码如下。

```
statement.executeUpdate("INSERT INTO course(c_no,c_name,hours,credit, type) "+
"VALUES('c002','ACCESS',54,3, '选修课') ");
```

21.2.3 使用 SELECT 语句查询数据

通过调用 Statement 对象的 executeQuery()方法进行数据的查询，而查询结果会得到 ResulSet 对象，ResulSet 表示执行查询数据库后返回的数据的集合。

调用 executeQuery()方法的代码如下。

```
ResultSet result=statement.executeQuery("SELECT 语句");
```

【任务 21.3】查询 COURSE 表。

代码如下。

```
ResultSet result = statement.executeQuery( "select * from COURSE" );
```

通过该语句可以将查询结果存储到 result 中。查询结果可能有多条记录，这就需要使用循环语句来读取所有记录，其代码如下。

```
while(result.next()){
```

```
// 选择 c_name 这列数据
name = rs.getString("c_name");
//使用 ISO-8859-1 字符集将 name 解码为字节序列并将结果存储在新的字节数组中
//使用 gb2312 字符集解码指定的字节数组
name = new String(name.getBytes("ISO-8859-1"),"GB2312");
// 输出结果
System.out.println(rs.getString("c_no") + "\t" + name);
}
```

21.3 Java 备份 MySQL 数据库

Java 语言中可以执行 MySQLdump 命令来备份 MySQL 数据库，也可以执行 MySQL 命令来还原 MySQL 数据库。

通常使用 MySQLdump 命令来备份 MySQL 数据库，其语句如下。

```
MySQLdump -u username -pPassword dbname table1 table2...> BackupName.sql
```

其中，username 参数表示登录数据库的用户名；Password 参数表示用户的密码，其与 -p 之间不能用空格隔开；dbname 参数表示数据库的名称；table1 和 table2 参数表示表的名称，没有该参数时将备份整个数据库；BackupName.sql 参数表示备份文件的名称，文件名前面可以加上一个绝对路径。

【任务 21.4】备份 JXGL 数据库到"D:\ Backup"目录下。

```
String mysql=" MySQLdump -u root -p 123456 JXGL>D:\ Backup\JXGL.sql ";
java.lang.Runtime.getRuntime().exec("cmd /c"+mysql);
```

【任务 21.5】备份 JXGL 数据库的 students 表和 teachers 表。

```
String mysql=" MySQLdump -u root -p123456 JXGL students teachers >D:\ Backup\
twotables.sql ";
java.lang.Runtime.getRuntime().exec("cmd /c"+mysql);
```

21.4 Java 还原 MySQL 数据库

通常使用 MySQL 命令来还原 MySQL 数据库，其语句如下。

```
MySQL -u root -p [dbname] < backup.sql
```

其中，dbname 参数表示数据库名称。该参数是可选参数，可以指定数据库名，也可以不指定。指定数据库名时，表示还原该数据库下的表；不指定数据库名时，表示还原特定的一个数据库。备份文件 backup.sql 中有创建数据库的语句。

【任务 21.6】假设数据库破坏，用备份的.sql 文件还原 JXGL 数据库。

```
String mysql=" MySQL -u root -p123456 --default-character-set=utf8 JXGL <
JXGL.sql";
java.lang.Runtime.getRuntime().exec("cmd /c"+mysql);
```

【任务 21.7】还原 JXGL 数据库的 students 表和 teachers 表。

```
String mysql=" MySQL -u root -p123456 --default-character-set=utf8 JXGL
  students teachers<D:\ Backup\twotables.sql ";
```

```
java.lang.Runtime.getRuntime().exec("cmd /c"+mysql);
```

 项目实践

（1）安装 JDBC 驱动。

（2）实现用 Java 语言连接 MySQL 数据库。

任务 22　C#访问 MySQL 数据库

 任务背景

C#是微软公司开发的可以跨平台的程序开发语言。它功能完善，可以用来开发可靠的、要求严格的应用程序。所以用 C#语言来连接使用 MySQL 数据库也是目前比较流行的，而且通过 C#的接口访问 MySQL 数据库也很方便。

 任务要求

学会使用 C#程序设计技术连接 MySQL 数据库，实现数据库的操作。

 任务分解

22.1　C#连接 MySQL 数据库

C#是由微软公司开发的专门为.NET 平台设计的语言，C#是事件的驱动的，面向对象的、运行于.NET Framework 之上的可视化高级程序设计语言，可以使用集成开发环境来编写 C#程序。C#是 Windows 操作系统下最流行的程序语言之一。

C#语言可以通过 MySQLDriverCS 或通过 ODBC 连接 MySQL 数据库，也可以通过 MySQL 官方推荐使用的驱动程序 Connector/NET 来访问 MySQL 数据库。Connector/NET 的执行效率高。本任务主要使用 Connector/NET 来访问 MySQL 数据库。

22.1.1　下载并安装 Connector/Net 驱动程序

使用 C#语言来连接 MySQL 时，需要安装 Connector/Net 驱动程序。Connector/Net 是 MySQL 官方网站提供的专业驱动程序。在网址"http://dev.mysql.com/downloads/connector/"中选择 Connector/NET 链接，就可以跳转到 Connector/NET 的下载页面。下载安装文件 mysql-connector-net-6.8.3.msi。

【任务 22.1】安装 Connector/NET 驱动程序。

直接在 Windows 操作系统下安装 mysql-connector-net-6.8.3.msi。安装非常简单，方法如下。

（1）双击 mysql-connector-net-6.8.3.msi，会出现 Connector/Net 的安装欢迎界面，

227

默认安装在"C:\Program Files\MySQL\MySQL Connector Net 6.8.3"。安装界面如图 22.1 所示。

（2）单击"Next"按钮进入选择安装类型的界面。有 Typical（典型安装）、Custom（定制安装）和 Complete（完全安装）3 种安装方式，选择 Typical，如图 22.2 所示。

单击"Next"按钮，在弹出的对话框中选择"Install"按钮，如图 22.3 所示，安装完成后在图 22.4 中单击"Finish"按扭。

图 22.1　安装界面　　　　　图 22.2　选择 Typical（典型安装）

 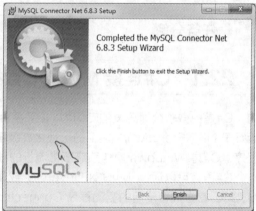

图 22.3　安装界面　　　　　图 22.4　完成安装

22.1.2　使用 Connector/NET 驱动程序

使用集成开发环境 Microsoft Visual Studio 来编辑 C#程序。接下来，在应用工程中引用组件 MySQL.Data.dll，就可以使用 Connector/NET 驱动程序了。方法是：在 Microsoft Visual Studio 中单击"Project（项目）""Add Reference（添加引用）"选项，将 bin 目录里面的 MySql.Data.dll 添加到工程的引用中，确保引用中有 mysql.data，如图 22.5 所示。

图 22.5　引用组件 MySql.Data.dll

22.1.3　连接 MySQL 数据库

使用 Connector/NET 驱动程序时,通过 MySqlConnection 对象来连接 MySQL 数据库。连接 MySQL 的程序的最前面需要引用 MySql.Data.MySqlClient。

连接 MySQL 数据库时，需要提供主机名或者 IP 地址、连接的数据库名、数据库用户名和用户密码等信息，每个信息之间用分号隔开。

【任务 22.2】C#连接数据库，本地主机，用户名为"root"，密码为"123456"。语句块如下。

```
//    引用 MySql.Data.MySqlClient
using MySql.Data.MySqlClient;
//    创建 MySqlConnection 对象
MySqlConnection conn = null;
//连接 JXGL
conn=new       MySqlConnection("Data       Source=localhost;Initial       Catalog=jxgl;User
ID=root;Password=123456");
```

22.2　C#操作 MySQL 数据库

连接 MySQL 数据库之后，通过 MySqlCommand 对象来获取 SQL 语句。

22.2.1　创建 MySqlCommand 对象

MySqlCommand 对象主要用来管理 MySqlConnector 对象和 SQL 语句。
MySqlCommand 对象的创建方法如下。

```
MySqlCommand com = new MySqlCommand("SQL 语句", conn);
```

其中，"SQL 语句"可以是 INSERT 语句、UPDATE 语句、DELETE 语句和 SELECT 语句等；conn 为 MySqlConnection 对象。

【任务 22.3】对 JXGL 数据库的表执行插入、更新、删除和查询等操作。
语句块如下。

```
//设置 SQL 查询语句
```

```
MySqlCommand com = new MySqlCommand("SELECT * FROM STUDENTS", conn);
//设置 SQL 更新语句
MySqlCommand com = new MySqlCommand("UPDATE COURSE SET CREDIT=2
WHERE   C_NO='A001'", conn);
//设置 SQL 删除语句
MySqlCommand com = new MySqlCommand("DELETE FROM STUDENTS WHERE
D_NO='D001'", conn);
```

另外，还可以通过以下方法和对象操作 MySQL 数据库：通过 ExecuteNonQuery()方法对数据库进行插入、更新和删除等操作，通过 ExecuteRead()方法查询数据库中的数据，通过 ExecuteScalar()方法查询数据，通过 MySqlDataReader 对象获取 SELECT 语句的查询结果，使用 MySqlDataAdapter 对象、DataSet 对象和 DataTable 对象操作数据库。

22.2.2 关闭创建的对象

使用 MySqlConnection 对象和 MySqlDataReader 对象，会占用系统资源。在不需要使用这些对象时，可以调用 Close()方法来关闭对象，释放被占用的系统资源。关闭 MySqlConnection 对象和 MySqlDataReader 对象的语句如下。

```
conn.Close();
dr.Close();
```

关闭 MySqlConnection 对象和 MySqlDataReader 对象后，它们所占用的内存资源和其他资源就被释放出来了。

22.3 C#备份与还原 MySQL 数据库

C#语言可以调用外部命令，通过运行 mysqldump 命令来备份 MySQL 数据库，运行 mysql 命令来还原 MySQL 数据库。

22.3.1 C#备份 MySQL 数据库

C#中的 Process 类的 Start()方法可以调用外部命令。使用 Start()方法调用 cmd 命令来打开命令提示符界面，在命令提示符界面中调用 mysqldump 命令来备份 MySQL 数据库。Process 类的命名空间为 System.Diagnostics，因此需要使用 using 语句来引用这个命名空间，语句如下。

```
using System.Diagnostics;
```

【任务 22.4】调用 mysqldump 命令备份 jxgl 数据库，文件放在"D:/ Backup/"目录下。语句块如下。

```
using System.Diagnostics;
String mysql="mysqldump –uroot –p123456   –P   3309 --default-character   set=   utf8
jxgl> D:/ Backup/jxgl.sql";
Process.Start("cmd  /c "+mysql);
```

22.3.2 C#还原 MySQL 数据库

C#使用 Process 类的 Start()方法调用 cmd.exe 程序，通过 cmd.exe 程序打开命令提示符界面。然后在命令提示符界面中执行 mysql 命令来还原 MySQL 数据库。

【任务 22.5】用备份好的.sql 文件还原数据库 jxgl，假设备份文件在"d:/ Backup/jxgl.sql"目录下。

语句块如下。

```
using System.Diagnostics;
String mysql="mysql -uroot -p123456  --default-character-set=utf8 jxgl < d:/ Backup/jxgl.
sql";
Process.Start("cmd   /c "+mysql);
```

 项目实践

（1）安装 Connector/NET 驱动。
（2）实现用 C#语言连接 MySQL 数据库。

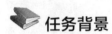

项目十
PhpMyAdmin操作数据库

10

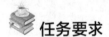

任务 23　　phpMyAdmin 操作数据库

任务背景

　　无论是数据库管理者还是数据库最终用户，都希望有一个界面工具，使 MySQL 数据库的管理变得更加简单和方便。在当前出现的众多的 GUI MySQL 客户程序中，最出色的莫过于 phpMyAdmin。phpMyAdmin 是一个以 PHP 为基础，以 Web-Base 方式架构在网站主机上的 MySQL 的数据库管理工具，让管理者可用 Web 接口管理 MySQL 数据库，可以在任何地方通过远端管理 MySQL 数据库，方便地建立、修改和删除数据库及资料表。PhpMyAdmin 的出现对于管理者特别是不熟悉 MySQL 命令的用户来说是莫大的喜事。集成软件 WAMP Server 附带有管理工具 phpMyAdmin。

任务要求

　　本任务将学习通过 phpMyAdmin 操作 MySQL 数据库的方法，包括数据库、表、程序和事件等对象的创建和使用，管理用户账户和权限，进行数据备份和数据恢复等，实现对 MySQL 数据库的快捷方便的操作管理。

任务分解

23.1　创建与管理数据库

　　【任务 23.1】创建数据库。

　　在地址栏输入 http://localhost/phpmyadmin，将进入 phpMyAdmin 主页，单击"数据库"菜单，可以看到现有数据库。在"新建数据库"栏目中输入数据库名称 xsgl，选择字符集 gb2312_chinese_ci，单击"创建"按钮，创建数据库 xsgl，如图 23.1 所示。

　　在 phpMyAdmin 主页，单击"SQL"菜单，输入创建数据库的 SQL 语句，创建数据库 CPXS，如图 23.2 所示。

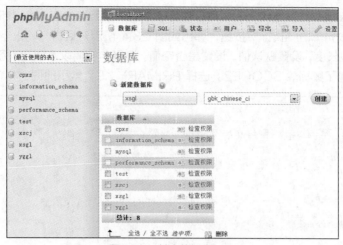

图 23.1　创建数据库 xsgl

图 23.2　创建数据库 CPXS

23.2　创建与管理表

23.2.1　创建表

【任务 23.2】在 xsgl 数据库中创建 teachers 和 SCORE2 表。

选择数据库 xsgl，单击"SQL"菜单，输入创建表的 SQL 语句，创建表 teachers，如图 23.3 所示。

图 23.3　创建表 teachers

选择数据库 xsgl，在"结构"栏中可以看到该数据库中所有的表，在"新建数据表"中输入表名称和字段数，单击"执行"按钮，弹出如图 23.4 所示对话框，输入字段名称，选择数据类型，输入字段长度，设置默认值，设置是否空值，选择字符集以及创建索引，最后单击"保存"按钮，即创建了数据表 SCORE2。选择 PRIMARY KEY 索引的同时也创建了主键。

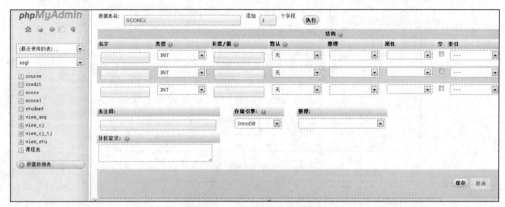

图 23.4　创建表 SCORE2

对于一些取值固定的字段列可以选择数据类型为 ENUM。例如，性别、系别和爱好等字段。方法是选择 EMUN 类型后，在"长度/值"文本框中不输入具体的字段长度，而是在下方点出"获取更多编辑空间"，即弹出 ENUM/SET 编辑器，如图 23.5 所示，将取值分别输入，单击"执行"按钮即可。

图 23.5　ENUM/SET 编辑器

23.2.2　管理表

【任务 23.3】修改 course 表的结构，在 c_no 前面增加一个字段 c_number，为 AUTO_INCREMENT，并设置 c_name 为 UNIQUE。

选择数据库 JXGL，选择 course 表，单击"结构"菜单即打开了表结构，如图 23.6 所示。

在每个字段右边的有 5 个按钮，分别可以用来修改主键、唯一性和全文索引等。在下方有一添加字段栏，可以选择在表结尾、在表头还是在某一字段之后添加字段。在每个字段的中间有"修改""删除"按钮，可以通过这些按钮，可以修改与删除字段。

图 23.6　表结构

23.3　字符集设置

通过 phpMyAdmin 可以设置服务器连接、数据库、表和字段的字符集。

设置服务器连接校对字符集。打开 phpMyAdmin 的主页，在"常规设置"右侧的下拉列表中选择字符集。一般默认为 utf8，如图 23.7 所示。

【任务 23.4】修改数据库 xsgl 的字符集为 gb2312。

选择数据库，单击菜单"操作"，在"整理："下方的下拉列表中选择字符集"gb2312_chinese_ci"，单击"执行"按钮即可，如图 23.8 所示。

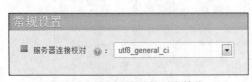

图 23.7　服务器连接校对字符集

图 23.8　修改数据库字符集

【任务 23.5】修改表 course 的字符集为 gb2312。

选择数据库，选择表 course，选择"操作"菜单，在"表选项"的"整理"栏的下拉列表中选择字符集"gb2312_chinese_ci"，单击"执行"按钮，如图 23.9 所示。

图 23.9　修改表字符集

【任务 23.6】修改表 course 的字段 c_name 的字符集为 gb2312。

选择数据库，选择表 course，打开表的"结构"，对字段 c_name 单击"修改"，弹出"修改"对话框，在对话框中可以看到"整理"，在下拉列表中选择字符集"gb2312_chinese_ci"，单击"保存"按钮即可，如图 23.10 所示。

图 23.10　修改字段字符集

23.4　表数据操作

23.4.1　插入数据

【任务 23.7】向 course 表插入数据。

选择数据库 xsgl，选择表 course，单击"插入"菜单，进入数据输入界面，依次输入各个字段的数据值后，单击"执行"按钮即可。一般默认一次执行两行数据，若要一次插入多行数据，可以在界面底部"继续插入"处选择要插入的行数，最多一次可以同时输入 40 行数据，如图 23.11 所示。

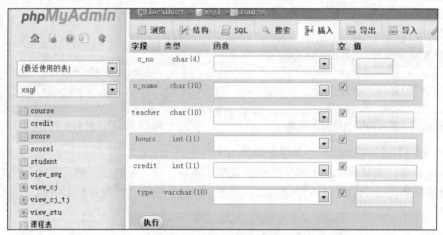

图 23.11　插入数据

23.4.2　导入数据

phpMyAdmin 导入大容量的数据库文件时，对上载的文件大小有限制，PHP 本身对上载文件大小也有限制。因此，通过这种方法导入数据时，一般可以导入小于 2MB 的.sql 文件。

导入的数据文件格式可以是 CSV、OPenOffice、ESRI Shape file 和 XML 等，默认格式是 SQL。下面以导入.sql 文件为例进行讲解。

【任务 23.8】将"D:\student.sql"文件导入 course 表。

选择数据表 course，单击"导入"菜单进入界面，单击"选择文件"，选择要导入的.sql文件（D:\student.sql），选择文件字符集，默认是"utf-8"，格式默认是"SQL"，单击"执行"按钮即可导入数据，如图 23.12 所示。相当于执行 INSERT INTO 语句向表中插入数据。

图 23.12 导入 .sql 文件到表

23.4.3 操作数据

选择数据库，打开"SQL"菜单，弹出对话框，可输入 SELECT、INSERT、UPDATE 和 DELETE 命令进行表数据操作，如图 23.13 所示。

图 23.13 输入 SQL 命令进行数据操作

23.5 索引与参照完整性约束

23.5.1 创建主键、唯一性约束和索引

【任务 23.9】将 course 表的 c_name 字段设为主键，修改 c_no 为唯一性约束。

选择数据表 course，打开"结构"菜单，可以看到每个字段右边都有如图 23.14 所示的设置按钮，依次为"主键""唯一""索引""空间"和"全文搜索"。单击相应的按钮可以进行主键约束、唯一性约束，普通索引、空间索引和全文索引的创建。

在创建主键约束、唯一性约束的同时也分别创建了主键索引和唯一性索引。

图 23.14 设置按钮

23.5.2 参照完整性约束

【任务 23.10】表 score 的 c_no 字段参照表 student 表的 s_no 字段，c_no 字段参照 course 表的 c_no 字段,实现与父表的级联更新和级联删除。

选择 score 表，打开"结构"菜单，单击"关系查看"，即打开了外键约束的界面，在 s_no 字段右侧的下拉列表中选择"'xsgl'.'student'.'s_no'"，在 ON DELETE 和 ON UPDATE 右侧的下拉列表中分别选择"CASCADE"，即对 s_no 字段实施参照完整性约束。同理，可以进行 c_no 的外键参照完整性约束，如图 23.15 所示。

图 23.15 参照完整性约束

23.6 使用查询

1. 方法一：直接输入 SQL 语句

【任务 23.11】查询在 1992 年 5 月出生的学生。

选择数据库 xsgl，打开"SQL"菜单，直接输入 SQL 查询语句，单击"执行"按钮即可进行查询，如图 23.16 所示。

图 23.16 输入 SQL 查询语句进行查询

2. 方法二："查询"菜单创建

选择数据库，打开"查询"菜单，在"使用表"中选择查询要用到的数据表（或视图），可选择单一表（或视图）也可以选择多个表（或视图），用<Ctrl+A>组合键可以全选所有表（或视图），用<ctrl>键可以选择不相邻的表（或视图）。单击"更新查询"，在"字段"下拉列表将出现所选择表的所有字段，选择要查询的字段，在"显示"处勾选相应的复选框，在"条件"栏中输入条件，单击"提交查询"，即创建了查询，如图 23.17 所示。

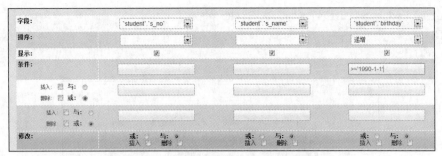

图 23.17 通过"查询"菜单创建查询

23.7 创建视图

【任务 23.12】创建视图 VIEW_CJ，包括学号、课程名和成绩字段。

选择数据库 xsgl，打开"SQL"菜单，直接输入 SQL 语句，单击"执行"按钮即可创建视图，如图 23.18 所示。

```
在数据库 xsgl 运行 SQL 查询: ●
1  CREATE VIEW VIEW_CJ(学号, 课程名, 成绩)
2  AS SELECT STUDENT.S_NO,C_NAME,SCORE
3  FROM STUDENT,COURSE,SCORE
4  WHERE STUDENT.S_NO=SCORE.S_NO AND SCORE.C_NO=COURSE.C_NO。
5  |

清除

[ 语句定界符      ]  ☑ 在此再次显示此查询 □ 保留查询框                                    执行
```

图 23.18 创建视图

23.8 创建和使用程序

打开"程序"菜单，可以为数据库创建存储过程（PROCEDURE）和存储函数（FUNCTION）。

23.8.1 创建存储过程

【任务 23.13】创建存储过程，删除 STUDENT 表中某一学生的记录。

（1）选择数据库，单击"程序"菜单，可以看到当前数据库已创建好的程序。

（2）单击"添加程序"，弹出对话框，在"类型"中选择 PROCEDURE。输入程序名称，在"参数"右边的下拉列表中选择参数，有 IN、OUT 和 INOUT 三种参数可选，输入参数名字和长度。单击"添加参数"按钮还可以增加参数的个数。

（3）在"定义"中输入程序主体，即 routine_body 部分。

（4）单击"执行"按钮，即创建了存储过程，如图 23.19 所示。

以上操作相当于执行了下面的语句。

```
DELIMITER $$
CREATE PROCEDURE   DELETE_STUDENT(IN XH VARCHAR（6））
BEGIN
```

```
DELETE FROM STUDENT WHERE S_NO=XH;
END $$
DELIMITER ;
```

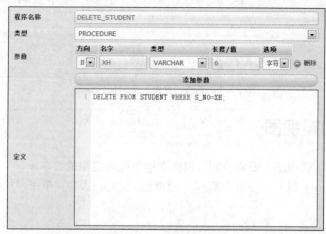

图 23.19 创建存储过程

23.8.2 创建存储函数

【任务 23.14】创建一个存储函数，它返回 COURSE 表中已开设的专业基础课门数作为结果。

选择数据库，单击"程序"菜单，可以看到当前数据库已创建好的程序。单击"添加程序"，弹出对话框，在"类型"中选择 FUNCTION。存储函数只能设置程序名称和类型，不能指定 IN、OUT 和 INOUT 参数，在"返回类型"中选择合适的类型，在"定义"中输入 SQL 语句，即可创建存储函数，如图 23.20 所示。

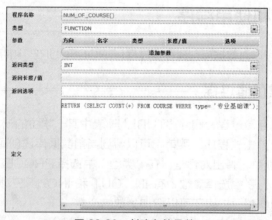

图 23.20 创建存储函数

以上操作相当于执行了下面的语句。

```
CREATE FUNCTION NUM_OF_COURSE()
RETURNS INT
SELECT COUNT(*) FROM COURSE   WHERE TYPE = '专业基础课';
```

23.8.3 使用程序

存储过程和存储函数建好后，单击"程序"菜单，可以查看已在数据库中创建的程序。也可以编辑、执行、导出或者删除程序。程序列表如图 23.21 所示。

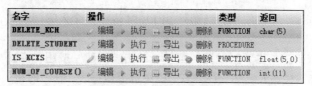

图 23.21 程序列表

单击"编辑"按钮即可重新编辑程序，如图 23.22 所示。
单击"删除"按钮即可删除不必要的程序，如图 23.23 所示。

图 23.22 编辑程序

图 23.23 删除程序

单击"导出"按钮即可导出创建存储过程或存储函数的 SQL 语句，如图 23.24 所示。
单击"执行"按钮即可执行程序，如图 23.25 所示。

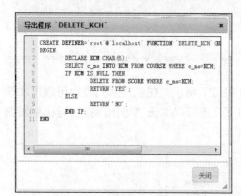

图 23.24 导出程序的 SQL 语句

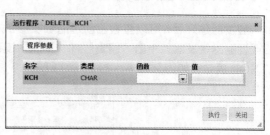

图 23.25 执行程序

23.9 创建和使用触发器

23.9.1 创建触发器

【任务 23.15】创建一个触发器，当删除 student 表中某个人的记录时，同时删除 SCORE 表相应的成绩记录。

选择数据库 JXGL，单击"触发器"菜单。单击"新建"按钮，弹出"编辑触发器"对话框。在"触发器名称"栏输入名称，在"表"栏中选择数据表，在"时机"栏可选择 BEFORE 和 AFTER，在"事件"栏可选择 INSERT、UPDATE 和 DELETE，在"定义"中输入触发器触发程序激活时执行的语句，单击"执行"按钮，即创建了触发器，如图 23.26 所示。

图 23.26 创建触发器

以上操作相当于执行了下面的语句。

```
DELIMITER $$
CREATE  TRIGGER  SCO_DELETE  AFTER  DELETE
        ON STUDENT FOR EACH ROW
BEGIN
        DELETE FROM SCORE WHERE s_no=OLD.s_no;
END$$
DELIMITER ;
```

23.9.2 使用触发器

触发器建好后，可以查看已创建的触发器，如图 23.27 所示。在触发器列表中可以再次编辑或者删除触发器，单击"编辑"或"删除"按钮即可，还可以单击"导出"按钮导出触发器的 SQL 语句，如图 23.28、图 23.29 所示。

图 23.27 查看已创建的触发器

图 23.28　删除触发器

图 23.29　导出触发器的 SQL 语句

23.10　创建事件和使用事件

　　选择数据库 JXGL，单击"事件"菜单，可以看到"事件"（数据库已有的事件）、"新建"和"事件计划状态"（开或关）。要创建事件，首先必须打开事件调度器，即令"事件计划状态"处于"开"的状态。如图 23.30 所示。

图 23.30　事件

　　要新建事件，则单击"新建"按钮，弹出对话框。在"事件名称"中可输入名称，在"状态"中可选择 ENABLEA（启用）、DISABLED（关闭）和 SLAVESIDE_DISABLED3 种状态，在"事件类型"中可选择 ONE TIME（一次）或 RECURRING（周期性），在"运行时间"中可输入时间，在"定义"中可输入 DO sql_statement。

23.10.1　创建一次执行的事件

　　【任务 23.16】创建一个事件，在 2014-05-04 00:00:00 创建一个表 test。
　　创建一次执行的事件，如图 23.31 所示。

图 23.31　创建一次执行的事件

以上操作相当于执行了下面的语句。

```
CREATE EVENT DIRECT ON SCHEDULE AT '2014-05-04 00:00:00'
DO CREATE TABLE test(timeline TIMESTAMP);
```

23.10.2　创建周期性执行的事件

【任务 23.17】创建一个事件，从 2014 年 5 月 4 日 12 时开始，每个星期清空 test 表，并且在 2014 年的 11 月 1 日 12 时结束。

要创建周期性执行的事件，则在"事件类型"中选择 RECURRING，弹出对话框，如图 23.32 所示。在"运行周期""起始时间"和"终止时间"中分别输入周期、起始时间和终止时间。

以上操作相当于执行了下面的语句。

```
CREATE EVENT STARTMONTH
ON SCHEDULE EVERY1 WEEK
STARTS '2014-05-04 12:00:00'
ENDS '2014-11-01 12:00:00'
DO TRUNCATE TABLE test;
```

23.10.3　使用事件

事件建好后，可以查看已创建的事件，如图 23.33 所示。在事件列表中可以重新编辑事件或者删除不需要的事件，单击"编辑"或"删除"按钮即可，还可以单击"导出"按钮，导出创建事件的 SQL 语句，如图 23.34～图 23.36 所示。

图 23.32　创建周期性执行的事件

图 23.33　已创建的事件

图 23.34　编辑事件

图 23.35 删除事件　　　　　　　　　图 23.36 导出事件

23.11 用户与权限管理

23.11.1 编辑当前用户的权限

用 root 账户登录（或有权限对整个数据库操作的账户）。选择数据库，例如 JXGL，单击"权限"菜单，可以看到当前有哪些用户可以访问数据库 JXGL，如图 23.37 所示。单击"编辑权限"可以修改该用户的权限。包括全局权限、资源限制、修改密码、修改登录信息/更改用户，以及创建相同的用户之后是否保留旧用户等。

如果只是想指定它对其中一数据库有管理权限就不要选择全局权限中的任何一项。root 有对数据库的所有的全局权限，如图 23.38 所示。

图 23.37 用户列表

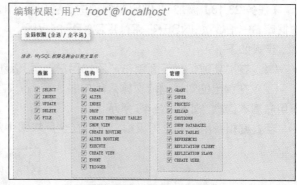

图 23.38 选择全局权限

在"资源限制"中可以设置用户资源限制，如图 23.39 所示。其中，

- MAX_QUERIES_PER_HOUR count 表示每小时可以查询数据库的次数。
- MAX_CONNECTIONS_PER_HOUR count 表示每小时可以连接数据库的次数。
- MAX_UPDATES_PER_HOUR count 表示每小时可以修改数据库的次数。

在"修改密码"中可以设置密码，或自动生成用户密码，如图 23.40 所示。

在"修改登录信息/复制用户"中可修改登录信息，包括用户名、主机和密码信息，如图 23.41 所示。

创建了相同权限的用户以后，要确定旧用户的去留，可以选择"保留旧用户""从用户表中删除的旧用户""撤销旧用户的权限，然后删除旧用户"和"从用户表中删除旧用户，然后重新载入权限"，如图 23.42 所示。

图 23.39　设置用户资源限制

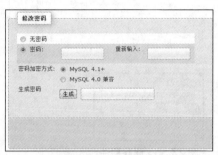

图 23.40　设置密码

图 23.41　修改登录信息

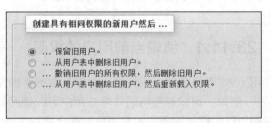

图 23.42　旧用户的去留

23.11.2　添加新用户和设置权限

【任务 23.18】添加"USER1"用户，密码为"12346"，任意主机登录，并具有对 JXGL 数据库 SELECT、INSERT 和 UPDATE 的权限。

步骤如下。

（1）在"新建"栏下面单击"添加用户"，可以新建用户并设置权限。

（2）在弹出的对话框依次输入用户名、密码，在主机下拉列表中选择"任意主机"，设置新用户基本信息，如图 23.43 所示。

若要编辑新用户的全局权限，可以在全局权限中勾选相应权限，如图 23.44 所示。

图 23.43　新用户基本信息

图 23.44　编辑新用户的全局权限

（3）单击"添加用户"，然后执行就建立好了用户 USER1。

（4）跳转到"权限"菜单，可以看到刚创建的用户 USER1。系统默认对 JXGL 有完全权限。因此，单击"编辑权限"按钮，编辑新用户对数据库的权限，如图 23.45 所示。

图 23.45　编辑新用户对数据库的权限

这样用户 USER1 就有了对数据库 JXGL 所有表具有 SELECT、INSERT 和 UPDATE 的权限。

23.12　备份与恢复数据库

23.12.1　数据备份

1．备份单个数据库

【任务 23.19】备份数据库 xsgl 到"D:\MYSQL"文件，文件类型为.sql。

打开 phpMyAdmin 的主页，如图 23.46 所示。在左边可以看到 localhost 服务器下面的数据库，选择要导出的数据库 xsgl，单击菜单栏的"导出"按钮，弹出如图 23.47 所示的对话框，导出数据库。

图 23.46　数据库列表

图 23.47　导出数据库

默认导出的文件格式是"SQL"。单击"执行"按钮，弹出新建下载任务对话框，输入文件名，文件名默认为"xsgl.sql"，选择保存文件的路径，例如"D:/mysql"，单击"下载"按钮，即可导出文件，如图 23.48 所示。

图 23.48　导出文件

2. 备份 localhost 的所有数据库

【任务 23.20】备份所有数据库到"D:\mysql"文件夹，文件类型为.sql。

打开 phpMyAdmin 的主页，不选择具体的数据库，直接单击菜单"导出"，将对本地服务器下的所有数据库进行备份，文件名默认为"localhost.sql"，方法与备份单个数据库相同，如图 23.49 所示。

3. 备份表

也可以单独备份数据表。选择数据库（例如 JXGL），选择数据表（例如 course），单击菜单"导出"，将备份数据表，文件名默认为"表名.sql"。方法与备份单个数据库相同，如图 23.50 所示。

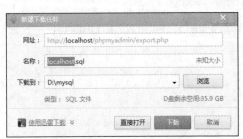

图 23.49　备份所有数据库

图 23.50　备份数据表

备份的文件格式除了 SQL 之外，还可以为 CSV、MS Word、MS Excel、XML 和 PDF 等格式。

23.12.2　数据恢复

【任务 23.21】恢复单个数据库 JXGL。

在 phpMyAdmin 中打开数据库 JXGL，单击菜单栏的"导入"选项，在"选择文件"位置单击，将已有的备份数据文件（如 D:\mysql\JXGL.sql）导入，单击"执行"按钮即可。

同理可以恢复 localhost 所有数据库或恢复数据表。

 项目实践

创建数据库 YSGL。然后在数据库中进行如下操作练习。

（1）在该数据库创建表 Employees、Departments 和 Salary。

（2）尝试向表中插入数据。

（3）尝试创建索引和完整性约束。

（4）尝试创建查询。

（5）尝试创建和管理存储过程。

（6）尝试创建和管理存储函数。

（7）尝试创建和管理事件。

（8）尝试管理用户和权限。

（9）尝试备份和恢复数据库。

项目十一
PHP+MySQL数据库开发

 任务 24　学生学习论坛系统

 任务背景

　　学生学习论坛是学生的在线网络学习平台，为学生提供学习和交流的机会。该系统由两部分组成，网站前台系统和网站后台管理系统。前台系统用来完成注册、显示和发帖等功能，后台系统用来管理前台的版块和功能设计。

 任务要求

　　掌握 PHP 连接 MySQL 数据库的连接方式，掌握数据库操作的基本步骤，学会用 PHP 语言对 MySQL 数据库进行插入、查询、更新和删除操作。了解项目开发流程，掌握论坛系统的总体框架设计和总体模块划分。

任务分解

24.1　系统规划

　　本任务重点介绍建立一个具备添加、修改、删除等功能的学生学习论坛系统的方法。下面详细介绍学生学习论坛系统的网站结构设计。

24.2　系统功能

　　这个系统分为前台部分和后台部分，分别为用户和管理员提供不同的功能服务。对用户来说，系统提供注册登录、浏览信息、发帖回帖等 3 种功能；对管理员说，系统提供管理用户、管理帖子、管理分类等 3 种功能。

24.3　详细功能

　　（1）在注册登录模块，为新用户提供填写表单注册会员服务，为老用户提供登录验证服务，验证成功后就可以登录系统。

（2）在浏览信息模块，用户可以浏览论坛的分区，浏览分区的帖子列表，浏览帖子的详细内容及回帖内容。

（3）在发帖回帖模块，已登录的合法用户可以选择发帖和回帖。

（4）在管理员功能模块，提供论坛版块管理、论坛用户管理、论坛安全管理和系统信息管理。

（5）在管理版块模块，提供修改、删除帖子的功能。

（6）在管理用户模块，提供删除用户功能。

24.4 总体及界面设计

分析论坛系统，它主要涉及两种任务角色：用户和管理者，用户可以注册登录访问论坛资源，可以浏览论坛的主题版块、主题和内容，可以发帖和回帖；而管理者可以管理用户资料，管理分类信息以及管理帖子信息和内容。

使用 UML 用例图来分析这种角色关系，用例图用户部分如图 24.1 所示。

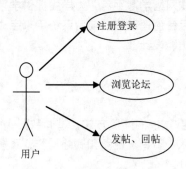

图 24.1　用例图用户部分

用例图管理员部分如图 24.2 所示。

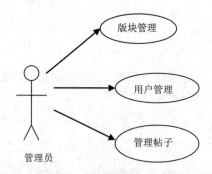

图 24.2　用例图管理员部分

论坛模块总体划分如图 24.3 所示。

1. 注册登录模块设计

注册登录模块功能如下。

（1）对已注册的用户进行密码验证，通过验证的用户可以直接进入系统。

（2）对未注册的用户提供注册功能。

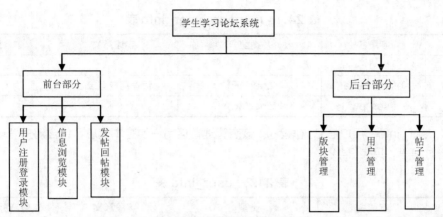

图 24.3 论坛模块总体划分

页面说明如下。

（1）index.php，进入系统页面，选择登录或注册，如果登录的话要求用户填写用户名和密码。

（2）reg_check.php，注册校验页面。判断输入的注册项是否符合，如果符合就写入数据库并转到登录页面，否则的话转到错误页面。

2．浏览论坛模块设计

浏览论坛模块功能如下。

（1）用户可以选择进入不同的论坛分区。

（2）用户可以查看论坛某类别的帖子列表，帖子是按时间顺序排列并分页存放的。

（3）用户可以查看某条帖子的具体内容。

3．发帖回帖模块设计

发帖回帖模块功能如下。

（1）已登录的用户可以发新帖。

（2）已登录的用户可以回复帖子。

4．管理模块设计

管理模块功能如下。

（1）显示所有类别列表，包括类别名称及类别说明。

（2）提供增加、编辑和删除类别的功能。

（3）显示所有帖子的列表，包括帖子的所属类别和帖子的主题。

（4）提供删除和编辑帖子的功能。

（5）显示所有用户列表并提供删除增加用户功能。

24.5 数据库设计

本论坛系统采用 MySQL 数据库，PHP 连接 MySQL 数据库。

1．数据表设计

在这个论坛系统中，一共设计了 5 种类型的表，下面来详细介绍这 5 种表的设计。

（1）manage_user_info（管理用户信息数据表），该表管理管理员用户的基本信息，见表 24.1。

表 24.1   manage_user_info 表

编号	字段名	类型	字段意义	备注
1	id	int		
2	user_name	char(16)	管理用户登录名	
3	user_pw	char(16)		

（2）user_info（用户信息数据表），该表管理普通用户的基本信息，包含用户登录名、密码、注册时间等，见表 24.2。

表 24.2   user_info 表

编号	字段名	类型	字段意义	备注
1	id	int		
2	user_name	char(16)	普通用户登录名	
3	user_pw	char(16)		
4	time1	datetime	注册时间	
5	time2	datetime	最后登录时间	

（3）father_module_info（父版块信息数据表），见表 24.3。

表 24.3   father_module_info 表

编号	字段名	类型	字段意义	备注
1	id	int		
2	module_name	char(66)	版块名称	
3	show_order	int	显示序号	

（4）son_module_info（子版块信息数据表），见表 24.4。

表 24.4   son_module_info 表

编号	字段名	类型	字段意义	备注
1	id	int		
2	father_module_id	int	隶属的大版块的 id	同 father_module_info 中 id
3	module_name	char(66)	子版块名称	
4	module_cont	text	子版块简介	
5	user_name	char(16)	发帖用户名	同 user_info 中的 user_name

（5）note_info（发帖信息数据表），如表 24.5 所示。

表 24.5   note_info 表

编号	字段名	类型	字段意义	备注
1	id	int		
2	module_id	int	隶属的子版块的 id	同 son_module_info 中 id
3	up_id	int	回复帖子的 id	同本表中的 id
4	title	char(88)	帖子标题	

续表

编号	字段名	类型	字段意义	备注
5	cont	Text	帖子内容	
6	time	datetime	发帖时间	
7	user_name	char(16)	发帖用户名	同 user_info 中的 user_name
8	times	int	浏览次数	

2. 数据关系图设计

系统的数据关系图，如图 24.4 所示。

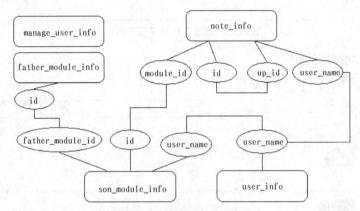

图 24.4 数据库字段关系图

在这个数据关系图中可以看出，用户信息数据表 user_info 和发帖信息数据表 note_info 通过 user_name 来进行关联。在父版块信息数据表 father_module_info 和子版块信息数据表 son_module_info 是通过 id 来进行关联。

24.6 界面设计

学习论坛系统界面简单，功能体现明确，每个版块设计界面如下。

1. 注册登录模块的界面设计

设计注册页面、登录页面。新用户注册时，输入用户名、密码和重复密码即可注册。注册登录界面如图 24.5 所示。

图 24.5 注册登录界面

2．浏览信息模块的界面设计

用户注册登录后，进入浏览版块帖子显示界面，如图 24.6 所示。

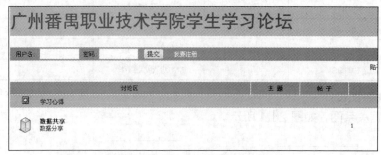

图 24.6　浏览版块帖子显示界面

3．发帖回帖的界面设计

发帖回帖显示界面如图 24.7 所示。

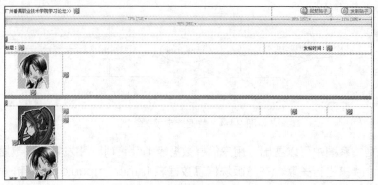

图 24.7　发帖回帖显示界面

4．管理员管理的界面设计

在该界面中管理员有四大功能版块，分别是论坛版块管理、论坛用户管理、安全管理和系统管理。管理员功能显示界面如图 24.8 所示。

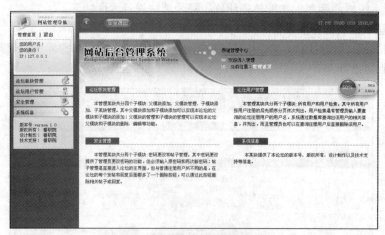

图 24.8　管理员功能显示界面

5．论坛版块管理模块的界面设计

父版块管理：可以添加、删除和修改父版块内容，如图 24.9 所示。

子版块管理：可以添加、删除和修改子版块内容，如图 24.10 所示。

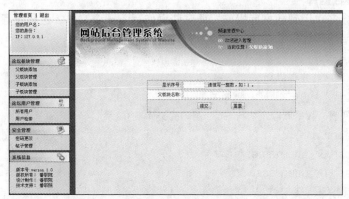

图 24.9　父版块管理

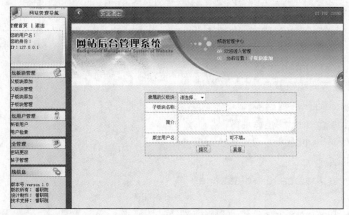

图 24.10　子版块管理

6．论坛用户管理模块的界面设计

用户管理模块界面如图 24.11 所示。

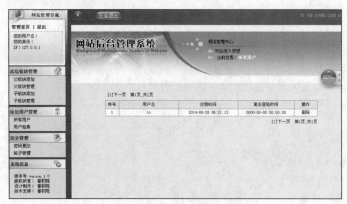

图 24.11　用户管理模块界面

24.7　代码设计

1. 建立连接数据库

由于程序中会多次用到数据库操作，把这些操作写入一个文件，这样就可以方便地重复调用这个程序。编写程序如下。

```php
<!—MySQL.inc>
<?php
class MySQL{
    //连接服务器、数据库以及执行 SQL 语句的类库
    public $database;
    public $server_username;
    public $server_userpassword;
    function MySQL()
    {   //构造函数初始化所要连接的数据库
        $this->server_username="root";
        $this->server_userpassword="";
    }//end MySQL()
    function link($database)
    {   //连接服务器和数据库
        //设置所有连接的数据库
        if ($database==""){
            $this->database="bbs_data";
        }else{
            $this->database=$database;
        }
        //连接服务器和数据库
if(@$id=MySQL_connect('localhost',$this->server_username,$this->server_
userpassword)){
            if(!MySQL_select_db($this->database,$id)){
                echo "数据库连接错误！！！ ";
                exit;
            }
        }else{
            echo "服务器正在维护中，请稍后重试！！！ ";
            exit;
        }
    }//end link($database)
    function excu($query)
    {   //执行 SQL 语句
        if($result=MySQL_query($query)){
            return $result;
        }else{
```

```
                echo "sql 语句执行错误!!! 请重试!!!";
                    exit;
            }
    } //end    exec($query)
} //end class MySQL
?>
```

以上是连接数据库的程序，在这段程序中，它建立了一个"MySQL"函数连接服务器和数据库。MySQL 接口提供 MySQL_connect()方法来连接 MySQL 数据库，MySQL_connect()函数的使用方法如下。

```
$connection=MySQL_connect("host/IP","username","password");
```

2. 注册关键代码及详解

注册关键代码如下。

```
<body>
<?php
include "inc/MySQL.inc";
include "inc/myfunction.inc";
include "inc/head.php";
$aa=new MySQL;
$bb=new myfunction;
$aa->link("");
include "inc/total_info.php";
?>
<table width="98%" border="0" align="center" cellpadding="0" cellspacing="0">
  <tr>
    <td width="73%" height="30"><a href="./">广州番禺职业技术学院学习论坛系统</a>>>新
用户注册</td>
    <td width="27%" align="right" valign="middle"><a href="new_note.php"> </a></td>
  </tr>
</table>
<table width="98%" border="0" align="center" cellpadding="0" cellspacing= "1" bgcolor=
"#FFFFFF">
  <tr>
    <td height="25" align="center" valign="middle" bgcolor="5F8AC5">发 布 新 贴</td>
  </tr>
  <tr>
    <td height="25" align="center" valign="middle">
    <?php
    //接收提交表单内容检验数据库中是否已经存在此用户名，不存在则写入数据库
    $tijiao=@$_POST['tijiao'];
    if ($tijiao=="提交"){
      $user_name=@$_POST['user_name'];
      $query="select * from user_info where user_name='$user_name'";
      $rst=$aa->excu($query);
```

```
        if (MySQL_num_rows($rst)!=0){
            echo "===您注册的用户名已经存在，请选择其他的用户名重新注册！===";
        }else{
            $user_pw1=$_POST['user_pw1'];
            $user_pw2=$_POST['user_pw2'];
            if ($user_pw1!=$user_pw2){
                echo "===您两次输入的密码不匹配，请重新输入！===";
            }else{
                $today=date("Y-m-d H:i:s");
                $query="insert   into   user_info(user_name,user_pw,time1)   values('$user_
name', '$user_pw1', '$today')";
                if ($aa->excu($query)){
                    echo "===恭喜您，注册成功！请<a href=../>返回主页</a>登陆===";
                    $register_tag=1;
                }
            }
        }
    }
    //显示注册表单
    if (@$register_tag!=1){
    ?>
    <form name="form1" method="post" action="#">
    <table width="500" border="0" cellpadding="0" cellspacing="2">
     <tr>
        <td width="122" height="26" align="right" valign="middle" bgcolor= "#CCCCCC">用
户名:</td>
        <td width="372" height="26" align="left" valign="middle" bgcolor= "#CCCCCC">
<input type="text" name="user_name"></td>
     </tr>
     <tr>
        <td height="26" align="right" valign="middle" bgcolor="#CCCCCC">密码:</td>
        <td height="26" align="left" valign="middle" bgcolor="#CCCCCC"><input type=
"text" name="user_pw1"></td>
     </tr>
     <tr>
        <td height="26" align="right" valign="middle" bgcolor="#CCCCCC">重复密码:</td>
        <td height="26" align="left" valign="middle" bgcolor="#CCCCCC"> <input type=
"text" name="user_pw2"></td>
     </tr>
     <tr>
        <td height="26" colspan="2" align="center" valign="middle" bgcolor= "#CCCCCC">
<input type="submit" name="tijiao" value=" 提  交 ">     <input
type="reset" name="Submit2" value="重 置"></td>
     </tr>
    </table>
    </form>
```

```
<?php
}
?>
</body>
</html>
```

该页面主要为一个注册页面，提供了用户名、密码的输入，并且通过连接数据库并匹配数据库中的用户表信息判断用户名是否存在。

3. 首页论坛主题版块及帖子显示

首页论坛主题版块及帖子显示代码如下。

```
<!—index.php-->
<body>
<?php
@session_start();
include "inc/MySQL.inc";
include "inc/myfunction.inc";
include "inc/head.php";
$aa=new MySQL;
$bb=new myfunction;
$aa->link("");
include "inc/total_info.php";
?>
<table class='indextemp' width="98%" border="0" align="center" cellpadding="0" cellspacing=
"1" bgcolor="#FFFFFF">
    <tr>
      <td width="50%" height="25" align="center" valign="middle" bgcolor= "5F8AC5"><span
class="STYLE2">讨论区</span></td>
        <td width="10%" align="center" valign="middle" bgcolor="5F8AC5"><span class=
"STYLE2">主 题</span></td>
        <td width="10%" align="center" valign="middle" bgcolor="5F8AC5"><span class=
"STYLE2">帖 子</span></td>
        <td width="20%" align="center" valign="middle" bgcolor="5F8AC5"><span class=
"STYLE2">最新帖子</span></td>
        <td width="10%" align="center" valign="middle" bgcolor="5F8AC5"><span class=
"STYLE2">版 主</span></td>
    </tr>
    <tr>
      <td colspan="5">
      <?php
      $query="select * from father_module_info order by id";
      $result=$aa->excu($query);
      while($father_module=MySQL_fetch_array($result)){
      ?>
      <table width="100%" border="0" cellspacing="0" cellpadding="0">
        <tr>
          <td height="25" colspan="6" bgcolor="98B2CC">     
```

```
<img src="pic_sys/li-1.gif" width="16" height="15">     <?php echo
$father_module['module_name']?></td>
        </tr>
        <?php
         $query2="select * from son_module_info where father_module_id='". $father_
module['id']." ' order by id";
         $result2=$aa->excu($query2);
         while($son_module=MySQL_fetch_array($result2)){
         ?>
         <tr>
          <td width="5%" height="40" align="center" valign="middle"><img src="pic_sys/li-
2.gif" width="32" height="32"></td>
          <td width="45%" align="left" valign="middle">
          <?php
          echo   "<b><a   href=module_list.php?module_id=".$son_module['id']."   ><font
color=0000ff>".$son_module["module_name"]."</font></a></b><br>";
           echo $son_module["module_cont"];
           ?>        </td>
          <td width="10%" align="center" valign="middle"><?php echo $bb->son_ module_
idtonote_num($son_module["id"]);?></td>
          <td   width="10%"   align="center"   valign="middle"><?php   echo   $bb->  son_
module_idtonote_num2($son_module["id"]);?></td>
          <td   width="20%"   align="left"   valign="middle"><?php   echo   $bb->   son_
module_idtolast_note($son_module["id"]);?></td>
          <td   width="10%"   align="center"   valign="middle"><?php   echo   $bb->   son_
module_idtouser_name($son_module["id"]);?></td>
        </tr>
         <?php }?>
        </table>
        <?php } ?>
        </td>
     </tr>
   </table>
   <?php
   include "inc/foot.php";
   ?>
   </body>
```

该页面连接数据库后，展示论坛中的版块及版块主题。

4. 管理员添加、修改、删除父版块功能

管理员添加、修改、删除父版块功能实现代码如下。

```
<?php
include "session.inc";
include "fun_head.php";
head("父版块管理");
include "../inc/MySQL.inc";
include "../inc/myfunction.inc";
```

```php
    $aa=new MySQL;
    $bb=new myfunction;
    $aa->link("");
    //删除父版块
    $del_tag=@$_GET['del_tag'];
    if ($del_tag==1){
        $module_id=$_GET['module_id'];
        $query="delete from father_module_info where id='$module_id'";
        $aa->excu($query);
        echo "==恭喜您，删除父版块信息成功！==<br>";
    }
    //按显示顺序查询父版块信息表
        $query="select * from father_module_info order by show_order";
        $rst=$aa->excu($query);
    ?>
    <table width="100%" height="390" border="0" cellpadding="0" cellspacing="0" bgcolor=
"f0f0f0">
        <tbody>
          <tr>
            <td width="20"> </td>
            <td valign="top"><br /><table width="80%" border="0" align="center" cellpadding="0"
cellspacing="1" bgcolor="449ae8">
              <tr bgcolor="#cccccc">
                <td width="92" height="23" bgcolor="e0eef5"><div align="center">编号</div></td>
                <td width="193" bgcolor="e0eef5"><div align="center">显示序号</div></td>
                <td width="368" bgcolor="e0eef5"><div align="center">父版块名称</div></td>
                <td colspan="2" bgcolor="e0eef5"><div align="center">操作</div></td>
              </tr>
<?php
        $m=0;
        while($module=MySQL_fetch_array($rst,MYSQL_ASSOC)){
        $m++;

    ?>
              <tr>
                <td height="19" bgcolor="#FFFFFF"><div align="center"><?php echo $m;?>
</div></td>
                <td bgcolor="#FFFFFF"><div align="center"><?php echo $module['show_
order']?></div></td>
                <td bgcolor="#FFFFFF"><div align="center"><?php echo $module['module_
name']?></div></td>
                <td width="134" align="center" bgcolor="#FFFFFF"><a href="father_ module_
bj.php?module_id=<?php echo $module['id'];?>">编辑</a></td>
                <td width="142" align="center" bgcolor="#FFFFFF"><a href="?del_ tag=1&
module_id=<?php echo $module['id']?>">删除</a></td>
              </tr>
```

```
        <?php }?>
      </table>
      </td>
      <td width="20"> </td>
    </tr>
  </tbody>
</table>
```

这个页面实现三个功能。

（1）列出要修改的论坛父版块名称并供管理员修改。

（2）管理员可以添加论坛父版块模块。

（3）管理员可以删除已经存在的父版块。

5. 管理员添加、修改、删除子版块功能

管理员添加、修改、删除子版块功能实现代码如下。

```php
<?php
include "session.inc";
include "fun_head.php";
head("子版块管理");
include "../inc/MySQL.inc";
include "../inc/myfunction.inc";
$aa=new MySQL;
$bb=new myfunction;
$aa->link("");
//删除子版块
$del_tag=@$_GET['del_tag'];
if ($del_tag==1){
   $module_id=$_GET['module_id'];
   $query="delete from son_module_info where id='$module_id'";
   $aa->excu($query);
   echo "==恭喜您，删除子版块信息成功！==<br>";
}
//按显示顺序查询父版块信息表
   $query="select * from father_module_info order by show_order";
   $rst=$aa->excu($query);
?>
<table width="100%" height="390" border="0" cellpadding="0" cellspacing= "0" bgcolor= "f0f0f0">
   <tbody>
    <tr>
      <td width="20"> </td>
      <td valign="top"><br /><table width="80%" border="0" align="center" cellpadding="0" cellspacing="1" bgcolor="449ae8">
        <tr bgcolor="#cccccc">
         <td width="74" height="23" bgcolor="e0eef5"><div align="center">显示序号</div></td>
         <td width="84" bgcolor="e0eef5"><div align="center">父版块名称</div></td>
```

```
            <td width="410" bgcolor="e0eef5"><div align="center">子版块名称</div></td>
            <td colspan="2" bgcolor="e0eef5"><div align="center">操作</div></td>
          </tr>
          <?php
           while($father_module=MySQL_fetch_array($rst,MYSQL_ASSOC)){
           ?>
          <tr>
            <td height="19" bgcolor="#FFFFFF"><div align="center"><?php echo $father_
module['show_ order']?></div></td>
            <td colspan="4" align="left" valign="middle" bgcolor="#CCCCCC"> <?php echo
$father_ module['module_name']?></td>
          </tr>
          <?php
          //从子版块信息表中按 id 顺序查询隶属该父版块的子版块的信息
          $query="select  *  from  son_module_info  where  father_module_id=".
$father_module['id']." ' order by id";
          $rst2=$aa->excu($query);
          $m=0;
          while($son_module=MySQL_fetch_array($rst2,MYSQL_ASSOC)){
          $m++;
          ?>
          <tr>
            <td height="19" bgcolor="#FFFFFF"> </td>
            <td align="center" valign="middle" bgcolor="#FFFFFF"><?php echo $m?></td>
            <td bgcolor="#FFFFFF"><?php echo $son_module['module_name']?></td>
            <td width="80" align="center" bgcolor="#FFFFFF"><a href="son_ module_bj.php?
module_id= <?php echo $son_module['id'];?>">编辑</a></td>
            <td  width="80"  align="center"  bgcolor="#FFFFFF"><a  href="?del_  tag=1&
module_id=<?php echo $son_module['id']?>">删除</a></td>
          <?php }?>
          </tr>
          <?php }?>
        </table>
        </td>
        <td width="20"> </td>
      </tr>
    </tbody>
</table>
```

这个页面实现三个功能。

（1）列出要修改的论坛子版块名称并供管理员修改。

（2）管理员可以添加论坛子版块模块。

（3）管理员可以删除已经存在的子版块。

6．管理员添加、修改、删除用户功能

管理员添加、修改、删除用户功能实现代码如下。

```
<?php
```

```php
include "session.inc";
include "fun_head.php";
head("用户检索");
include "../inc/MySQL.inc";
include "../inc/myfunction.inc";
$aa=new MySQL;
$bb=new myfunction;
$aa->link("");
//删除用户
$del_tag=@$_GET[del_tag];
if ($del_tag==1){
    $del_id=@$_GET[del_id];
    $query="delete from user_info where id='".$del_id."' ";
    $aa->excu($query);
    echo "==恭喜您，删除用户信息成功，请继续！==<br>";
}
    $user_name=@$_POST[user_name];
?>
<table width="100%" height="390" border="0" cellpadding="0" cellspacing= "0" bgcolor=
"f0f0f0">
  <tbody>
    <tr>
      <td width="20"> </td>
      <td valign="top"><br />
        <table width="70%" border="0" align="center" cellpadding="0" cellspacing="1"
bgcolor="449ae8">
          <tr bgcolor="#cccccc">
          <form id="form1" name="form1" method="post" action="?">
            <td height="23" bgcolor="e0eef5"><div align="center">
              <input type="text" name="user_name" size="16" value="<?php echo
$user_name?>" />    
              <input type="submit" name="Submit" value="提交" />
            </div></td>
          </form>
           </tr>
          <tr>
          <td height="19" align="center" bgcolor="#FFFFFF">
          <?php
          if ($user_name==""){
            echo "请输入您要检索的用户名，点提交查询！";
          }else{
            $query="select * from user_info where user_name='$user_name'";
            $rst=$aa->excu($query);
            if (MySQL_num_rows($rst)==0){
                echo "很抱歉，系统没有检索到您要查找的用户！";
            }else{
```

```
                $user=MySQL_fetch_array($rst,MYSQL_ASSOC);
            ?>
            <table width="100%" border="0" cellspacing="2" cellpadding="0">
            <tr>
                <td width="29%" height="20" align="right" bgcolor="#dddddd">用户名:</td>
                <td width="71%" align="left" bgcolor="#dddddd"><?php echo $user['user_
name']?></td>
            </tr>
            <tr>
                <td height="20" align="right" bgcolor="#dddddd">登录口令:</td>
                <td align="left" bgcolor="#dddddd"><?php echo $user['user_ pw']?></td>
            </tr>
            <tr>
                <td height="20" align="right" bgcolor="#dddddd">注册时间:</td>
                <td align="left" bgcolor="#dddddd"><?php echo $user['time1']?> </td>
            </tr>
            <tr>
                <td height="20" align="right" bgcolor="#dddddd">最后登录时间:</td>
                <td align="left" bgcolor="#dddddd"><?php echo $user['time2']?> </td>
            </tr>
            <tr>
                <td height="20" colspan="2" align="center" bgcolor="#dddddd"> <a href=?del_
tag=1&del_id=<?php echo $user['id']?>>删除此用户</a></td>
            </tr>
            </table>
            <?php
                }
            }
            ?>
            </td>
        </tr>
    </table>
    </td>
    <td width="20"> </td>
    </tr>
  </tbody>
</table>
```

这个页面用来编辑用户信息，可以添加、修改、删除用户信息。

 小结

本任务主要的知识点是使用 PHP 操作数据库，通过一个学习论坛系统来讲解数据库访问的基本步骤，讲解用 PHP 连接 MySQL 数据库并进行插入、查询、更新和删除等基本的数据表操作的方法，还涉及多表查询的使用。

附录A
MySQL常用语句

- USE

USE DATABASENAME; //进入指定的数据库当中

- CREATE

CREATE DATABASE DEFAULT CHARACTER SET UTF8; //创建库，并指定字符集

CREATE TABLE TABLENAME(COLUMS); //创建表，并且给表指定相关列

CREATE INDEX; //创建普通索引

CREATE UNIQUE; //创建唯一性索引

CREATE VIEW ; //创建视图:

CREATE PROCEDURE; //创建存储过程

CREATE FUNCTION; //创建存储函数

CREATE EVENT; 创建事件

CREATE TRIGGER; //创建触发器

CREATE USER; //创建用户

- SELECT

SELECT VERSION(); //从服务器得到当前 MySQL 的版本号与当前日期

SELECT USER(); //得到当前数据库的所有用户

SELECT * FROM TABLENAME; //查询表数据

SELECT FUNCTIONNAME; //调用存储函数

INSERT[REPLACE] INTO TABLENAME VALUES ;

//向表插入数据，可以一次插入多行数据，数据之间用","分隔。

UPDATE ...SET...; //更新表数据

- ALTER

ALTER DATABASE; //修改数据库

ALTER TABLE; //修改表

ALTER VIEW; //修改视图

ALTER PROCEDURE; //修改存储过程

ALTER FUNCTION; //修改存储函数

ALTER EVENT; //修改事件

- DELETE/DROP

DELETE FROM TABLENAME WHERE ; //删除符合条件的表数据

DROP DATABASE DBNAME; //删除库

DROP TABLE TABLENAME ; //删除表

```
DROP INDEX INDEXNAME;//删除索引
DROP VIEW VIEWNAME;//删除视图
DROP PROCEDURE   PROCEDURENAME;//删除存储过程
DROP FUNCTION FUNCTIONNAME;//删除存储函数
DROP EVENT EVENTNAME;//删除事件
DROP TRIGGER TRIGGERNAME;//删除触发器
DROP UASE USERNAME;//删除用户
```

- SHOW

```
SHOW STATUS; //显示一些系统特定资源的信息，如正在运行的线程数量
SHOW VARIABLES; //显示系统变量的名称和值
SHOW PRIVILEGES ; //显示服务器所支持的不同权限
SHOW DATABASES;//查看所有数据库
SHOW TABLES;   //查看当前数据库中的所有表（视图）
SHOW INDEX FROM TABLENAME; //显示表的索引
SHOW PROCEDURE STATUS;//查看存储过程
SHOW CREATE PROCEDURE;// 查看预先指定的存储过程的文本
SHOW FUNCTION STATUS;//查看存储函数
SHOW CREATE FUNCTION;// 查看预先指定的存储函数的文本
SHOW EVENTS;//查看事件
SHOW TRIGGERS;//查看触发器，注意，没有 status
```

- DEACRIBE/DESC

```
DEACRIBE TABLENAME; //将表当中的所有信息详细显示出来
DESC VIEW;   //将视图当中的所有信息详细显示出来
```

- LOAD DATA INFILE/SELECT INTO OUTFILE

```
SELECT * FROM pet INTO OUTFILE 'mytable.txt';//备份表 pet 数据
LOAD DATA LOCAL INFILE 'mytable.txt' INTO TABLE pet;// 导入数据到表中
```

- GRANT/REVOKE

```
GRANT all on *.* to peter@localhost@localhost identified by '123456';
// 创建 MySQL 账户，并授予其权限
REVOKE all on XSGL. *   FROM   peter@localhost;//回收用户权限
```

- 其他

```
Mysqldump --all-databases > all_databases.sql ;//备份数据库
CALL PROCEDURENAME;
// 调用一个使用 CREATE PROCEDURE 建立的预先指定的存储过程
```

附录B
存储引擎

1. 关于存储引擎

存储引擎，简单来说就是如何存储数据、如何为存储的数据建立索引和如何更新、查询数据等技术的实现方法。因为在关系数据库中数据的存储是以表的形式存储的，所以存储引擎也可以称为表类型（即存储和操作此表的类型）。

在 Oracle 和 SQL Server 等数据库中只有一种存储引擎，所有数据存储管理机制都是一样的。而 MySQL 数据库提供了多种存储引擎。用户可以根据不同的需求为数据表选择不同的存储引擎，用户也可以根据自己的需要编写自己的存储引擎。

2. MySQL 支持的存储引擎

（1）MyISAM：默认的 MySQL 插件式存储引擎，它是在 Web、数据仓储和其他应用环境下最常使用的存储引擎之一。注意，通过更改 STORAGE_ENGINE 配置变量，能够方便地更改 MySQL 服务器的默认存储引擎。Linux 平台默认的存储引擎。它不支持事务，也不支持外键，尤其是访问速度快，对事务完整性没有要求或者以 SELECT、INSERT 为主的应用基本都可以使用这个引擎来创建表。

每个 MyISAM 在磁盘上存储成 3 个文件，其中文件名和表名都相同，但是扩展名分别为.frm（存储表定义）、.myd（MYData，存储数据）、.myi（MYIndex，存储索引）。

（2）InnoDB：用于事务处理应用程序，具有众多特性，包括 ACID 事务支持。Windows平台默认的存储引擎。

InnoDB 存储引擎提供了具有提交、回滚和崩溃恢复能力的事务安全。但是对比 MyISAM的存储引擎，InnoDB 写的处理效率差一些并且会占用更多的磁盘空间以保留数据和索引。

① 自动增长列。InnoDB 表的自动增长列可以手工插入，但是插入的如果是空或 0，则实际插入到则是自动增长后到值。可以通过"ALTER TABLE...AUTO_INCREMENT=n;"语句强制设置自动增长值的起始值，默认为 1，但是该强制到默认值是保存在内存中，数据库重启后该值将会丢失。可以使用 LAST_INSERT_ID()查询当前线程最后插入记录使用的值。如果一次插入多条记录，那么返回的是第一条记录使用的自动增长值。

对于 InnoDB 表，自动增长列必须是索引，如果是组合索引，也必须是组合索引的第一列。但是对于 MyISAM 表，自动增长列可以是组合索引的其他列，这样插入记录后，自动增长列是按照组合索引到前面几列排序后递增的。

② 外键约束。MySQL 支持外键的存储引擎只有 InnoDB，在创建外键的时候，父表必须有对应的索引，子表在创建外键的时候也会自动创建对应的索引。

在创建索引的时候，可以指定在删除、更新父表时，对子表进行的相应操作，包括RESTRICT、CASCADE、SET NULL 和 NO ACTION。其中 RESTRICT 和 NO ACTION

相同，是指限制在子表有关联的情况下，父表不能更新；CASECADE 表示父表在更新或删除时，更新或者删除子表对应的记录；SET NULL 则表示父表在更新或者删除的时候，子表对应的字段被 SET NULL。

当某个表被其他表创建了外键参照，那么该表对应的索引或主键被禁止删除。

可以使用"set foreign_key_checks=0;"临时关闭外键约束，使用"set foreign_key_checks=1;"打开约束。

③ BDB：可替代 InnoDB 的事务引擎，支持 COMMIT、ROLLBACK 和其他事务特性。

④ Memory：将所有数据保存在 RAM 中，在需要快速查找引用和其他类似数据的环境下，可提供极快的访问。每个 MEMORY 表实际对应一个磁盘文件，格式是.frm。MEMORY 类型的表访问非常快，因为它的数据是放在内存中的，并且默认使用 HASH 索引，因此一旦服务器关闭，表中的数据就会丢失，但表还会继续存在。

服务器需要足够的内存来维持所在的在同一时间使用的 MEMORY 表，当不再使用 MEMORY 表时，要释放 MEMORY 表所占用的内存，应该执行 DELETE FROM 或 TRUNCATE TABLE 或者删除整个表。

每个 MEMORY 表中放置到数据量的大小，受到 max_heap_table_size 系统变量的约束，这个系统变量的初始值是 16MB，同时在创建 MEMORY 表时可以使用 MAX_ROWS 子句来指定表中的最大行数。

MySQL 5.5.5 版本之前默认为 MyISAM，MySQL5.5 以后默认使用 InnoDB 存储引擎，其中 InnoDB 和 BDB 提供事务安全表，其他存储引擎都是非事务安全表。

3. MySql 中关于存储引擎的基本操作

（1）查看数据库可以支持的存储引擎。

用 SHOW 命令可以显示当前数据库支持的存储引擎情况。

```
mysql>show engines;
```

在 WAMP 下的运行结果如图 F.1 所示。

Engine	Support	Comment	Transactions	XA	Savepoints
FEDERATED	NO	Federated MySQL storage engine	NULL	NULL	NULL
MRG_MYISAM	YES	Collection of identical MyISAM tables	NO	NO	NO
MyISAM	YES	MyISAM storage engine	NO	NO	NO
BLACKHOLE	YES	/dev/null storage engine (anything you write to it...	NO	NO	NO
CSV	YES	CSV storage engine	NO	NO	NO
MEMORY	YES	Hash based, stored in memory, useful for temporary...	NO	NO	NO
ARCHIVE	YES	Archive storage engine	NO	NO	NO
InnoDB	DEFAULT	Supports transactions, row-level locking, and fore...	YES	YES	YES
PERFORMANCE_SCHEMA	YES	Performance Schema	NO	NO	NO

F.1　运行结果

（2）通过查看表的结构等信息来查看存储引擎。

① 通过显示表的创建语句查看表的存储引擎。

```
mysql>Show create table tablename;
```

运行结果如图 F.2 所示。

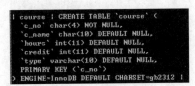

F.2　运行结果

② 通过显示表的当前状态值查看表的存储引擎。

```
mysql>show table status like 'course'\G;
```

运行结果如图 F.3 所示。

F.3 运行结果

（3）设置或修改表的存储引擎。

可以在创建新表时指定存储引擎，或通过使用 ALTER TABLE 语句指定存储引擎。

① 要想在创建表时指定存储引擎，可使用 ENGINE 参数。

```
mysql>CREATE TABLE Test(
id INT
) ENGINE = MyISAM;
```

② 要想更改已有表的存储引擎，可使用 ALTER TABLE 语句。

```
mysql>ALTER TABLE Test ENGINE = INNODB ;
```

附录C
全国计算机等级考试二级
MySQL数据库程序设计考
试大纲（2018年版）

基本要求

1. 掌握数据库的基本概念和方法。
2. 熟练掌握 MySQL 的安装与配置。
3. 熟练掌握 MySQL 平台下使用 SQL 语言实现数据库的交互操作。
4. 熟练掌握 MySQL 的数据库编程。
5. 熟悉PHP应用开发语言，初步具备利用该语言进行简单应用系统开发的能力。
6. 掌握MySQL数据库的管理与维护技术。

考试内容

一、基本概念与方法
1．数据库基础知识
（1）数据库相关的基本概念
（2）数据库系统的特点与结构
（3）数据模型
2．关系数据库、关系模型
3．数据库设计基础
（1）数据库设计的步骤
（2）关系数据库设计的方法
4．MySQL概述
（1）MySQL系统特性与工作方式
（2）MySQL编程基础（结构化查询语言 SQL、MySQL语言结构）
二、MySQL平台下的SQL交互操作
1．数据库
（1）MySQL数据库对象的基本概念与作用
（2）使用SQL语句创建、选择、修改、删除、查看MySQL数据库对象的操作方法及应用

2．数据表（或表）

（1）MySQL数据库中数据表（或表）、表结构、表数据的基本概念与作用

（2）使用SQL语句创建、更新、重命名、复制、删除、查看数据表的操作方法及应用

（3）使用SQL语句实现表数据的插入、删除、更新等操作方法及应用

（4）使用SQL语句实现对一张或多张数据表进行简单查询、聚合查询、连接查询、条件查询、嵌套查询、联合查询的操作方法及应用

（5）数据完整性约束的基本概念、分类与作用

（6）使用SQL语句定义、命名、更新完整性约束的操作方法及应用

3．索引

（1）索引的基本概念、作用、存储与分类

（2）使用SQL语句创建、查看、删除索引的操作方法、原则及应用

4．视图

（1）视图的基本概念、特点及使用原则

（2）视图与数据表的区别

（3）使用SQL语句创建、删除视图的操作方法及应用

（4）使用SQL语句修改、查看视图定义的操作方法及应用

（5）使用SQL语句更新、查询视图数据的操作方法及应用

三、MySQL的数据库编程

1．触发器

（1）触发器的基本概念与作用

（2）使用SQL语句创建、删除触发器的操作方法及应用

（3）触发器的种类及区别

（4）触发器的使用及原则

2．事件

（1）事件、事件调度器的基本概念与作用

（2）使用SQL语句创建、修改、删除事件的操作方法及应用

3．存储过程和存储函数

（1）存储过程、存储函数的基本概念、特点与作用

（2）存储过程和存储函数的区别

（3）存储过程体的基本概念及构造方法

（4）使用SQL语句创建、修改、删除存储过程的操作方法及应用

（5）存储过程的调用方法

（6）使用SQL语句创建、修改、删除存储函数的操作方法及应用

（7）存储函数的调用方法

四、MySQL的管理与维护

1．MySQL数据库服务器的使用与管理

（1）安装、配置MySQL数据库服务器的基本方法

（2）启动、关闭MySQL数据库服务器的基本方法

（3）MySQL数据库服务器的客户端管理工具

2．用户账号管理

（1）MySQL数据库用户账号管理的基本概念与作用

（2）使用ＳＱＬ语句创建、修改、删除ＭｙＳＱＬ数据库用户账号的操作方法及应用

3．账户权限管理

（1）ＭｙＳＱＬ数据库账户权限管理的基本概念与作用

（2）使用ＳＱＬ语句授予、转移、限制、撤销ＭｙＳＱＬ数据库账户权限的操作方法及应用

4．备份与恢复

（1）数据库备份与恢复的基本概念与作用

（2）ＭｙＳＱＬ数据库备份与恢复的使用方法

（3）二进制日志文件的基本概念与作用

（4）二进制日志文件的使用方法

五、ＭｙＳＱＬ的应用编程

1．ＰＨＰ语言的基本使用方法

（1）ＰＨＰ语言的特点与编程基础

（2）使用ＰＨＰ语言进行ＭｙＳＱＬ数据库应用编程的基本步骤与方法

2．ＭｙＳＱＬ平台下编制基于Ｂ／Ｓ结构的ＰＨＰ简单应用程序

（1）了解ＭｙＳＱＬ平台下编制基于Ｂ／Ｓ结构ＰＨＰ简单应用程序的过程

（2）掌握ＰＨＰ简单应用程序编制过程中，ＭｙＳＱＬ平台下数据库应用编程的相关技术与方法

考试方式

上机考试，考试时长１２０分钟，满分１００分。

1．题型及分值

单项选择题４０分（含公共基础知识部分１０分）

操作题６０分（包括基本操作题、简单应用题及综合应用题）

2．考试环境

开发环境：ＷＡＭＰ 5.0 及以上

数据库管理系统：MySQL 5.5

编程语言：ＰＨＰ

附录D
全国计算机等级考试二级 MySQL数据库程序设计考试样题

一、单项选择题（每小题2分，40分）

1. 在MySQL中，通常使用（　　）语句来进行数据的检索、输出操作。
   A. SELECT　　　　　B. INSERT　　　　　C. DELETE　　　　D. UPDATE

2. SQL语言具有（　　）的功能。
   A. 关系规范化、数据操纵、数据控制　　　B. 数据定义、数据操纵、数据控制
   C. 数据定义、关系规范化、数据控制　　　D. 数据定义、关系规范化、数据操纵

3. 在关系数据库设计中，设计关系模式属于数据库设计的（　　）。
   A. 需求分析阶段　　B. 概念设计阶段　　C. 逻辑设计阶段　　D. 物理设计阶段

4. 从E—R模型向关系模型转换，一个M:N的联系转换成一个关系模式时，该关系模式的键是（　　）。
   A. M端实体的键
   B. N端实体的键
   C. M端实体键与N端实体键组合
   D. 重新选取其他属性

5. 创建表时，不允许某列为空可以使用（　　）。
   A. NOT NULL　　　B. NO NULL　　　　C. NOT BLANK　　D. NO BLANK

6. 100/3的结果是（　　）。
   A. 33.33　　　　　B. 33.333333　　　　C. 33　　　　　　D. 无法执行

7. 数据库系统的核心是（　　）。
   A. 数据库　　　　　B. 数据库管理系统　　C. 数据模型　　　D. 软件工具

8. select substring('长江长城黄山黄河',2,2)返回的结果是（　　）。
   A. 长江　　　　　　B. 江长　　　　　　C. 长城　　　　　D. 长江长城

9. 对于REPLACE语句描述错误的是（　　）。
   A. REPLACE语句返回一个数字以表示受影响的行，包含删除行和插入行的总和
   B. 通过返回值可以判断是否增加了新行还是替换了原有行
   C. 因主键重复插入失败时直接更新原有行
   D. 因主键重复插入失败时先删除原有行再插入新行

10. 一种存储引擎，其将数据存储在内存当中，数据的访问速度快，电脑关机后数据丢失，具有临时存储数据的特点，该存储引擎是（　　）。
    A. MYISAM　　　　B. INNODB　　　　C. MEMORY　　　D. CHARACTER

11. 子查询中可以使用运算符 ANY，它表示的意思是（　　　　）。
    A. 满足所有的条件　　　　　　　　　B. 满足至少一个条件
    C. 一个都不用满足　　　　　　　　　D. 满足至少 5 个条件

12. 联合查询使用的关键字是（　　　　）。
    A. UNION　　　　　　B. JOIN　　　　　C. ALL　　　　　　D. FULL

13. 要快速完全清空一个表，可以使用如下语句（　　　　）。
    A. TRUNCATE TABLE　　　　　　　　B. DELETE TABLE
    C. DROP TABLE　　　　　　　　　　D. CLEAR TABLE

14. 修改自己的 mysql 服务器密码的命令是（　　　　）。
    A. mysql　　　　　　　　　　　　　B. grant
    C. etpassword　　　　　　　　　　　D. changepassword

15. mysql 中，备份数据库的命令是（　　　　）。
    A. mysqldump　　　B. mysql　　　　　C. backup　　　　　D. copy

16. mysql 中唯一索引的关键字是（　　　　）。
    A. fulltextindex　　B. onlyindex　　　C. uniqueindex　　D. index

17. 下面关于索引描述中错误的一项是（　　　　）。
    A. 索引可以提高数据查询的速度　　　B. 索引可以降低数据的插入速度
    C. innodb 存储引擎支持全文索引　　D. 删除索引的命令是 dropindex

18. 删除用户的命令是（　　　　）。
    A. dropuser　　　　B. deleteuser　　　C. droproot　　　D. truncateuser

19. 给名字是 zhangsan 的用户分配对数据库 studb 中的 stuinfo 表的查询和插入数据权限的语句是（　　　　）。
    A. grantselect,insertonstudb.stuinfofor'zhangsan'@'localhost'
    B. grantselect,insertonstudb.stuinfoto'zhangsan'@'localhost'
    C. grant 'zhangsan'@'localhost' toselect,insertforstudb.stuinfo
    D. grant 'zhangsan'@'localhost' tostudb.stuinfoonselect,insert

20. 从学生（STUDENT）表中的姓名（NAME）字段查找姓"张"的学生可以使用如下代码：select * from student where。
    A. NAME='张*'　　　　　　　　　　B. NAME='%张%'
    C. NAME LIKE '张%'　　　　　　　D. NAME LIKE '张*'

二、操作题（60 分）

1. 基本操作题（15 分）

（1）请使用 MySQL 命令行客户端在 MySQL 中创建一个名为 test 的数据库。（5 分）

（2）数据库里建立数据表 student_web。（5 分）

要求包含以下字段：

s_id　　　数据类型为整型，非空约束，

s_name 数据类型为可变字符型，最大长度 12 个字符，保存学生姓名

s_fenshu 数据类型为整型，保存学生考试成绩

s_hometown 数据类型为可变字符型，最大长度 50 个字符　保存学生籍贯

s_tuition　数据类型为整型，保存学生学费

（3）用 INSERT 语句向 student_web 插入 3 行记录：（5分）

id：1	id：2	id：3
姓名：Jack Tomas	姓名：Tom Joe	姓名：Smiths
成绩：89	成绩：88	成绩：87
籍贯：北京丰台	籍贯：天津南开	籍贯：北京海淀
学费：2800	学费：3000	学费：2700

2. 简单应用题（10分）

（1）请编写一段 SQL 语句，要求创建新用户 DAVID，并为其设置对应的系统登录口令 "123"，同时授予该用户在数据库 test 的表 student_web 上拥有 SELECT 和 UPDATE 的权限。（5分）

（2）请使用 SELECT INTO...OUTFILE 语句，备份数据库 test 中表 student_web 的全部数据到 C：\backupstudent. txt 的文件中。（5分）

3. 综合应用题（40分）

有一个关于商品供应及顾客订单的数据库。其中包括四个表，表中信息如下：

供应表 apply（id、name、sid、price）

说明：id 供应厂家编号　　name 供应厂家名称　　sid 商品编号　　price 商品价格

顾客表 customers（gid、name、address、balance）

说明：gid 顾客编号　　address 地址　　balance 余额

订单表 orders（sid、gid、date）

说明：sid 商品编号　　gid 顾客编号　　date 订单日期

商品表 goods（sid、name、count）

说明：sid 商品编号　　name 商品名称　　count 商品数量

（1）分析各个表之间的关系（主外键引用关系），创建四个表。（4分）

（2）从供应表中查询全体供应厂商的基本信息。（3分）

（3）从顾客表中查询地址在长春的顾客的顾客编号、顾客姓名及余额。（3分）

（4）从商品表中查询以"可乐"两个字结尾的商品名称及数量，并按数量降序排序。（4分）

（5）从订单表中查询购买商品编号为"101"商品的顾客编号及订单日期。（3分）

（6）从商品表中查询最多商品数量、最少商品数量及商品总数量的记录信息。（4分）

（7）查询出 2008-8-8 顾客的订单信息，要求包括顾客姓名、商品名称及订单日期。（4分）

（8）向商品表中追加一条纪录"204"，"可口可乐"，"900"）。（3分）

（9）将商品表中商品编号为 204 的商品名称更改为"百事可乐"。（3分）

（10）将顾客表上余额不足 1000 元的，将其订单日期延后 10 天。（3分）

（11）删除订单表中商品编号为"102"的订单记录。（3分）

（12）将商品表中没有顾客订购的商品信息删除。（3分）